国家示范性高等职业院校建设规划教材
高职高专教育校企合作特色示范性教材

建筑工程顶岗实习规程

主 编 刘 洁

黄河水利出版社
·郑州·

内 容 提 要

本书是国家示范性高等职业院校建设规划教材，是高职高专教育校企合作特色示范性教材。教材依托杨凌职业技术学院与陕西建工集团成立的校企合作理事会，以建筑类专业学生就业岗位(岗位群)为导向，以顶岗实习全过程的管理和指导为主线，以培养学生具备关键工作任务所学的能力为核心，以对接产业、对接岗位为特色，校企合作共同开发而成。本书主要内容包括总则、顶岗实习方案、施工员岗位指导、质量员岗位指导、安全员岗位指导、资料员岗位指导、造价员岗位指导、材料员岗位指导、试验员岗位指导、监理员岗位指导及附表。

本书主要作为高等职业教育土建类建筑工程技术、工程造价、工程监理、建筑设备工程技术等专业的教学用书，也可作为其他土建类专业学生顶岗实习以及在职职工岗位培训教材或供土建工程技术人员学习参考。

图书在版编目(CIP)数据

建筑工程顶岗实习规程/刘洁主编. —郑州：黄河水利出版社，2015.11 (2017.2 修订重印)
国家示范性高等职业院校建设规划教材
ISBN 978-7-5509-1277-9

Ⅰ.①建… Ⅱ.①刘… Ⅲ.①建筑工程-实习-高等职业教育-教材 Ⅳ.①TU-45

中国版本图书馆 CIP 数据核字(2015)第 265037 号

组稿编辑：王路平 电话：0371-66022212 E-mail：hhslwlp@163.com
路夷坦 0371-66022111 hhsllyt@126.com

出 版 社：黄河水利出版社 网址：www.yrcp.com
地址：河南省郑州市顺河路黄委会综合楼 14 层 邮政编码：450003
发行单位：黄河水利出版社
发行部电话：0371-66026940、66020550、66028024、66022620(传真)
E-mail：hhslcbs@126.com
承印单位：郑州龙洋印务有限公司
开本：787 mm×1 092 mm 1/16
印张：18
字数：420 千字 印数：2 001—4 000
版次：2015 年 11 月第 1 版 印次：2017 年 2 月第 2 次印刷
2017 年 2 月修订

定价：46.00 元

《建筑工程顶岗实习规程》

编写团队

主　审　姜良波　陕西建工第七建设集团有限公司

主　编　刘　洁　杨凌职业技术学院

副主编　冯　旭　杨凌职业技术学院

参　编　范　海　陕西建工第五建设集团有限公司

　　　　杨　益　杨凌职业技术学院

　　　　王　锋　杨凌职业技术学院

　　　　谢　琼　杨凌职业技术学院

前 言

本书是国家示范性高等职业院校建设规划教材，是高职高专教育校企合作特色示范性教材。本书以建筑类专业学生就业岗位为导向，以顶岗实习全过程的管理和指导为主线，以培养学生具备关键工作任务的能力为核心，依托杨凌职业技术学院与陕西建工集团成立的校企合作理事会，以校企双方合作创建的企业学院（陕建建筑学院）为平台，通过对国家《建筑与市政工程施工现场专业人员职业标准》中建筑九大员职业能力标准分析，结合高等职业教育的教学特点和企业特点，校企共同设计和编写的。

本书内容由总则、顶岗实习方案、施工员岗位指导、质量员岗位指导、安全员岗位指导、资料员岗位指导、造价员岗位指导、材料员岗位指导、试验员岗位指导、监理员岗位指导、附表等共11部分组成。

本书具有以下特色：(1)教材框架体系体现顶岗实习全过程的管理和指导，每一部分也仅可能构成一个完整的工作系统；(2)教材内容体系覆盖建筑类专业学生顶岗实习主要岗位（岗位群），以实际工作流程和规定为内容核心；(3)教材内容体现“贴近生产、贴近实际、贴近岗位”三大原则，行业新标准、新规范贯穿全书。

本书由杨凌职业技术学院与陕西建工集团总公司共同承担编写工作，编写人员及编写分工如下：第1章、第2章、第5章由杨凌职业技术学院冯旭编写；第3章由杨凌职业技术学院杨益、王锋编写；第4章由杨凌职业技术学院杨益编写；第6章由陕西建工第五建设集团有限公司范海编写；第7章、第8章、第9章及附表由杨凌职业技术学院刘洁编写；第10章由杨凌职业技术学院谢琼编写。本书由刘洁担任主编并负责全书统稿及文稿整理、录入工作；由冯旭担任副主编；由陕西建工第七建设集团有限公司副总经理姜良波担任主审。

本书在编写过程中，专业建设团队的领导和老师提出了许多宝贵意见，陕西建工集团总公司给予了大力支持，在此表示最诚挚的感谢！

本书的编写参考了大量的出版文献和资料，在此谨表衷心的感谢！

由于编者经验和水平有限，书中难免存在疏漏或不足之处，恳请广大读者和同行批评指正，编者不胜感激。

编 者

2015 年 6 月

目 录

第1章 总 则

(1)顶岗实习是坚持以就业为导向、创新“工学结合”人才培养模式、提高高素质技能型人才培养质量的重要环节。通过顶岗实习,使学生尽快将所学专业知识、岗位技能与生产实际相结合,实现在校期间与企业、与岗位零距离对接,使学生树立起职业理想,养成良好的职业道德,练就过硬的职业技能,从根本上提高人才培养质量。为加强顶岗实习的组织、管理以及指导,促进学生全面发展和稳定就业,确保顶岗实习各项任务高质量完成,特制定本规程。

(2)本规程所称学生顶岗实习,是指职业院校按照专业培养目标要求和教学计划安排,组织在校学生到企(事)业等用人单位的实际工作岗位进行的实习。

(3)本规程有关顶岗实习管理部分主要依据《中华人民共和国教育法》、《中华人民共和国职业教育法》、《中华人民共和国劳动法》和《中华人民共和国安全生产法》、《国务院关于大力发展职业教育的决定》、《职业学校学生实习管理规定》等,建筑施工员、安全员等岗位职责主要参考《建筑与市政工程施工现场专业人员职业标准》,建筑施工员、安全员等岗位的作业指导参考现行建筑行业相关标准。

(4)顶岗实习实施原则是按照育人为本、学以致用、专业对口、理论与实践相结合的原则。

(5)本规程由总则、顶岗实习方案、施工员岗位指导、质量员岗位指导、安全员岗位指导、资料员岗位指导、造价员岗位指导、材料员岗位指导、试验员岗位指导、监理员岗位指导和附表共11部分组成。

(6)本规程适用于高职建筑工程技术、工程造价、工程监理、建筑设备工程技术等专业顶岗实习。

第2章 顶岗实习方案

2.1 顶岗实习目的

(1)顶岗实习是职业学校教育的最后一个极为重要的实践性教学环节,顶岗实习是学生一门必修课程,学生一律不得免修,不合格者必须重修。

(2)通过顶岗实习,使学生走向社会,接触本专业工作,拓宽知识面,增强感性认识,培养、锻炼学生综合运用所学的专业知识和基本技能,培养独立分析和解决实际问题的能力,把理论和实践结合起来,提高实践动手能力;培养学生热爱劳动、不怕苦、不怕累的工作作风;培养、锻炼学生交流、沟通能力和团队协作精神,实现由学校向社会的转变。

2.2 顶岗实习流程

(1)学生顶岗实习时间根据专业人才培养方案确定,一般安排在学生在校第六学期。

(2)学生顶岗实习实施流程见图2-1。

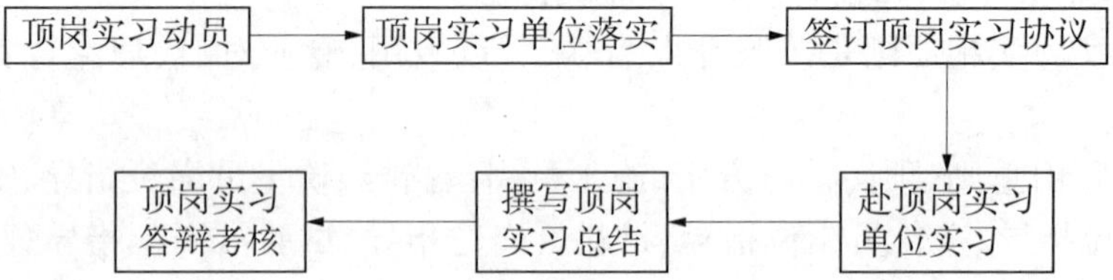

图2-1 顶岗实习实施流程

(3)学生顶岗实习动员安排在在校第五学期,由分院组织印发顶岗实习指导、顶岗实习日志、学生顶岗实习申请表(参照附表1)、学生顶岗实习登记表(参照附表2)等资料,组织学习顶岗实习基本要求及注意事项。

(4)学生顶岗实习单位原则上应根据专业培养方案的要求,选择与专业核心能力相关的实习单位,做到专业与岗位对口。

(5)学生顶岗实习单位落实采取学校安排双向选择和个人自主联系实习单位相结合。分院组织学生在顶岗实习前一个月落实实习单位,且应选择合法经营、管理规范、实习设备完整、符合安全生产法律法规要求的实习单位。

(6)学生在落实顶岗实习单位后,需按照学生顶岗实习申请表内容要求在班主任、校内指导教师、学工办、分院院办办理相关审批手续、填写学生顶岗实习登记表、学生顶岗实习保证书(参照附表3)。学生、学校和实习单位三方签订学生顶岗实习管理协议(参照附表4),实习协议应符合劳动法律法规规定。

(7)参加顶岗实习的学生,必须参加学校的学生意外伤害保险,预防实习期间可能发生的人身意外伤害等事故。实习单位也可为学生购买人身意外伤害保险。

(8)顶岗实习实行校内指导教师和企业指导教师双重管理,校内实习指导教师通过巡回检查、网络、电话等方式进行指导,巡回检查不少于两次。指导教师应做好指导记录。

(9)实习单位为顶岗实习学生提供对口的生产、建设、服务和管理一线的专业岗位。实习结束后,实习单位应对实习学生做出书面鉴定,填写顶岗实习学生评价表(实习单位)(参照附表5),作为评定学生实习成绩的依据。

(10)学生顶岗实习结束时,实习单位、实习指导教师须对其在顶岗期间的表现等情况作出书面评定,填写顶岗实习学生评价表(校内指导教师)(参照附表6)。

(11)学生顶岗实习期满应提交以下成果:

①顶岗实习日志;

②企业对学生顶岗实习考核表;

③顶岗实习技术总结;

④顶岗实习技术总结答辩资料。

(12)学生顶岗实习技术总结基本内容包括:

①顶岗实习的单位、岗位和从事的主要技术性工作(简要介绍);

②顶岗实习中本岗位所涉及的技术要求和设备技术参数(简要说明);

③实习的感受、收获以及综合能力提高情况。

④结合专业知识,总结本岗位技术工作,提出自己的见解。如承担或完成的项目、技术改革、创新等,对其过程和成果进行详细、严谨的论述。

(13)顶岗实习技术总结需要的佐证材料:

①实习单位对毕业生的综合评定材料等。

②实习过程中独立或与人合作完成的技术改革和创新成果及其实习单位的鉴定证明。

③实习过程中参与组织实施并完成本岗位任务以外的工作(或项目)内容及其实习单位提供的证明。

④实习过程中因成绩显著而获取的实习(或就业)单位奖励及证明材料。

(14)顶岗实习技术总结字数不少于8 000字,手写。答辩前3天将顶岗实习技术总结与顶岗实习日志、学生顶岗实习考核表(实习单位)、顶岗实习技术总结的佐证材料一并交校内指导教师。

2.3 顶岗实习组织及要求

(1)各分院(系部)成立由分院院长任组长的顶岗实习工作小组,负责分院顶岗实习工作的组织实施。

(2)各分院与实习单位均应安排实习指导教师具体负责学生顶岗实习工作。学校与实习单位应加强联系,学校实习指导教师要定期深入实习单位,了解学生实习情况。企业实习指导教师对于学生在单位的实习情况要及时与学校实习指导教师沟通,实习指导教师要认真做好指导记录。

(3)学校和实习单位应当为学生提供必要的顶岗实习条件和安全健康的顶岗实习劳

动环境。不得安排学生从事高空、井下、放射性、高毒、易燃易爆，以及其他具有安全健康隐患的顶岗实习劳动，不得安排学生从事国家规定的第四级体力劳动强度的顶岗实习劳动；不得安排学生到酒吧、夜总会、歌厅、洗浴中心等营业性娱乐场所顶岗实习；不得通过中介机构有偿代理组织、安排和管理学生顶岗实习工作；学生顶岗实习应当执行国家在劳动时间方面的相关规定。

(4)学生在实习期内，无特殊原因，应服从就业单位的安排，不得擅自离开实习单位。有特殊原因者，须征得学校指导教师和原实习单位同意后，方可安排第二次顶岗(就业)实习。对于擅自离开实习岗位的学生，要严格按照学籍管理的有关规定处理，期间发生的一切不良后果由本人负责。

(5)顶岗实习指导教师的工作有：

①实习周记检查(每一个月检查1次，至少4次)；

②每周联系1次、至少16次(有联系记录)，对于比较集中的实习学生，至少去一次单位进行跟踪(有记录)；

③完成学生顶岗实习手册的记录、审查和评定；

④收集、上报优秀顶岗实习生先进事迹的材料；

⑤学生实习报告和实习日志的布置；

⑥学生实习报告和日志的修改与评定；

⑦学生顶岗实习考核和答辩；

⑧顶岗实习计划和总结。

(6)顶岗实习的学生具有双重身份，既是一名学生，又是单位的一名准员工，顶岗实习的学生应做到：

①认真学习顶岗实习的有关管理规定，端正实习态度，明确实习目的，强化职业道德意识，爱岗敬业，遵纪守法，做一个诚实守信的实习生和文明员工。办理必要的顶岗实习手续。

②服从领导，听从分配，自觉遵守学校的校规校纪和实习单位的各项规章制度，按时作息，不迟到，不误工，不做有损企业形象和学校声誉的事情。实习期间不享受节假日，请假未经批准，不得擅自离岗。

③按照顶岗实习计划、工作任务和岗位特点，安排好自己的学习、工作和生活，发扬艰苦朴素的工作作风和谦虚好学的精神，培养独立工作能力，刻苦锻炼和提高自己的专业技能，按时完成各项实习任务。

④认真做好实习现场工作记录，为撰写实习总结积累资料，并与实习指导教师及时沟通。实习结束后，独立完成顶岗实习总结。

⑤顶岗实习期间，应当积极主动与校内指导教师、辅导员、企业指导教师和家长保持紧密联系。

⑥强化安全意识，注意防火、防盗，防交通事故，严禁到江河游泳，严禁参与赌博、酗酒等，确保自身及财产安全；不得参与任何形式的传销等活动。

⑦学生因生病或其他原因不能按时实习需要延缓实习的，由学生个人提出书面申请，提供相关资料(如疾病证明等)，由校内指导教师、系部、实习单位等签署意见后，方可办

理延缓实习相关手续。

⑧违反实习纪律的学生，应接受指导教师、学院和实习单位的批评教育，情节严重的，学院可责令其暂停实习，限期改正。学生因违反实习纪律和安全规则造成自身伤害的由学生本人负责；造成他人伤害和经济损失，由学生本人及家长承担相应的经济和法律责任。

2.4 顶岗实习岗位群及内容

2.4.1 各专业学生优先选择的实习岗位

建筑工程技术专业学生应优先选择在建筑企业施工员、质量员、安全员岗位实习，工程造价专业学生应优先选择在建筑类企业造价员、招标员、资料员岗位实习，工程监理专业学生应优先选择在监理员、实验员、材料员等岗位实习，建筑设备工程技术专业学生应优先选择在设备施工员、安装造价员等岗位实习。

2.4.2 顶岗实习内容

顶岗实习内容主要包括岗位职责认识、企业文化学习、专业技能学习。

2.4.3 企业文化学习内容

(1)了解企业文化概念及作用；

(2)理解物质文化及其表现；

(3)理解精神文化及其表现；

(4)学习企业经营管理理念、企业精神及企业员工行为规范要求。

2.4.4 施工员岗位实习内容

(1)了解施工现场的管理体制，工作流程；

(2)了解工程项目部技术人员的工作内容和职责；

(3)看懂实习工程对象的建筑、结构施工图，了解工程的性质、规模、生产工艺过程、建筑构造与结构体系、地基与基础特点等，了解图纸会审的工作内容；

(4)熟悉工程的施工组织设计和管理方法；

(5)学习主要工种工程的施工方法、操作要点、主要机具设备及用途、质量要求以及本人提出的合理化建议及设想等；

(6)了解新技术、新工艺、新材料及现代施工管理方法等的应用，了解施工与管理的新规范；

(7)掌握定位、放线、抄平工作及关键部位、关键过程的技术复核工作；

(8)熟悉有关的施工质量验收规范和操作规程，了解技术质量安全交底的内容及组织程序；

(9)掌握施工组织设计的主要内容，了解各施工班组、各专业施工队伍之间的施工程序安排与协调组织。

2.4.5 质量员岗位实习内容

(1)了解施工企业的质量管理体系及质量管理体系文件,如质量手册、程序文件、作业指导书等;

(2)熟悉建筑工程施工质量验收统一标准及施工质量验收规范;

(3)熟悉工序交接、分部分项工程验收及单位工程竣工验收的组织程序;

(4)掌握工程质量检验工作的内容和方法;

(5)掌握工程质量检验评定资料的编号与整理;

(6)了解工程质量事故的调查分析与处理方法。

2.4.6 安全员岗位实习内容

(1)了解施工企业环境与职业健康管理体系及安全管理体系;熟悉项目的管理组织机构各部门的职责与权限;

(2)熟悉项目安全技术措施的内容及编制;

(3)了解施工现场管理和精神文明建设的内容,了解确保安全生产,保障职工人身、财物的安全的措施;

(4)掌握进行安全技术交底、日常安全教育工作的内容和方法;

(5)了解工程质量事故的调查分析与处理方法;

(6)了解安全技术操作规程、施工安全检查标准,熟悉本项目制定的安全技术措施。

2.4.7 招投标及工程造价岗位实习内容

(1)了解工程项目招标评标的组织程序;

(2)熟悉工程项目招标文件的组成、内容,掌握招标文件的编制方法;

(3)熟悉项目投标文件的构成,掌握投标文件的编写、封装等要求;

(4)学习合同评审、合同台账、合同变更等合同管理的内容;

(5)了解各分部分项工程的施工程序、施工方法;

(6)掌握单位工程施工图预算的编制原理及编制方法;

(7)掌握施工预算、工程结算、竣工决算的编制方法;

(8)掌握工程应用软件在工程计量与计价领域的应用;

(9)熟悉图纸会审记录、设计变更通知单、技术通知单、工程签证的内容。

2.4.8 施工技术档案管理(资料员)岗位实习内容

(1)了解各分部分项工程的施工程序;

(2)掌握工程技术档案资料所包括的内容;

(3)掌握工程定位测量记录、抄测记录、基础施工记录、混凝土施工记录、沉降观测记录、隐蔽工程检查验收记录、技术质量交底记录等有关记录,以及记录表格的编写方法,了解其签字盖章手续;

(4)熟悉工程组织设计的审批程序,掌握施工组织设计的编制方法;

(5)掌握文件资料的归档、编号保管、核查借阅等管理方法。

2.4.9 材料员岗位实习内容

(1)熟悉常用建筑材料、半成品的质量检验标准;

(2)了解材料采购计划的编制;

(3)熟悉材料进场、入库的验证验收程序,掌握材料抽样检验规则及检验试验方法;

(4)熟悉建筑材料储存、保管、搬运等环节的技术要求;

(5)掌握材料的保管、发放制度;

(6)了解材料库存量的概念,确定主要材料的库存量;

(7)了解材料、半成品合格、不合格、待检、待定的标识方法。

2.4.10 监理员岗位实习内容

(1)了解施工准备阶段、施工阶段、竣工验收阶段和工程质量保修阶段监理主要工作内容。

(2)在专业监理工程师的指导下开展现场监理工作,学习运用通知、指示、批复、签认等文件形式进行施工全过程的控制和管理。

(3)学习检查承包单位投入工程项目的人力、材料、主要设备及其使用、运行状况的方法,以及如何做好检查记录。

(4)熟悉原始凭证签署程序及方法。

(5)熟悉对施工单位工艺过程或施工工序检查和记录方法。

(6)熟悉旁站工作,发现问题及时指出并向专业监理工程师报告;按照监理合同约定,在施工现场对工程项目的重要部位和关键工序的施工,实施连续性的全过程检查、监督和管理。

(7)熟悉监理日记和有关的监理记录的填写。

(8)学习如何认真、完整记录每日施工现场的人员、设备和材料、天气、施工环境以及施工中出现的各种情况。

(9)学习如何对参加工程建设各方之间的关系以及工程施工过程中出现的问题和争议进行的调解。

2.4.11 试验员岗位实习内容

(1)了解工程项目部建材检验检测制度。

(2)了解工程项目建筑材料及构件检验批计划编制方法。

(3)熟悉各种建筑材料的取样、送样、试验、化验、检验、复试工作及报告撰写。

(4)掌握如何按照设计要求,做混凝土、砂浆、灰土等配合比通知单;随时监督配合比的正确使用。

(5)熟练收集、整理好各种进场材料的出厂合格证及材料质量检验单。

(6)学习混凝土、砂浆试块制作和养护,管理好标养室,做好试压工作,填写好混凝土、砂浆(成型日期、试压日期)表格。

(7)掌握混凝土、砂浆坍落度、温度、稠度等测量,并建立台账。

(8)了解混凝土、砂浆的搅拌,并作全过程跟踪监控,了解混凝土、砂浆质量缺陷、质量事故。

(9)学习工程材料检验、试验资料收集、整理、归档方法。

2.5 顶岗实习考核

(1)学生顶岗实习考核坚持校内指导教师考核与校外指导教师考核相结合、结果考核与过程考核相结合的原则。

(2)学生顶岗实习成绩由顶岗实习成绩和顶岗实习答辩成绩两部分组成。

(3)学生顶岗实习成绩由校企共同考核,考核成绩分两部分:企业指导教师对学生进行业务考核;学校指导教师对学生的实习总结报告和实习表现进行评价。企业指导教师对学生的考核,占总成绩的60%;学校指导教师对学生的考核,占总成绩的40%。

(4)实习日志、实习报告等必须按照学院统一要求和规定格式完成。实习单位鉴定表必须加盖实习单位的公章。实习有关佐证材料必须真实、可信。

(5)实习学生如满足以下条件可获得加分:与实习单位签订就业协议;对参与技术研究或问题解决有一定贡献(需提供证明材料);受企业或学院通报表扬等。满足上述任何一条即可获得加分。

(6)学校实习指导教师根据学生的实习态度与表现、提交的实习日志和实习总结、职业资格考证等情况,填写“顶岗实习学生考核表”(参照附表7),并评定学生考核成绩。具体考核指标和考核标准如下:

①实习过程(20分)。

考核标准:服从实习安排(5分);遵守实习纪律(5分);按实习计划和实习任务书的要求完成实习任务(5分);与辅导员或实习指导教师经常进行主动联系和沟通(5分)。实习指导教师根据上述要求酌情评分。

②实习日志(20分)。

考核标准:实习日志认真、质量高;收获、心得体会具体翔实;能运用所学理论对某些问题加以深入分析或对某些问题有独到见解或提出合理化建议。每天要认真填写实习日记,每缺1次扣1分,直至此项分数扣完为止;填写日记过于简单,不完全符合填写要求的,酌情扣1~10分。

③实习总结(40分)。

考核标准:实习总结能认真归纳实习单位的经营与管理情况;对实习内容进行完整、系统的总结;能综合运用所学知识与理论对实习中发现的问题加以总结、分析;能认真总结在实习中的收获;能提出一些合理性的意见和建议。实习技术总结的评价分为以下四档:

A档:在规定时间内按要求完成技术总结,总结内容正确、全面、系统。

B档:在规定时间内按要求完成技术总结,总结内容基本正确且较全面、系统。

C档:未在规定时间内按要求完成技术总结,或在规定时间内未按要求完成实习报告，总结内容不正确，不够系统、全面。

D档：未完成技术总结，或总结内容基本错误。

A档可评36～40分，B档可评28～35分，C档可评24～27分，D档可评0～23分，实习指导教师根据上述要求酌情评分。

④获奖及职业资格考证(20分)。

考核标准：实习期间受到实习单位奖励，或通过顶岗实习，提升专业技能，获得与专业相关的劳动和社会保障部门认可的职业资格证书。满足上述要求即可获得20分。

(7)企业实习指导教师根据学生的劳动纪律、实习态度、工作能力、工作绩效等填写"实习单位鉴定表"，并评定企业考核成绩。具体考核指标和考核标准如下(供实习单位参考)：

①劳动纪律(15分)。

考核标准：严格遵守实习单位的各项规章制度，无迟到、早退、旷工现象，病事假很少。全勤得满分，迟到、早退1次扣2分，旷工1次扣5分，直至该项分数扣完为止。无特殊情况，实习期间请假超过10天该项得零分。

②实习态度(15分)。

考核标准：服从实习指导教师和所在部门负责人的领导与指挥，能吃苦耐劳，对工作安排没有抱怨(5分)；实习过程中积极主动、认真负责(5分)；积极参加实习单位的业务培训，成绩优秀(5分)。实习指导教师根据上述要求酌情评分。

③工作能力(30分)。

考核标准：仪容仪表得体大方，服务礼仪规范(10分)；对所在岗位知识技能接受较快(3分)；勤学好问，向有经验的员工学习(2分)；能很好地将所学知识、技能应用在岗位上(5分)；在实习指导教师的允许下能够独立完成任务，有主见或创新精神(5分)；同学、同事关系相处融洽(5分)。实习指导教师根据上述要求酌情评分。

④工作绩效(40分)。

考核标准：能够按时、优质、高效地完成所分配的工作(20分)；服务主动、热情、耐心、周到，无顾客投诉(10分)；临时性的工作能够有条不紊地完成(5分)；在力所能及的情况下主动承担额外的工作(5分)。实习指导教师根据上述要求酌情评分。

(8)顶岗实习成绩分为优秀(100～90)、良好(89～80)、中等(79～70)、及格(69～60)和不及格(59～0)五个等级。顶岗实习最终成绩为不及格者，必须重修，重修成绩仍不及格者不予正常毕业。

(9)顶岗实习答辩由校内指导教师组织，成绩以百分制记取。

(10)有下列情况之一者，学生顶岗实习成绩计为不及格：

①未经学校批准，不参加实习者。

②不服从分院(系部)实习安排，中途擅自离开实习岗位者。

③未经实习单位及分院(系部)领导同意擅自终止实习者。

④因个人问题被实习单位退回(不可抗力因素除外)，未完成实习任务者。

⑤学生在实习期间请假累计达实习规定时间三分之一及以上者；旷工累计达两周及以上者。

⑥实习期间不遵守纪律，违反实习单位和学院纪律，造成恶劣影响者。

2.6 顶岗实习安全纪律要求

2.6.1 实习途中注意事项

(1)注意检查车票、学生证和生活必需品是否带齐。

(2)途中时刻注意自身财物安全,不可放松警惕,将贵重物品放在贴身的内兜中。

(3)不要轻信他人,注意识别陌生人,不要将手机、银行卡、家庭电话等随意交给不熟悉的人。

(4)遇到违法事件时,要量力而行,能制止的制止,不能制止的记住犯罪分子特征,为公安机关破案提供重要线索,一定要确保自身生命安全不受侵害。

(5)乘汽车的同学要在汽车站内乘车,不要搭乘站外的“黑车”。

(6)长途旅程的同学要尽量结伴而行,不要单独乘车,特别是女同学,更加要注意旅途安全。

(7)到达顶岗实习岗位后通过短信或电话的方式向班主任或指导教师报平安。遇到问题及时和班主任联系。

2.6.2 顶岗实习期间注意事项

(1)在顶岗实习期间,要服从指导教师和企业的管理,未经过岗前安全教育不得进入上岗,未经指导教师或实习单位同意,不得私自动用实习单位的仪器设备。

(2)要严格按照设备的操作规程操作设备,因违反安全规程造成的后果由学生负责。

(3)注意举止文明,不得做与大学生身份不相符的行为。要注意交通安全,遵守交通规则。

(4)严禁到水库、江、河、湖、海中游泳。

(5)不赌博、不酗酒、不打架;不浏览黄色网站;不传播计算机网络中的反动言论。

(6)要注意饮食卫生,防止食物中毒。严格执行作息时间,注意防火、防中毒、防盗。

(7)“崇尚科学、抵制邪教,热爱生活、珍惜生命”。不搞迷信,不参加“法轮功”等邪教组织;不吸毒,自觉抵制毒品;适度休息,做好自我心理调整。

2.6.3 施工现场安全生产十大纪律

(1)进入现场必须戴好安全帽、扣好帽带,并正确使用个人劳动防护用品。

(2)2 m 以上高处、悬空作业、无安全设施的,必须戴好安全带、扣好保险钩。

(3)高处作业时,不准往下或向上乱抛材料和工具等物件。

(4)不准坐在脚手架防护栏上休息或在脚手架上睡觉。

(5)工作期间,应坚守岗位,严禁酒后操作。

(6)不得随意开动一切机械,在操作中,思想要集中,不准开玩笑,不得干私活。

(7)各种电动机械设备必须有可靠有效的漏电保护装置和保护接地(接零)装置,方能开动使用。

(8)非电气和机械的操作人员,严禁使用和玩弄机电设备。

(9)吊装区域非操作人员严禁入内,吊装机械必须完好,吊杆垂直下方及吊车旋转半径以内不准站人。

(10)严禁在未采取安全措施的同一部位上进行上下交叉作业。

2.6.4 施工现场十大禁令

(1)严禁赤脚、穿拖鞋、高跟鞋及不戴安全帽人员进入施工现场作业。

(2)严禁一切人员在提升架、吊机的吊篮上落及要提升架井口或吊物下操作、站立、行走。

(3)严禁非专业人员私自开动任何施工机械及驳接、拆除电线、电器。

(4)严禁在操作现场(包括在车间、工场)玩耍、吵闹和从高空抛掷材料、工具、砖石及一切物资。

(5)严禁土方工程的凿岩取土及不按规定放坡或不加支撑的深基坑开挖施工。

(6)严禁在不设栏杆或其他安全措施的高空作业和单表墙、砖墙上面行走。

(7)严禁在未设安全措施的同一部位同时进行上下交叉作业。

(8)严禁带小孩进入施工现场(包括车间、工场)作业。

(9)严禁在高压电源的危险区域进行冒险作业,不穿绝缘鞋进行机械操作,严禁用手直接提拿灯头及电线移动照明。

(10)严禁在有危险品、易燃品、木工棚场及现场仓库吸烟、生火。

2.6.5 防止违章和事故的十项操作要求规定

(1)新工人未经三级安全教育,复工换岗人员未经安全岗位教育,不盲目操作。

(2)特殊工种人员、机械操作工未经专门安全培训,无有效安全上岗操作证,不盲目操作。施工环境和作业对象情况不清,施工前无安全措施或作业安全交底不清,不盲目操作。

(3)施工环境和作业对象情况不清,施工前无安全措施,或作业前安全交底不清,不盲目操作。

(4)新技术、新工艺、新设备、新材料、新岗位无安全措施,未进行安全培训教育、交底,不盲目操作。

(5)安全帽、安全带等作业所必须的个人防护用品不落实,不盲目操作。

(6)脚手、吊篮、塔吊、井字架、龙门架、外用电梯、起重机械、电焊机、钢筋机械、木工机械、搅拌机、打桩机等设施设备和现浇混凝土模板支撑,搭设安装后,未经验收合格,不盲目操作。

(7)作业场所安全防护措施不落实,安全隐患不排除,威胁人身和国家财产安全时,不盲目操作。

(8)凡上级或管理干部违章指挥,有冒险作业情况时,不盲目操作。

(9)高处作业、带电作业、禁火区作业、易燃易爆作业、爆破性作业、有中毒或窒息危险的作业和科研实验等其他危险作业的,均应由上级指派,并经安全交底;未经指派批准、未经安全交底和无安全防护措施,不盲目操作。

(10)隐患未排除,有自己伤害自己,自己伤害他人,自己被他人伤害的不安全因素存在时,不盲目操作。

第3章　施工员岗位指导

3.1　施工员岗位职责认识

3.1.1　施工员的工作职责

(1)参与施工组织管理策划。

(2)参与制定管理制度。

(3)参与图纸会审、技术核定。

(4)负责施工作业班组的技术交底。

(5)负责组织测量放线、参与技术复核。

(6)参与制订并调整施工进度计划、施工资源需求计划,编制施工作业计划。

(7)参与做好施工现场组织协调工作,合理调配生产资源;落实施工作业计划。

(8)参与现场经济技术签证、成本控制及成本核算。

(9)负责施工平面布置的动态管理。

(10)参与质量、环境与职业健康安全的预控。

(11)负责施工作业的质量、环境与职业健康安全过程控制,参与隐蔽、分项、分部和单位工程的质量验收。

(12)参与质量、环境与职业健康安全问题的调查,提出整改措施并监督落实。

(13)负责编写施工日志、施工记录等相关施工资料。

(14)负责汇总、整理和移交施工资料。

3.1.2　施工员一般工作内容及要求

(1)结合多变的现场施工条件,将参与施工的劳动力、机具、材料、构配件和采用的施工方法等,科学地、有序地协调组织起来,在时间和空间上取得最佳组合,取得最好的经济效果,保质保量保工期地完成任务。

(2)做好技术准备有关工作。

①熟悉审查施工图纸、有关技术规范和操作规程,了解设计要求及细部、节点做法,并放必要的大样,做配料单,弄清有关技术资料对工程质量的要求。

②调查搜集必要的原始资料。

③熟悉或制定施工组织设计及有关技术经济文件对施工顺序、施工方法、技术措施、施工进度及现场施工总平面布置的要求,并清楚完成施工任务时的薄弱环节和关键工序。

④熟悉有关合同、招标资料及有关现行消耗定额等,计算工程量,弄清人、财、物在施

工中的需求消耗情况，了解和制定现场工资分配和奖励制度，签发工程任务单、限额领料单等。

(3)做好现场准备有关工作。

①现场“四通一平”(即水、电供应，道路、通信通畅，场地平整)的检验和试用。

②进行现场抄平、测量放线工作并进行检验。

③根据进度要求组织现场临时设施的搭建施工；安排好职工的住、食、行等后勤保障工作。

④根据进行计划和施工平面图，合理组织材料、构件、半成品、机具继续进场，进行检验和试运转。

⑤安排做好施工现场的安全、防汛、防火措施。

(4)做好组织准备有关工作。

①根据施工进度计划和劳力需要量计划安排，分期分批组织劳动力的进场教育和各工种技术工人的配备等。

②确定各工种工序在各施工段的搭接，流水、交叉作业的开工、完工时间。

③全面安排好施工现场的一、二线，前、后台，施工生产和辅助作业，现场施工和场外协作之间的协调配合。

(5)进行工程施工技术交底。

①施工任务交底。向工人班组重点交代清楚任务大小、工期要求、关键工序、交叉配合关系等。

②施工技术措施和操作要领交底。交代清楚与工程有关的技术规范、操作规程和重点施工部位、细部、节点的做法以及质量和技术措施。

③施工消耗定额和经济分配方式的交底。交代清楚各施工项目劳动工日、材料消耗、机械台班数量、经济分配和奖罚制度等。

④安全和文明施工交底。提出有关的防护措施和要求，明确责任。

(6)进行有目标的组织协调控制。

在施工过程中，依照施工组织设计和有关技术、经济文件以及当地的实际情况，围绕着质量、工期、成本等既定施工目标，在每一阶段、每一工序实施综合平衡、协调控制，使施工中的各项资源和各种关系能够配合最佳，以确保工程的顺利进行。为此，要抓好以下几个环节：

①检查班组作业前的各项准备工作。

②检查外部供应、专业施工等协作条件是否满足需要，检查进场材料和构件质量。

③检查工人班组的施工方法、施工操作、施工质量、施工进度以及节约、安全情况，发现问题，应立即纠正或采取补救措施解决。

④做好现场施工调度，解决现场劳动力、原材料、半成品，周转材料、工具、机械设备、运输车辆、安全设施、施工水电、季节施工、施工工艺技术及现场生活设施等出现的供需矛盾。

⑤监督施工中的自检、互检、交接检制度和工程隐检、预检的执行情况，督促做好分部分项工程的质量评定工作。

(7)技术资料的记录和积累。在施工过程中，施工员应做好每项技术的记录和积累，主要包括施工日志，隐蔽工程记录，填报工程完成量，办理预算外工料的签订。做好质量事故处理记录，混凝土砂浆试块试验结果，质量“三检”情况记录的积累工作，以便工程交工验收、决算和质量评定的进行。

3.2　施工常用规范及流程

3.2.1　施工生产相关技术规范

(1)《工程测量规范》(GB 50026—2007)。

(2)《建筑基坑支护技术规程》(JGJ 120—2012)。

(3)《建筑边坡工程技术规范》(GB 50330—2013)。

(4)《地下工程防水技术规范》(GB 50108—2008)。

(5)《建筑地基处理技术规范》(JGJ 79—2002)。

(6)《建筑桩基技术规范》(JGJ 94—2008)。

(7)《组合钢模板技术规范》(GB 50214—2013)。

(8)《钢筋焊接及验收规程》(JGJ 18—2012)。

(9)《混凝土结构工程施工规范》(GB 50666—2011)。

(10)《混凝土泵送施工技术规程》(JGJ/T 10—2011)。

(11)《建筑工程冬期施工规程》(JGJ/T 104—2011)。

(12)《多孔砖砌体结构技术规范》(JGJ 137—2001)(2002 年版)。

(13)《高层建筑混凝土结构技术规程》(JGJ 3—2010)。

(14)《高层民用建筑钢结构技术规程》(JGJ 99—1998)。

(15)《住宅装饰装修工程施工规范》(GB 5024—2002)。

(16)《建设工程项目管理规范》(GB/T 50326—2006)。

(17)《工程建设施工企业质量管理规范》(GB/T 50430—2007)。

3.2.2　建筑工程施工一般流程

(1)基础工程一般工艺流程如图 3-1 所示。

(2)混凝土结构主体工程一般工艺流程如图 3-2 所示。

(3)装饰装修工程一般工艺流程如图 3-3 所示。

(4)给水系统施工一般工艺流程如图 3-4 所示。

(5)排水系统施工一般工艺流程如图 3-5 所示。

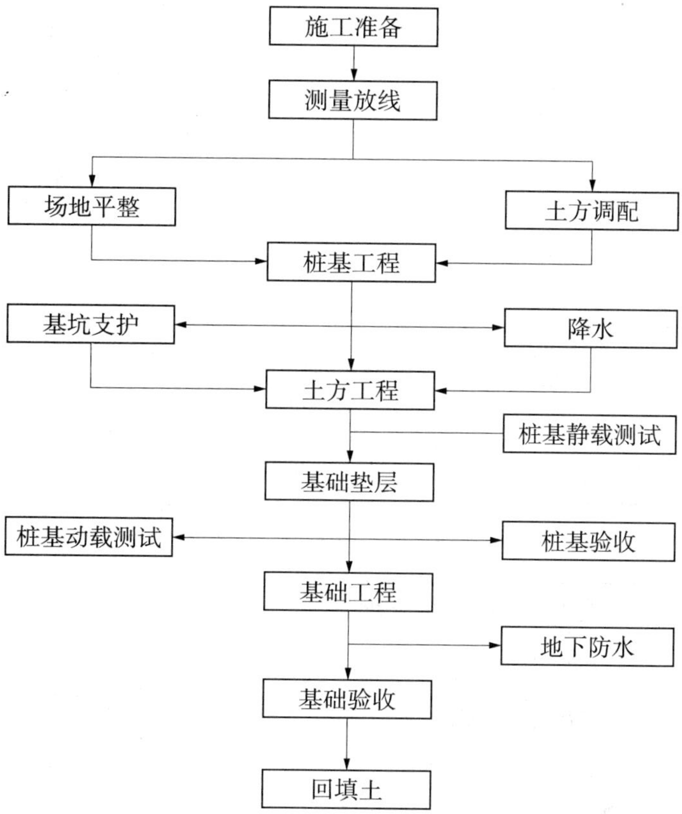

图 3-1 基础工程一般工艺流程

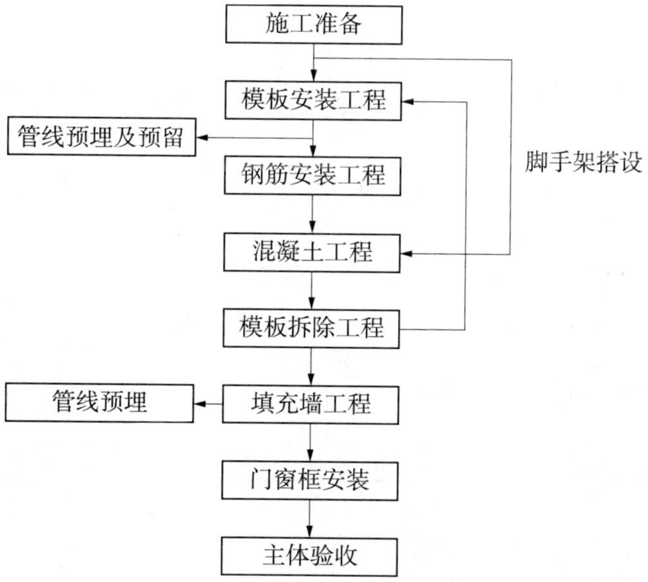

图 3-2 混凝土结构主体工程一般工艺流程

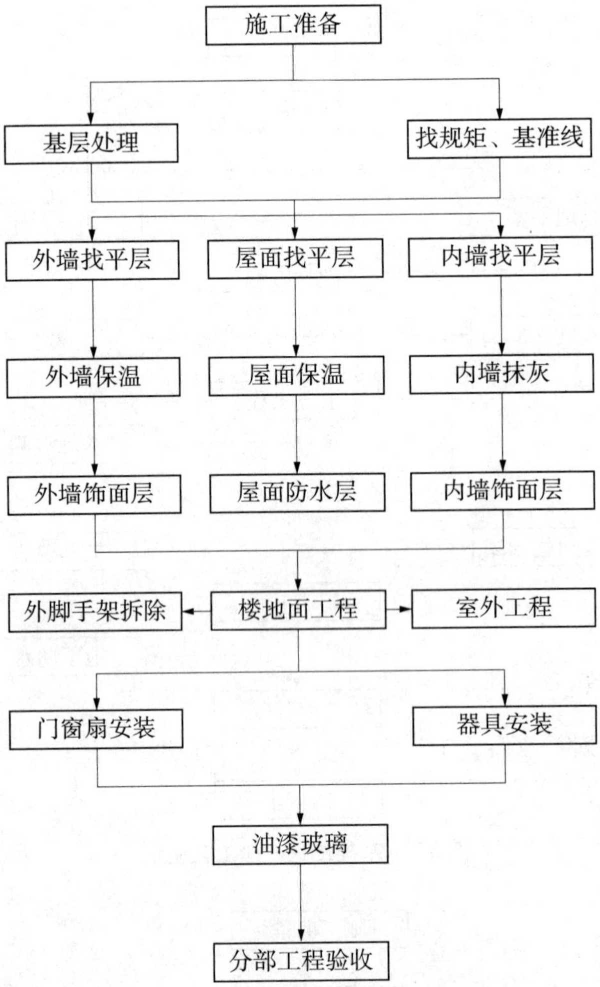

图 3-3　装饰装修工程一般工艺流程

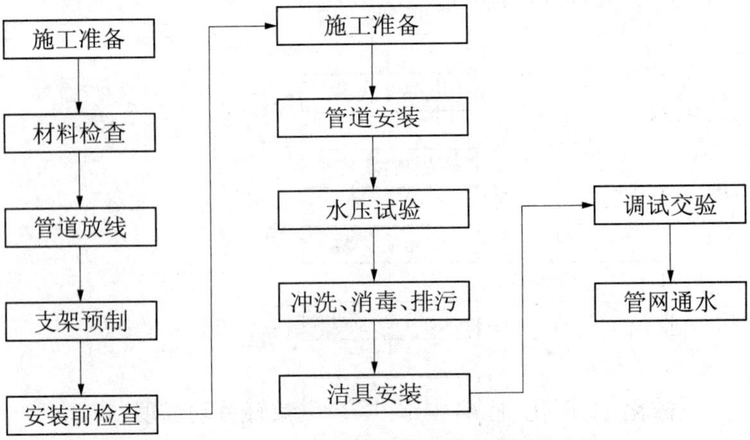

图 3-4　给水系统施工一般工艺流程

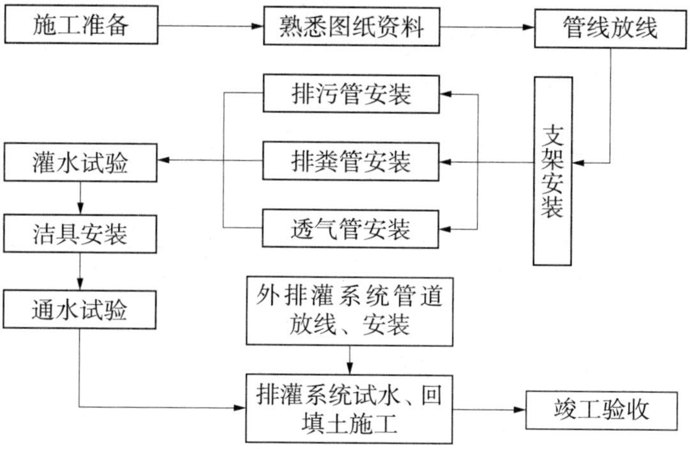

图3-5 排水系统施工一般工艺流程

3.3 施工组织策划

3.3.1 施工组织管理策划

施工组织管理策划主要指施工组织管理实施规划(施工组织设计)的编制,由项目经理负责组织,技术负责人实施,施工员参与。编制完成后应经企业技术部门及技术负责人审批后,报总监理工程师批准后实施。

3.3.2 施工组织设计

施工组织设计是以一个建设项目或建筑群体为编制对象,用以指导施工全过程各项活动的技术、经济的综合性文件,是整个工程项目施工的战略部署。

3.3.3 施工组织设计的编制原则

施工组织设计的编制原则:

(1)认真贯彻国家关于基本建设的各项政策和法令,严格执行基本建设程序,确保重点,合理组织施工。

(2)科学安排施工程序,充分利用空间和时间,组织流水作业。根据合同要求,按期或提前交付使用。

(3)贯彻执行施工技术规范、规程、规定、标准,积极采用新工艺、新材料、新技术,推广科研成果,促进企业技术进步。在确保工程质量和安全施工的前提下,节约投资,降低工程成本。

(4)不断提高机械化、工厂化、标准化施工水平,减轻劳动强度,提高劳动生产率。

(5)合理紧凑地规划施工总平面,充分利用永久性工程和附近已有设施,合理储存物资,节约施工用地。

(6)贯彻本地区施工现场管理法规及有关规定,编制有针对性的各项措施。

3.3.4 施工组织设计的主要编制依据

(1)国家有关政策、法规,上级主管部门的有关批示、计划以及企业自身的实际能力等。

(2)设计图纸文件、招投标文件、施工合同以及合同中明确规定的工程开竣工时间或分期交付使用期限,现行规范、定额等。

(3)设备材料订货情况。

(4)建筑地区环境条件及水文地质勘察资料。

(5)相同类型近似的工程项目经验资料。

3.3.5 施工组织设计的编制和审批

(1)施工组织设计或方案应按公司要求统一封面及格式,并上报审批。

(2)施工组织设计或方案未经审批不得实施。完整的施工组织设计或方案应有编制人、审核、审批人签字及施工组织审批表,对审批表中提出的修改意见等要及时进行修改,审批表中提出修改后需重新报批的,应按时修改后进行重新报批。

(3)对国家重点工程和工期要求紧迫的特殊工程以及上级指令工程的施工组织编制,应明确反映上级的批示文件及其他有关编制依据,以确保在施工中的贯彻执行。

(4)施工组织总设计应由公司总工程师负责组织相关部门及人员(包括项目部)在工程实施前20天编制完成。由公司工程技术质量部审核,公司总工程师审批,审批时间在10天内完成。

(5)单位工程施工组织设计的编制及审批,应由承担工程施工的项目经理主持,项目主任工程师负责进行编制。于开工前10天报公司工程技术质量部审核,由公司总工程师审批,审批时间在5天内完成。

(6)工程施工方案的编制及审批,应根据施工组织总设计及单位工程施工组织设计,由项目主任工程师组织编制。

①一般性技术措施,由项目技术员于实施前组织编制完成,由项目主任工程师审核,项目经理审批。

②工程主要施工方案、特殊工程、采用“四新”技术、季节性、涉及重要安全的施工方案(吊篮、外挂架、地基处理、塔吊基础、大体积混凝土、大型设备安装、25 m以上脚手架和井架及超过5 m深基坑支护等施工方案)及创优计划和措施,由项目主任工程师组织编制,于实施前10天内报公司工程技术质量部审核,公司总工程师审批,审批时间在3天内完成。

(7)重点工程、技术复杂、难度大和涉及重要安全的施工组织设计和施工方案,在审批前由公司总工程师主持,主管生产领导和工程技术质量部参加,约请具有评审资格的专家开展对施工组织(或方案)进行专家论证,并根据论证结果调整施工组织(或方案),最后完善审批手续。

3.3.6 施工组织设计的贯彻与管理

(1)施工组织设计交底:施工组织总设计、单位工程施工组织设计、分部分项施工方案编制审批完毕后,由项目主任工程师组织向下交底。施工组织设计交底应组织召集项目部和各分包单位主要管理人员参加,并做好交底记录。

(2)施工组织贯彻:施工组织(方案)经交底后,各总包、分包单位应按统一分工要求,积极组织工程技术、物资、劳动管理和所属相关部门在规定的期限内执行各自的业务职责,按要求分阶段进行中间检查,保证整个施工活动按施工组织的安排进行。

(3)施工组织的变更、补充和调整:凡施工周期较长的工程,因施工条件变化或受在施工程的特定阶段影响,原施工组织中部分条款或方案内容不能满足施工要求时,应由施工组织(方案)原编制单位或编制人员编制"施工组织变更方案",报原审批单位或审批人员审批后执行。

(4)经公司工程技质部审核的施工组织设计和方案,项目部应在公司总工程师批准一周内将其编制的电子文件报送工程技质部存档,由项目部审批的施工方案由项目部存档保管。

3.3.7 施工员应参与工作制度的制定工作

施工员应积极参与以下工作制度的制定工作:施工现场管理制度、工程施工例会制度、工地安全管理制度、工地卫生管理制度、项目经理岗位责任制、项目技术负责人岗位责任制、班组长岗位责任制、施工员岗位责任制、检验员岗位责任制、安全员岗位责任制、材料员岗位责任制、仓库管理员岗位责任制。

3.4 施工技术管理

3.4.1 参与图纸会审

(1)图纸会审是指承担施工阶段监理的监理单位组织施工单位以及建设单位、材料、设备供货等相关单位,在收到审查合格的施工图设计文件后,在设计交底前进行的全面细致熟悉和审查施工图纸的活动。

(2)图纸会审的目的:一是使施工单位和各参建单位熟悉设计图纸,了解工程特点和设计意图,找出需要解决的技术难题,并制订解决方案;二是为了解决图纸中存在的问题,减少图纸的差错,将图纸中的质量隐患消灭在萌芽之中。

(3)图纸会审的内容:

①是否无证设计或越级设计;图纸是否经设计单位正式签署;设计图纸与说明是否符合当地要求;地质勘探资料是否齐全。

②标注有无遗漏;专业图纸之间、平立剖面图之间有无矛盾;总平面与施工图的几何尺寸、平面位置、标高等是否一致;防火、消防是否满足;几个设计单位共同设计的图纸相互间有无矛盾。

③建筑结构与各专业图纸本身是否有差错及矛盾；结构图与建筑图的平面尺寸及标高是否一致；建筑图与结构图的表示方法是否清楚；是否符合制图标准；预埋件是否表示清楚；有无钢筋明细表或钢筋的构造要求在图中是否表示清楚。

④材料来源有无保证，能否代换；图中所要求的条件能否满足；新材料、新技术的应用是否有问题。

⑤地基处理方法是否合理，建筑与结构构造是否存在不能施工、不便于施工的技术问题，或容易导致质量、安全、工程费用增加等方面的问题。工艺管道、电气线路、设备装置、运输道路与建筑物之间或相互间有无矛盾，布置是否合理。

⑥施工安全、环境卫生有无保证。

(4)图纸会审的程序。

①图纸会审的一般程序：业主或监理方主持人发言→设计方图纸交底→施工方、监理方代表提问题→逐条研究→形成会审记录文件→签字、盖章后生效。施工图纸会审流程图如图3-6所示。

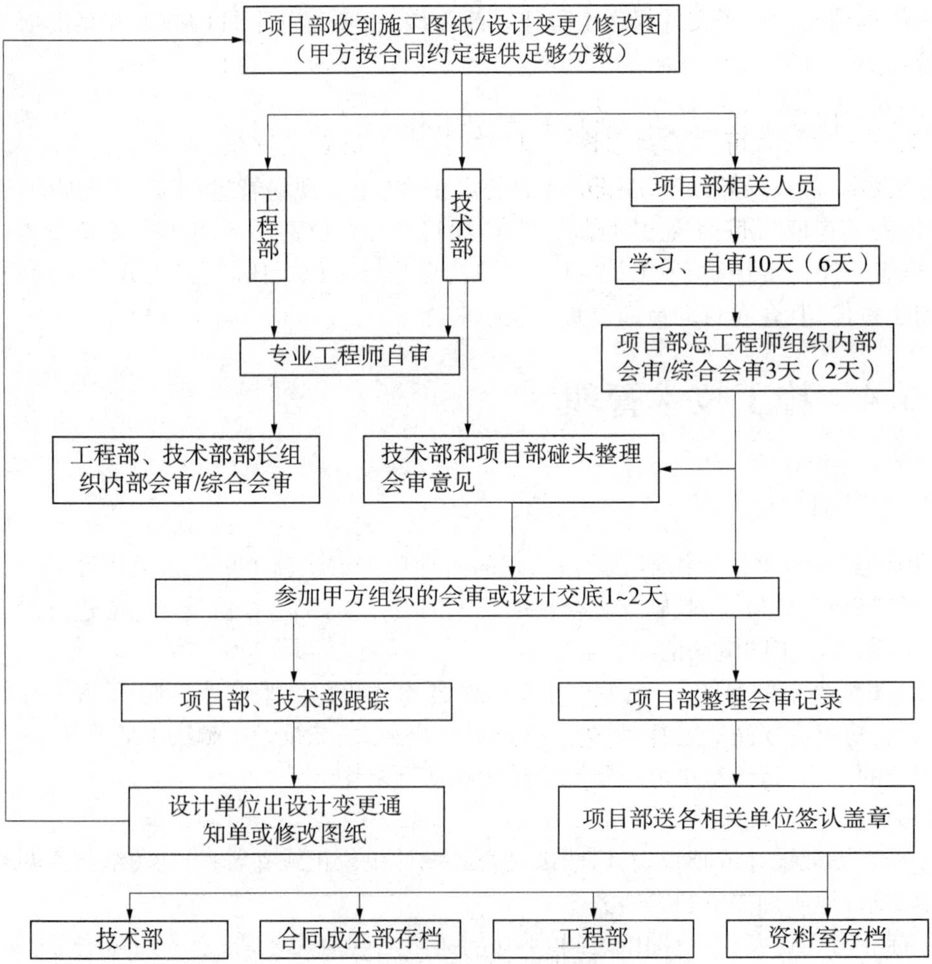

图3-6　施工图纸会审流程图

②图纸会审前必须组织预审。阅图中发现的问题应归纳汇总,会上派一代表为主发言,其他人可视情况适当解释、补充。

③施工方及设计方专人对提出和解答的问题做好记录,以便核查。

3.4.2　参与技术核定

(1)技术核定单是记录施工图设计责任之外,对完成施工承包义务,采取合理的施工措施等技术事宜,提出的具体方案、方法、工艺、措施等,经发包方和有关单位共同核定的凭证之一。

(2)凡在图纸会审时遗留或遗漏的问题以及新出现的问题,属于设计产生的,由设计单位以变更设计通知单的形式通知有关单位(施工单位、建设单位(业主)、监理单位);属建设单位原因产生的,由建设单位通知设计单位出具工程变更通知单,并通知有关单位。

(3)施工过程中,因施工条件、材料规格、品种和质量不能满足设计要求以及合理化建议等原因,需要进行施工图修改时,由施工单位提出技术核定单。

(4)技术核定单由项目内业技术人员负责填写,并经项目技术负责人审核,重大问题须报公司总工程师审核,核定单应正确、填写清楚、绘图清晰。变更内容要写明变更部位、图别、图号、轴线位置、原设计和变更后的内容和要求等。

(5)经过签证认可后的技术核定单交项目资料员登记发放施工班组、预算员、质检员,以及技术、经营预算、质检等部门。

(6)技术核定应按照规定流程进行,如图3-7所示。

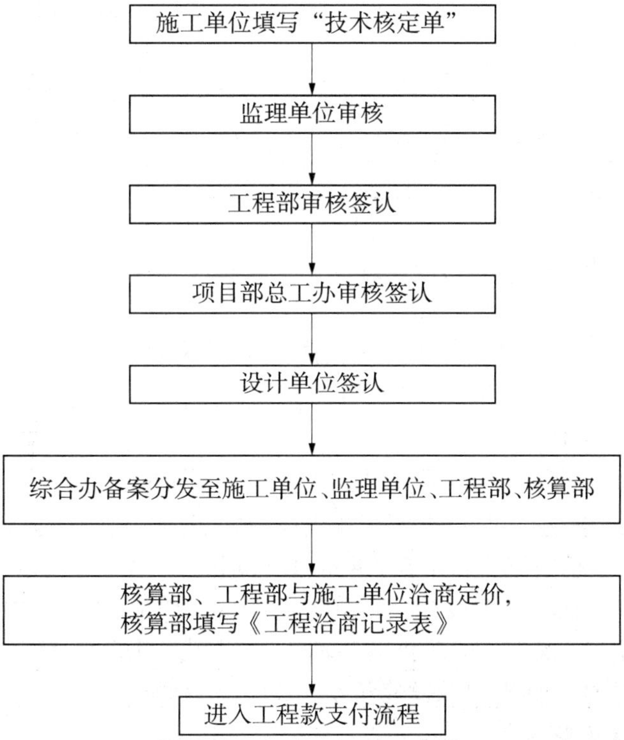

图3-7　技术核定工作流程

3.4.3　负责施工作业班组的技术交底

负责施工作业班组的技术交底主要包括土方工程、地基与基础工程、砌筑工程、钢筋混凝土工程、屋面防水工程、装饰工程、钢结构工程、脚手架工程等的技术交底。

3.4.4　土方工程施工技术要点

3.4.4.1　土方开挖工艺流程

土方开挖工艺流程为测量放线→确定开挖顺序和坡度→分段、分层均匀开挖→修边和清底。

3.4.4.2　土方开挖工艺要点

(1)机械挖土接近坑底时,由现场专职测量员用水平仪将水准标高引测至基槽侧壁。然后随着挖土机逐步向前推进,将水平仪置于坑底,每隔4～6 m设置一标高控制点,纵横向组成标高控制网,以准确控制基坑标高。土方挖至距基底150～300 mm位置时,所余土方采用人工清土,以免扰动了基底的老土。

(2)对地质条件好、土(岩)质较均匀、挖土高度在5～8 m的临时性挖方的边坡,其边坡坡度可按表3-1取值,但应验算其整体稳定性并对坡面进行保护。

表3-1　临时性挖方边坡值

土的类别		边坡值(高∶宽)
砂土(不包括细砂、粉砂)		1∶1.25～1∶1.50
一般性黏土	硬	1∶0.75～1∶1.00
	硬、塑	1∶1.00～1∶1.25
	软	1∶1.50或更缓
碎石类土	充填坚硬、硬塑黏性土	1∶0.50～1∶1.00
	充填砂土	1∶1.00～1∶1.50

(3)开挖基坑(槽)或管沟时,应合理确定开挖顺序、路线及开挖深度。然后分段分层均匀下挖。

(4)采用挖土机开挖大型基坑(槽)时,应从上而下分层分段,按照坡度线向下开挖,严禁在高度超过3 m或在不稳定土体之下作业,但每层的中心地段应比两边稍高一些,以防积水。

(5)土方开挖宜从上到下分层分段依次进行,随时做成一定坡势,以利泄水。

(6)在开挖过程中,应随时检查槽壁和边坡的状态。深度大于1.5 m时,根据土质变化情况,应做好基坑(槽)或管沟的支撑准备,以防坍陷。

(7)修边、清底。在距槽底设计标高200～300 mm槽帮处,抄出水平线,钉上小木橛,然后用人工将暂留土层挖走。同时由两端轴线(中心线)引桩拉通线(用小线或铁丝),检查距槽边尺寸,确定槽宽标准。以此修整槽边,最后清理槽底土方。

3.4.4.3　土方回填工艺流程

土方回填工艺流程为基底清理→检验土质→分层铺土→碾压密实→修整、找平、验收。

3.4.4.4 土方回填工艺要点

(1)填土前,应将基底表面上的垃圾或树根等杂物、洞穴都处理完毕,清理干净。

(2)检验各种土料的含水率是否在控制范围内。如含水率偏高,可采用翻松、晾晒等措施;如含水率偏低,可采用预先洒水润湿等措施。

(3)分层铺土。填土应分层铺摊,每层铺土的厚度应根据土质、密实度要求和机具性能确定。如无试验依据,应符合表3-2的规定。碾压时,轮(夯)迹应相互搭接,防止漏压、漏夯。

表3-2 填土分层铺土厚度和压实遍数

压实机具	分层厚度(mm)	每层压实遍数(遍)
平碾	250~300	6~8
羊足碾	200~350	8~16
振动压实碾	250~300	3~4
蛙式、柴油式打夯机	200~250	3~4

(4)碾压密实。碾压时,轮(夯)迹应相互搭接,防止漏压或漏夯。长宽比较大时,填土应分段进行。每层接缝处应制作成斜坡形,碾迹重叠0.5~1.0 m,上下层错缝距离不应小于1 m。

(5)填方高于基底表面时,应保证边缘部位的压实质量。填土后,如设计不要求边坡修整,宜将填方边缘宽填0.5 m;如设计要求边坡整平拍实,可宽填0.2 m。

(6)机械施工碾压不到的填土,应配合人工推土,用蛙式或柴油打夯机分层打夯密实。

(7)修整找平验收。回填土每层压实后,应按规范规定进行环刀取样,测出土的最大干密度,达到要求后再铺上一层土。

(8)填方全部完成后,表面应进行拉线找平,凡高于规定高程的地方,应及时依线铲平;凡低于规定高程的地方,应补土夯实。

3.4.5 地基与基础工程施工技术要点

3.4.5.1 砂石地基工艺流程

砂石地基工艺流程为检验砂石质量→分层铺筑砂石→洒水→夯实或碾压→找平验收。

3.4.5.2 砂石地基工艺要点

(1)对级配砂石进行技术鉴定,如是人工级配砂石,应将砂石拌和均匀,其质量均应达到设计要求或规范的规定。

(2)分层铺筑砂石。铺筑砂石的每层厚度,一般为15~20 cm,不宜超过30 cm,分层厚度可用样桩控制。视不同条件,可选用夯实或压实的方法。大面积的砂石垫层,铺筑厚度可达35 cm,宜采用6~10 t的压路机碾压。

(3)铺筑的砂石应级配均匀。如发现砂窝或石子成堆现象,应将该处砂子或石子挖出,分别填入级配好的砂石。

(4)洒水:铺筑级配砂石在夯实碾压前,应根据其干湿程度和气候条件,适当地洒水以保持砂石的最佳含水量,一般为8%～12%。

(5)夯实或碾压;夯实或碾压的遍数,由现场试验确定。用水夯或蛙式打夯机时,应保持落距为400～500 mm,要一夯压半夯,行行相接,全面夯实,一般不少于3遍。采用压路机往复碾压,一般碾压不少于4遍,其轮距搭接不小于50 cm。边缘和转角处应用人工或蛙式打夯机补夯密实。

(6)施工时应分层找平,夯压密实,并应设置纯砂检查点,用200 cm^3的环刀取样;测定干砂的质量密度。下层密实度合格后,方可进行上层施工。用贯入法测定质量时,用贯入仪、钢筋或钢叉等以贯入度进行检查,小于试验所确定的贯入度为合格。

3.4.5.3 钢筋混凝土预制桩工艺流程

钢筋混凝土预制桩工艺流程为就位桩机→起吊预制桩→稳桩→打桩→接桩→送桩→中间检查验收→移桩机至下一个桩位。

3.4.5.4 钢筋混凝土预制桩工艺要点

1. 就位桩机

打桩机就位时,要对准桩位,保证垂直稳定,在施工中不发生倾斜、移动。

2. 起吊预制桩

先拴好吊桩用的钢丝绳和索具,然后用索具捆住桩上端吊环附近处,一般不超过30 cm,再启动机器起吊预制桩,使桩尖垂直对准桩位中心,缓缓放下使桩尖插入土中,位置要准确;再在桩顶扣好桩帽或桩箍,即可除去索具。

3. 稳桩

桩尖插入桩位后,先用较小的落距锤击1～2次,桩入土一定深度,再使桩垂直稳定。10 m以内短桩可目测或用线坠双向校正;10 m以上或打接桩必须用线坠或经纬仪双向校正,不得用目测。桩插入时垂直度偏差不得超过0.5%。桩在打入前,要在桩的机面或桩架上设置标尺,以便在施工中观测、记录。

4. 打桩

用落锤或单动锤打桩时,锤的最大落距不能超过1.0 m;用柴油锤打桩时,要使锤跳动正常。打桩要重锤低击,锤重的选择要根据工程地质条件、桩的类型、结构、密集程度及施工条件来选用。打桩顺序根据基础的设计标高,先深后浅;依桩的规格要先大后小,先长后短。由于桩的密集程度不同,可自中间向两个方向对称进行或向四周进行,也可由一侧向单一方向进行。

5. 接桩

在桩长不够的情况下,采用焊接接桩,其预制桩表面上的预埋件要清洁,上下节之间的间隙要用铁片垫实焊牢;焊接时,要采取措施,减少焊缝变形;焊缝要连续焊满。接桩时,一般在距地面1 m左右时进行。上下桩节的中心线偏差不得大于10 mm,节点折曲矢高不得大于1‰桩长。

6. 送桩

设计要求送桩时,送桩的中心线要与桩身吻合一致,才能进行送桩。若桩顶不平,可用麻袋或厚纸垫平。送桩留下的桩孔要立即回填密实。

7. 检查验收

每根桩达到贯入度要求,桩尖标高进入持力层,接近设计标高时,或打至设计标高时,要进行中间验收。在控制时,一般要求最后三次十锤的平均贯入度,不大于规定的数值或以桩尖打至设计标高来控制,符合设计要求后,填好施工记录。如发现桩位与要求相差较大时,要会同有关单位研究处理,然后移桩机到新桩位。

3.4.6 砌筑工程施工技术要点

3.4.6.1 工艺流程

砌筑工程工艺流程为确定组砌方法→砖浇水→排砖撂底→拌制砂浆、砖墙砌筑→抹防潮层→验收。

3.4.6.2 工艺要点

1. 确定组砌方法

砖墙砌体一般采用一顺一丁(满丁、满条)、梅花丁或三顺一丁砌法。砖柱不得采用先砌四周后填心的包心砌法。

2. 砖浇水

砖应在砌筑前1~2 d浇水湿润,烧结普通砖一般以水浸入砖四边15 mm为宜,含水率10%~15%;煤矸石页岩实心砖和蒸压(养)粉煤灰砖含水率8%~12%,常温施工不得用干砖上墙,不得使用含水率达饱和状态的砖砌墙。

3. 拌制砂浆

砌筑地上部分的墙体应使用混合砂浆,当砌体使用水泥砂浆砌筑时,砂浆强度等级应请设计人核准。砂浆的配合比应由试验室经试配确定。在砂浆中掺入有机塑化剂、早强剂、缓凝剂、防冻剂等,经检验和试配符合要求后,方可使用。有机塑化剂应有砌体强度的型式检验报告。砂浆配合比应采取重量比。计量精度:水泥±2%,砂、灰膏控制在±5%以内。砂浆应采取机械搅拌,先倒砂子、水泥、掺合料,最后倒水。搅拌时间不少于2 min。水泥粉煤灰砂浆和掺用外加剂的砂浆搅拌时间不得少于3 min,掺用有机塑化剂的砂浆,应为3~5 min。砂浆应随拌随用,水泥砂浆和水泥混合砂浆必须在拌成后3 h和4 h内使用完毕。当施工期间最高温度超过30 ℃时,应分别在拌成后2 h和3 h内使用完毕。超过上述时间的砂浆,不得使用,并不应再次拌和后使用。对掺用缓凝剂的砂浆,其使用时间可根据具体情况延长。

4. 排砖撂底(干摆砖样)

砖墙排砖撂底:一般外墙第一层砖撂底时,两山墙排丁砖,前后檐纵墙排条砖。根据弹好的门窗洞口位置线,认真核对窗间墙、垛尺寸,按其长度排砖。

5. 砌砖

砌砖时砖要放平,里手高,墙面就要张;里手低,墙面就要背。砌砖应跟线,“上跟线,下跟棱,左右相邻要对平”。

6. 留槎

除构造柱外,砖砌体的转角处和交接处应同时砌筑,严禁无可靠措施的内外墙分砌施工。对不能同时砌筑而又必须留置的临时间断处应砌成斜槎,斜槎水平投影长度不应小于高度的2/3。槎子必须平直、通顺。

7. 施工洞口留设

洞口侧边离交接处外墙面不应小于500 mm,洞口净宽度不应超过1 m。施工洞口可留直槎。

8. 预埋混凝土砖、木砖

户门框、外窗框处采用预埋混凝土砖,室内门框采用木砖或混凝土砖。混凝土砖采用C15混凝土现场制作而成,和砖尺寸大小相同;木砖预埋时应小头在外,大头在内,数量按洞口高度确定。洞口高在1.2 m以内,每边放2块;高1.2～2 m,每边放3块;高2～3 m,每边放4块。预埋砖的部位一般在洞口上边或下边四皮砖,中间均匀分布。木砖要提前做好防腐处理。

9. 预留孔

钢门窗安装、硬架支撑、暖卫管道的预留孔,均应按设计要求留置,不得事后剔凿。

10. 墙体拉结筋

墙体拉结筋的位置、规格、数量、间距均应按设计要求留置,不应错放、漏放。

3.4.7 现浇框架结构钢筋绑扎技术要点

3.4.7.1 框架柱钢筋绑扎工艺流程

弹柱位置线、模板控制线→清理柱筋污渍、柱根浮浆→修整→底层伸出的柱预留钢筋→在预留钢筋上套柱子箍筋→绑扎(焊接或机械连接)柱子竖向钢筋→标识箍筋间距→柱子箍筋绑扎→在柱顶绑定距、定位框→安装保护层垫块。

3.4.7.2 框架梁钢筋绑扎工艺流程

1. 底模上绑扎工艺流程

画主次梁箍筋间距→放主次梁箍筋→穿主梁底层纵筋及弯起筋→穿次梁底层纵筋→穿主梁上层纵筋及架立筋→绑主梁箍筋→穿次梁上层纵向钢筋→绑次梁箍筋→设置拉筋→设置保护层垫块。

2. 模外绑扎(先在梁模板上口绑扎成型后再入模内)工艺流程

画箍筋间距→在2次梁模板上口铺横杆数根→在横杆上面放箍筋→穿主梁下层纵筋→穿次梁下层钢筋→穿主梁上层钢筋→绑主梁箍筋→穿次梁上层纵筋→绑次梁箍筋→设置保护层垫块。

3.4.7.3 板钢筋绑扎工艺流程

模板上弹线→绑板下层钢筋→插入水电工序→绑板上层钢筋→设置保护层垫块。

3.4.7.4 楼梯钢筋绑扎工艺流程

绑扎楼梯梁→画休息平台板、楼梯踏步板钢筋位置线→绑下层筋→绑上层筋→设置马凳及保护层垫块。

3.4.7.5 绑扎(焊接或机械连接)柱子竖向钢筋

连接柱子竖向钢筋时,相邻钢筋的接头应相互错开,错开距离符合有关施工规范、图集及图纸要求。并且接头距柱根起始面的距离要符合施工方案的要求。

采用绑扎形式立柱子钢筋，在搭接长度内，绑扣不少于3个，绑扣要向着柱中心。如果柱子主筋采用光圆钢筋搭接时，角部弯钩应与模板成45°角，中间钢筋的弯钩应与模板成90°角。

3.4.7.6 **标识箍筋间距线**

在立好的柱子竖向钢筋上，按图纸要求用粉笔画出箍筋间距线（或使用皮数杆控制箍筋间距）。柱上下两端及柱筋搭接区箍筋应加密，加密区长度及加密区内箍筋间距应符合设计图纸和规范要求。

3.4.7.7 **绑扎柱箍筋**

按已画好的箍筋位置线，将已套好的箍筋往上移动，由上而下绑扎，宜采用缠扣绑扎，见图3-8。

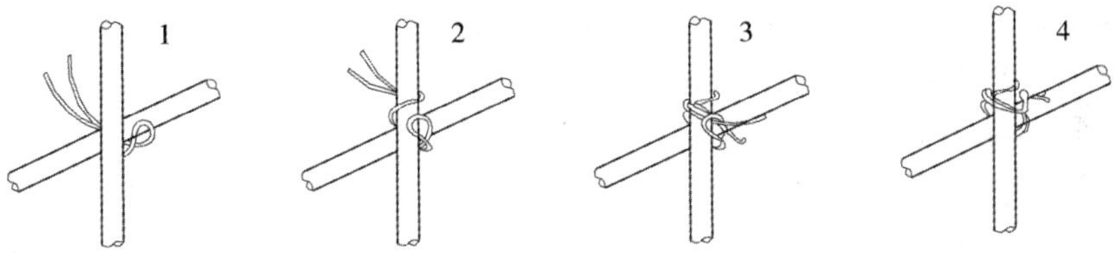

图3-8 箍筋缠扣绑扎

箍筋与主筋要垂直和紧密贴实，箍筋转角处与主筋交点均要绑扎，主筋与箍筋非转角部分的相交点成梅花形交错绑扎。

有抗震要求的地区，柱箍筋端头应弯成135°。平直部分长度不小于10d（d为箍筋直径）。如箍筋采用90°搭接，搭接处应焊接，焊缝长度单面焊缝不小于10d。箍筋的弯钩叠合处应沿柱子竖筋交错布置，拉筋钩住箍筋。

如设计要求柱设有拉筋时，拉筋应钩住箍筋，见图3-9。

图3-9 拉筋钩住箍筋连接

3.4.7.8 **设置保护层垫块**

钢筋保护层厚度应符合设计要求，垫块应绑扎在柱筋外皮上，间距一般为1 000 mm（或用塑料卡卡在外竖筋上），以保证主筋保护层厚度准确。

3.4.8 胶合板模板的安装与拆除技术要点

3.4.8.1 **安装柱模板**

楼层放线→剔除接缝混凝土软弱层→沿柱外侧5 mm贴海绵密封条→安装柱模→安柱箍、拉杆或斜杆→加固校正→办预检→模板拆除。

3.4.8.2 **安装剪力墙模板**

放墙位置线和模板控制线→剔除接槎处混凝土软弱层→安装窗洞口模板并在接触墙

面的两侧粘贴密封条→楼板上沿墙外侧 5 mm 粘贴海绵密封条→安一侧模板→安另一侧模板→调整加固→办预检→模板拆除。

3.4.8.3　**安装梁模板**

放线、抄平→安装梁柱头模板→铺设垫板→安装立柱→调整标高和位置→安装梁底模板→梁底起拱→绑扎钢筋→安装侧模→办预检→模板拆除。

3.4.8.4　**安装楼梯模板**

放线、抄平→铺设垫板→安装架子支撑(有楼梯柱先支楼梯柱模板)→安大小龙骨→安平台梁、平台板→校正标高位置→铺梯段底板→安楼梯侧帮→吊踏步模板→办预检→模板拆除。

3.4.8.5　**安装楼板模板**

抄平弹模板标高控制线→铺设垫板(土地应夯实)→支设架子支撑→安大小龙骨并在墙四周加贴海绵条用 50 mm×100 mm 木方顶紧→大于 4 m 时模板支撑起拱→铺模板→校正标高→办预检→模板拆除。

3.4.8.6　**模板拆除**

(1)底模及其支架拆除时的混凝土强度应符合设计要求;当设计无具体要求时,混凝土强度应符合表 3-3 的规定。检查同条件养护试件强度试验报告。拆除顺序应按施工方案规定执行。

表 3-3　底模拆除时混凝土强度要求

构件类型	构件跨度(m)	达到设计要求混凝土立方体抗压强度标准值的百分率(%)
板	≤2	≥50
	>2,≤8	≥75
	>8	≥100
梁	≤8	≥75
	>8	≥100
悬臂构件		≥100

(2)侧模拆除时的混凝土强度也应能保证其表面及棱角不受损伤。不应对楼层形成冲击荷载。拆除的模板和支架宜分散堆放并及时清运。模板拆除应有拆模申请,拆模申请由项目技术负责人批准。

(3)柱子模板拆除:先拆掉柱斜拉杆或斜支撑,卸掉柱箍,再把连接每片柱模板的连接件拆掉,使模板与混凝土脱离。

(4)墙模板拆除:先拆掉穿墙螺栓等附件,再拆除斜拉杆或斜支撑,用撬棍轻轻撬动模板,使模板脱离墙体,即可把模板吊运走。

(5)楼板、梁模板拆除。宜先拆除梁侧模,再拆除楼板模板。楼板模板拆模时,先拆掉水平拉杆,然后拆除支柱,每根龙骨留 1～2 根支柱暂不拆。

(6)拆下的模板及时清理黏结物,拆下的扣件及时集中收集管理。若与再次使用的时间间隔较大,应采用保护模面的临时措施。

3.4.9 混凝土浇筑施工技术要点

3.4.9.1 工艺流程

混凝土运输及进场检验→混凝土的浇筑与振捣→拆模、混凝土养护。

3.4.9.2 混凝土运输及进场检验

(1)采用混凝土罐车进行场外运输,要求每辆罐车的运输、浇筑和间歇的时间不得超过初凝时间,混凝土从搅拌机卸出到浇筑完毕的时间不宜超过1.5 h,空泵间隔时间不得超过45 min。

(2)预拌混凝土运输车应有运输途中和现场等候时间内的二次搅拌功能。混凝土运输车到达现场后,进行现场坍落度测试,一般每个工作班不少于4次,坍落度异常或有怀疑时,及时增加测试。从搅拌车运卸的混凝土中,分别在卸料1/4和3/4处取试样进行坍落度试验,两个试样的坍落度之差不得超过30 mm。当实测坍落度不能满足要求时,应及时通知搅拌站。严禁私自加水搅拌。

(3)运输车给混凝土泵喂料前,应中、高速旋转拌筒,使混凝土拌和均匀。

(4)根据实际施工情况及时通知混凝土搅拌站调整混凝土运输车的数量,以确保混凝土的均匀供应。

(5)冬期混凝土运输车罐体要进行保温。夏季混凝土运输车罐体要覆盖防晒。

3.4.9.3 混凝土浇筑与振捣

1. 混凝土浇筑与振捣的一般要求

为防止混凝土散落、浪费,应在模板上口侧面设置斜向挡灰板。混凝土自吊斗口下落的自由倾落高度不得超过2 m,浇筑高度如超过2 m时必须采取措施,用串桶或溜管等。浇筑混凝土时,应分层进行,浇筑层高度应根据结构特点、钢筋疏密决定,一般为振捣器作用部分长度的1.25倍,常规ϕ50振捣棒是400~480 mm。使用插入式振捣器应快插慢拔,插点要均匀排列,逐点移动,顺序进行,不得遗漏,做到均匀振实。移动间距不大于振捣作用半径的1.5倍(一般为300~400 mm)。振捣上一层时,应插入下层大于或等于50 mm,以消除两层间的接缝。表面振动器(或称平板振动器)的移动间距应保证振动器的平板覆盖已振实部分的边缘。浇筑混凝土应在前层混凝土凝结之前,将次层混凝土浇筑完毕。间歇的最长时间应按所用水泥品种、气温及混凝土凝结条件确定,超过初凝时间应按施工缝处理。浇筑混凝土时,应经常观察模板、钢筋、预留孔洞、预埋件和插筋等有无移动、变形或堵塞情况,发现问题应立即处理,并应在已浇筑的混凝土凝结前修整完好。

2. 柱的混凝土浇筑

柱浇筑前,底部应先填以50~100 mm厚与混凝土配合比相同的减半石子混凝土,柱混凝土应分层振捣,使用插入式振捣器时每层厚度不大于500 mm,振捣棒不得触动钢筋和预埋件。除上面振捣外,下面要有人随时敲打模板。柱高在3 m之内,可在柱顶直接下灰浇筑,超过3 m时,应采取措施(用串桶)或在模板侧面开洞安装斜溜槽分段浇筑。每段高度不得超过2 m。每段混凝土浇筑后将洞模板封闭严实,并用柱箍箍牢。柱子的浇筑高度控制在梁底向上15~30 mm(含10~25 mm的软弱层),待剔除软弱层后,施工缝处于梁底向上5 mm处。柱与梁板整体浇筑时,为避免裂缝,注意在墙柱浇筑完毕后,必须停歇1～1.5 h,使柱子混凝土沉实达到稳定后再浇筑梁板混凝土。浇筑完后,应随时将伸出的搭接钢筋整理到位。

3. 梁、板混凝土浇筑

梁、板应同时浇筑,浇筑方法应由一端开始采用"赶浆法",即先浇筑梁,根据梁高分层浇筑成阶梯形,当达到板底位置时再与板的混凝土一起浇筑,随着阶梯形不断延伸,梁板混凝土浇筑连续向前进行。与板连成整体高度大于1 m的梁,允许单独浇筑,其施工缝应留在板底以上15～30 mm处。浇捣时,浇筑与振捣必须紧密配合,第一层下料慢些,梁底充分振实后再下二层料,每层均应振实后再下料,梁底及梁帮部位要注意振实,振捣时不得触动钢筋及预埋件。梁柱节点钢筋较密时,浇筑此处混凝土时宜用小直径振捣棒振捣,采用小直径振捣棒应另计分层厚度。

梁柱节点核心区处混凝土强度等级相差2个及2个以上时,混凝土浇筑留槎按设计要求执行或按图3-10进行浇筑。该处混凝土坍落度宜控制在80～100 mm。

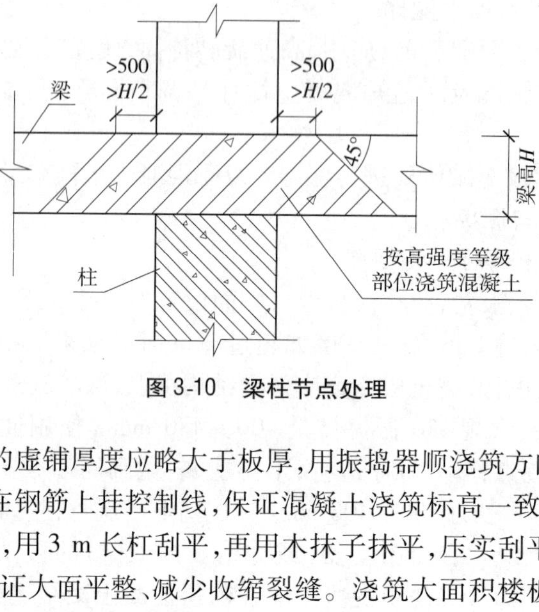

图3-10　梁柱节点处理

浇筑楼板混凝土的虚铺厚度应略大于板厚,用振捣器顺浇筑方向及时振捣,不允许用振捣棒铺摊混凝土。在钢筋上挂控制线,保证混凝土浇筑标高一致。顶板混凝土浇筑完毕后,在混凝土初凝前,用3 m长杠刮平,再用木抹子抹平,压实刮平遍数不少于两遍,初凝时加强二次压面,保证大面平整、减少收缩裂缝。浇筑大面积楼板混凝土时,提倡使用激光铅直、扫平仪控制板面标高和使其平整。

施工缝位置:宜沿次梁方向浇筑楼板,施工缝应留置在次梁跨度的中间1/3范围内。施工缝表面应与梁轴线或板面垂直,不得留斜槎。复杂结构施工缝留置位置应征得设计人员同意。施工缝宜用齿形模板挡牢或采用钢板网挡支牢固。也可采用快易收口网,直接进行下段混凝土的施工。施工缝处应待已浇筑混凝土的抗压强度不小于1.2 MPa时,才允许继续浇筑。在继续浇筑混凝土前,施工缝混凝土表面应凿毛,剔除浮动石子,并用水冲洗干净。模板留置清扫口,用空压机将碎渣吹净。水平施工缝可先浇筑一层30～50 mm厚与混凝土同配比的减石子砂浆,然后继续浇筑混凝土,应细致操作振实,使新旧混凝土紧密结合。

4. 剪力墙混凝土浇筑

如柱、墙的混凝土强度等级相同时,可以同时浇筑,反之宜先浇筑柱混凝土,预埋剪力墙锚固筋,待拆柱模后,再绑剪力墙钢筋、支模、浇筑混凝土。剪力墙浇筑混凝土前,先在底部均匀浇筑50～100 mm厚与墙体混凝土同配比的减半石子混凝土,并用铁锹入模,不应用料斗直接灌入模内。

浇筑墙体混凝土应连续进行,间隔时间不应超过混凝土初凝时间,每层浇筑厚度严格按混凝土分层尺杆控制,因此必须预先安排好混凝土下料点位置和振捣器操作人员数量。振捣棒移动间距应不大于振捣作用半径的1.5倍,每一振点的延续时间以表面呈现浮浆为度,为使上下层混凝土结合成整体,振捣器应插入下层混凝土50 mm。振捣时,注意钢筋密集及洞口部位。为防止出现漏振,须在洞口两侧同时振捣,下灰高度也要大体一致。大洞口的洞底模板应开口,并在此处浇筑振捣。竖向构件最底层第一步混凝土容易出现烂根现象,应适当提高第一步下灰高度、振捣棒间隔加密。

混凝土墙体浇筑完毕之后,将上口甩出的钢筋加以整理,用木抹子按标高线将墙上表面混凝土找平,墙顶高宜为楼板底标高加30 mm(预留25 mm的浮浆层剔凿量)。

5. 楼梯混凝土浇筑

楼梯段混凝土自下而上浇筑,先振实底板混凝土,达到踏步位置时再与踏步混凝土一起浇捣,不断连续向上推进,并随时用木抹子(或塑料抹子)将踏步上表面抹平。

3.4.9.4 养护

混凝土浇筑完毕后,应在12 h以内加以覆盖和浇水,浇水次数应能保证混凝土保持足够的润湿状态。框架柱优先采用塑料薄膜包裹、在柱顶淋水的养护方法。养护期一般不少于7昼夜。掺缓凝型外加剂的混凝土的养护时间不得少于14 d。

3.4.10 屋面防水工程施工技术要点

3.4.10.1 高聚物改性沥青防水卷材施工工艺流程(热熔法)

基层清理→涂刷基层处理剂→铺贴节点卷材附加层→热熔铺贴卷材→热熔封边→蓄水试验→作保护层。

3.4.10.2 工艺要点

(1)清理基层:施工前,将验收合格的基层表面的尘土、杂物清理干净。

(2)涂刷基层处理剂:高聚物改性沥青防水卷材可选用与其配套基层处理剂。使用前在清理好的基层表面,用长把滚刷均匀涂布于基层上,常温经过4 h后,开始铺贴卷材。

(3)附加层施工:女儿墙、水落口、管根、檐口、阴阳角等细部先做附加层,一般用热熔法使用改性沥青卷材施工,必须粘贴牢固。

(4)热熔铺贴卷材:按弹好的标准线位置,在卷材的一端用火焰加热器将卷材涂盖层熔融,随即固定在基层表面,用火焰加热器对准卷材和基层表面的夹角,喷嘴距离交界处300 mm左右,边熔融涂盖层边跟随熔融范围缓慢地滚铺改性沥青卷材,卷材下面的空气应排尽,并辊压黏结牢固,不得空鼓;卷材的搭接应符合《屋面工程技术规范》(GB 50345—2012)的规定。接缝处要用热风焊枪沿缝焊接牢固,或采用焊枪、喷灯的火焰熔焊粘牢,边缘部位必须溢出热熔的改性沥青胶。随即刮封接口,防止出现张嘴和翘边。

(5)卷材铺贴方向应符合下列规定:屋面坡度小于3%时,卷材宜平行屋脊铺贴;屋面坡度在3%以上或屋面受震动时,卷材可平行或垂直屋脊铺贴;上下层卷材不得相互垂直铺贴；热熔铺贴卷材时，焊枪或喷灯嘴应处在成卷卷材与基层夹角中心线上，距粘贴面 300 mm 左右处；如采用双层铺贴防水层，第二层铺贴的卷材必须与第一层卷材错开 1/2 幅宽，其操作方法与第一层方法相同；搭接缝，接缝熔焊黏结后再用火焰及抹子在接缝边缘上均匀地加热抹压一遍，然后用防水涂料进行涂刷封边处理。平面部分卷材铺完经蓄水试验验收合格后，应按设计要求，做好保护层。不上人屋面一般直接铺贴背面带片石或石渣的防水卷材，或在防水层表面涂刷银色反光涂料。

(6) 卷材末端收头：在卷材铺贴完后，应采用橡胶沥青胶粘剂或专用密封材料将末端黏结封严，防止张嘴、翘边，造成渗漏隐患。

(7) 屋面防水层完工后，应做蓄水或淋水试验。有女儿墙的平屋面做蓄水试验，蓄水 24 h 无渗漏为合格。坡屋面可做淋水试验，一般淋水 2 h 无渗漏为合格。

(8) 屋面防水保护层：屋面防水保护层分为着色剂涂料、地砖铺贴、浇筑细石混凝土或使用带有矿物粒（片）料、细砂等保护层的卷材。

(9) 防水保护层施工过程中，应加强对防水层的成品保护工作。

3.4.11 内墙贴饰面砖施工技术要点

3.4.11.1 工艺流程

基层处理→找规矩、贴灰饼→打底灰抹找平层→排砖→分格弹线→浸砖→粘贴饰面砖→勾缝与擦缝→表面清理。

3.4.11.2 基层处理

(1) 建筑结构墙柱体基层应有足够的强度、刚度和稳定性。基层表面应无疏松层、无灰浆、浮土和污垢，清扫干净。抹灰打底前，应对基层进行处理，不同基层的处理方法不同。

(2) 对于混凝土基层，要先进行“毛化”处理，凿毛或涂刷界面处理剂，以利于基层与底灰的结合及饰面板的黏结。即先将表面灰浆、尘土、污垢、油污清刷干净，表面晾干。混凝土表面凸出的部位应剔平，然后浇水湿润，墙柱体浇水的渗水深度以 8 ~ 10 mm 为宜，可剔凿混凝土表面进行抽查确认。然后用 1∶1 水泥砂浆内掺界面剂，喷或甩到墙上，其甩点要均匀，毛刺长度不宜大于 8 mm，终凝后喷水养护，直至水泥砂浆毛刺有较高的强度（用手掰不动）。

(3) 加气混凝土、混凝土空心砌块等基层，应对松动、灰浆不饱满的砖缝及梁、板下的顶头缝，用聚合物水泥砂浆填塞密实。将凸出墙面的灰浆刮净，凸出墙面不平整的部位剔凿；坑洼不平、缺棱掉角及设备管线槽、洞、孔用聚合物水泥砂浆修整密实、平顺。要在清理、修补、涂刷聚合物水泥后铺钉一层金属网，以增加基层与找平层及黏结层之间的附着力。不同材质墙面的交接处或后塞的洞口处均应铺钉金属网防止开裂，缝两侧搭接长度不小于 100 mm。

(4) 砖墙基层，要将墙面残余砂浆清理干净。

(5) 基层清理后应浇水湿润，抹灰前基层含水率以 15% ~25% 为宜。

(6) 对于不适合直接粘贴面砖的基层，应与设计单位研究确定处理措施。

3.4.11.3 **吊垂直、套方、找规矩、贴灰饼**

根据水平基准线，分别在门口、拐角等处吊垂直、套方、贴灰饼。根据面砖的规格：尺寸分层设点、做灰饼，间距不宜超过1.5 m，阴阳角处要双面找直。

3.4.11.4 **打底灰、抹找平层**

（1）洒水湿润：抹底灰前，先将基层表面分遍浇水。特别是加气混凝土吸水速度先快后慢，吸水量大而延续时间长，故应增加浇水的次数，使抹灰层有良好的凝结硬化条件，不致在砂浆的硬化过程中水分被加气混凝土吸走。浇水量以水分渗入加气混凝土墙深度8～10 mm为宜，且浇水宜在抹灰前一天进行。遇风干天气，抹灰时墙面如干燥不湿，应再喷洒一遍水，但抹灰时墙面应不显浮水，以利砂浆强度增长，不出现空鼓、裂缝。

（2）抹底层砂浆：基层为混凝土、砖墙墙面，浇水充分湿润墙面后的第二天抹1∶3水泥砂浆，每遍厚度5～7 mm，应分层、分遍与灰饼齐平，并用大杠刮平找直，木抹子搓毛。基层为加气混凝土墙体，在刷好聚合物水泥浆以后应及时抹灰，不得在水泥浆风干后再抹灰；否则，容易形成隔离层，不利于砂浆与基层的黏结。抹灰时，不要将灰饼破坏。底灰材料应选择与加气混凝土材料相适应的混合砂浆，如水泥∶石灰膏（粉煤灰）∶砂为1∶0.5∶（5～6），厚度5 mm，扫毛或划出纹线。然后用1∶3水泥砂浆（厚度为5～8 mm）抹第二遍，用大杠将抹灰面刮平，表面压光。用吊线板检查，要求垂直平整，阴角方正，顶板（梁）与墙面交角顺直，管后阴角顺直、平整、洁净。

（3）加强措施：如抹灰层局部厚度大于或等于35 mm时，应按照设计要求采用加强网进行加强处理，以保证抹灰层与基体黏结牢固。不同材料墙体相交接部位的抹灰，应采用加强网进行防开裂处理，加强网与两侧墙体的搭接宽度不应小于100 mm。

（4）当作业环境过于干燥且工程质量要求较高时，加气混凝土墙面抹灰后可采用防裂剂。底子灰抹完后，立即用喷雾器将防裂剂直接喷洒在底子灰上，防裂剂以雾状喷出，以使喷洒均匀，不漏喷，不宜过量，过于集中。操作时，喷嘴倾斜向上仰，与墙面的距离，以确保喷洒均匀适度，又不致将灰层冲坏。防裂剂喷撒2～3 h内不要搓动，以免破坏防裂层表层。

3.4.11.5 **弹线、排砖**

找平层养护至六七成干时，可按照排砖设计或样板墙，在墙上分段、分格弹出控制线并做好标记。根据设计图纸或排砖设计进行横竖向排砖，阳角和门窗洞口边宜排整砖，非整砖应排在次要部位，且横竖均不得有小于1/2的非整砖。非整砖行应排在次要部位，如门窗上或阴角不明显处等。但要注意整个墙面的一致和对称。如遇有突出的管线、设备、卡件，应用整砖套割吻合，不得用非整砖随意拼凑镶贴。

用碎饰面砖贴标准点，用作灰饼的混合砂浆贴在墙面上，用以控制贴饰面砖的表面平整度。垫底尺计算准确最下一皮砖下口标高，以此为依据放好底尺，要水平、安稳。

3.4.11.6 **浸砖**

将已挑选好颜色、尺寸一致的好的饰面砖（变形、缺棱掉角的砖挑出不用）放入净水中浸泡2 h以上，并清洗干净，取出后晾干表面水分后方可使用（通体面砖不用浸泡）。

3.4.11.7 **粘贴饰面砖**

（1）内墙饰面砖应由下向上粘贴。粘贴时，饰面砖黏结层厚度一般为：1∶2水泥砂浆

4 ~ 8 mm 厚;1∶1 水泥砂浆 3.4 mm 厚;其他化学黏合剂 2 ~ 3 mm 厚。面砖卧灰应饱满。

(2)先固定好靠尺板,贴最下一皮砖,面砖贴上后用灰铲柄轻轻敲击砖面使之附线,轻敲表面固定;用开刀调整竖缝,用小杠尺通过标准点调整平整度和垂直度,用靠尺随时找平、找方;在黏结层初凝前,可调整面砖的位置和接缝宽度,初凝后严禁振动或移动面砖。

(3)砖缝宽度应按设计要求,可用自制米厘条控制;如符合模数,也可采用标准成品缝卡。

(4)墙面突出的卡件、水管或线盒处,宜采用整砖套割后套贴,套割缝口要小,圆孔宜采用专用开孔器来处理,不得采用非整砖拼凑镶贴。

3.4.11.8 勾缝与擦缝

待饰面砖的黏结层终凝后,按设计要求或样板墙确定的勾缝形式、勾缝材料及颜色进行勾缝,也可用专用勾缝剂或白水泥擦缝。

3.4.11.9 清理表面

勾缝时,应随勾缝随用布或棉纱擦净砖面。勾缝后,常温下经过 3 天即可清洗残留在砖面的污垢,一般可用布或棉纱蘸清水擦洗清理。

3.4.12 脚手架工程施工技术要点

3.4.12.1 搭设前的准备工作

(1)在地下室外围回填土上搭设,搭设范围的地基应夯实平整,高于自然地面 10 ~ 15 cm,并做好排水处理。

(2)搭设方案已批准,并由项目部工程技术人员向作业人员进行详细的交底。

(3)钢管、扣件、脚手板、安全网等经检查合格。

(4)持证上岗的搭设人员的个体防护充分(已作定期体检、已配备合格经检测的安全带、安全帽、防滑鞋等防护用品)。

(5)六级以上大风和雾、雨、雪天应停止脚手架作业。

3.4.12.2 立杆基础

(1)立杆要坐落在坚硬实土上,分层夯实回填土的地基上或根据土质情况铺设 10 cm 厚的道渣,地基耐力不宜小于 80 kN/m^2,立杆须设在钢座(又名底盘、底座,属扣件的一种,用以增大立杆与地基的接触面,减少压强,避免基础被压坏或出现过大的变形影响脚手架的稳定)上,钢座底下采用垫木支垫(垫木需长 2.0 ~ 2.5 m,宽不小于 20 cm,厚 5 ~ 6 cm 的木板,垂直于墙面垫放或用长不小于 4 m 的木板平行于墙面垫放),垫木底采用不低于 C15 混凝土作基础。

(2)双排架的纵距≤1.5 m,横距≤1.05 m。

据以上纵横距,在建筑物四角用尺量出里、外立杆间距,并做好标记,用钢卷尺分出立杆位置,用白灰点出立杆位置。

3.4.12.3 杆件接长与搭接

(1)立杆首根采用不同长度的钢管参差布置,使相邻两冲天上部接头相互错开,不在同一平面上,底部应用牵杆,横楞相互连接。

(2)立杆的垂直要求,按搭架高的1/400~1/600控制,但全高倾斜不大于10 cm。

(3)大横杆同一排水平偏差不大于该片脚手架的总长度的1/300,且不大于5 cm,大横杆应布置在立杆的里侧,且各接头中心距立杆轴线的距离应小于1/3跨度,上、下层的大横杆的接头位置应相互错开。

(4)底座沉降<10 mm,步距偏差±20 mm。

(5)接地、避雷措施由专业电工按JGJ 46—88的有关规定执行。

(6)钢管:直径ϕ48,壁厚3.5 mm的钢管立杆,斜杆、大横杆长度以4~6 m为宜,每根质量在25 kg以内,小横杆以1.2~1.4 m为宜,外径48 mm和51 mm的钢管禁止混用,两端面平整,严禁打孔(扣件:应有质量合格证、生产许可证、专业检测单位测试报告方可使用)。

(7)立杆对接接长同大横杆对接接长,用对接扣件(俗称一字扣件),对接接头应交错布置,不应设在同步同跨内,相邻接头水平距离≥50 cm,应避免在纵面水平拼接在跨中。

(8)立杆与大小横杆联结,用直角扣件,大横杆又名单杆,顺水杆。小横杆又名横楞、横担,小横杆靠墙一端距离一般为5~10 cm。

(9)剪刀撑(又称十字撑、十字盖)与立杆、横杆联结用万向扣件,万向扣件俗称任意扣件或回转扣件,剪刀撑斜杆与地面的夹角为45°~60°。

(10)扣件的连接要求:内壁的圆隔幅度要求精确,与钢管扣紧时接触面不少于30%,螺栓不宜拧得过紧,拧紧力矩一般控制在40~60 N·m,不得超过65 N·m,对接扣件的开口应朝上或朝内,钢管架重要的构件及大横杆,与立杆连接的扣件不得滑动。扣件本身具有抗滑、抗旋转和抗拉拔的能力,一个扣件的抗滑移承载能力应达到8.5 kN。

(11)大横杆位于立杆内侧,采用纵向铺脚手架时,中间应设置两根钢管,沿大横杆方向设置。

(12)在距底座下皮200 mm处设置纵向扫地杆,连接立杆下端,约束立杆底端在纵向上发生位移,在纵向扫地杆上设置横向扫地杆,连接立杆下端,约束立杆底座在横向上发生位移。

(13)脚手架搭设顺序:底座安放→放置纵向扫地杆→立杆(先内排,后外排)→横向扫地杆→第一步纵向水平杆→第一步横向水平杆→连墙杆(或加抛撑)→第二步纵向水平杆→第二步横向水平杆。

3.4.12.4 架体与建筑物拉结

(1)架体与建筑物的拉结俗称连墙杆,其作用是提高立杆的纵向刚度,防止脚手架内、外倾斜,增强架体的整体稳定性,并可靠地传递风荷载。

(2)连墙杆件一般应设置在框架梁或楼板附近等具有较好的抗水平力作用的结构部位(住宅每层设置)。

(3)架高3.6 m以上,每高4 m,水平每隔4.5 m,附墙连接点的方法,这在高层施工中使用较多。

3.4.12.5 剪刀撑和横向支撑设置

(1)高30 m以下,脚要在外侧立面两端设置,中间每隔12~15 m设一组,连3~4根立杆,最高跨6根大横杆(六跨),斜边与地面成45°~60°,由底边连续设置剪刀撑到顶。

(2)沿脚手架外侧立面转角处起,每6~9根上设一组剪刀撑,每边不少于3组,沿架高连续设置,中间应增加2~4个扣结点(方法:一端接立杆,一端接伸出的横杆端)。两剪刀撑用大剪刀撑联系,也可根据现场设入字撑。

(3)以上除两端设置外,中间应每隔6跨设置一组,斜杆应采用万向扣件固定在与之相交的立杆或横向水平杆的伸出端上,剪刀撑、横向支撑随立柱、大小横杆等同步搭设。

3.4.12.6　施工层脚手板铺设

(1)竹脚手板要满铺,两端必须用8#铁丝绑扎或用钢筋压固,大横杆要架在小横杆上,并使表面平整。当采用直铺时,其接头下面应设两根小横杆,板端悬空部分应保持10~15 cm,搭接铺设的脚手板,板端伸出小横杆的长度为5~10 cm,板端必须与小横杆绑牢。

(2)在脚手架全高或高层脚手架的每个高度段内,脚手板铺设不多于6层,作业层超过3层再根据计算确定。

(3)脚手板的荷载控制:集中荷载不超过1.5 kN/m^2,装修脚手架不超过2 kN/m^2。

3.4.12.7　防护

(1)在铺脚手板操作层上,必须在外排垂直面的内侧设防护栏杆和挡脚板,上栏杆高1~1.2 m,中栏杆居中设置。挡脚板也可加设一道栏杆(距脚手板20~30 cm)或挂一道安全网。

(2)采用脚手架外表面满挂安全网。

3.4.12.8　拆除

拆架前,全面检查拟拆脚手架。根据检查结果,先拟订作业计划,报请批准,进行安全技术交底后,才准开始工作。作业计划一般包括:拆架的步骤和方法,安全措施、材料堆放地点、劳动组织等。拆架时,周围设围拦或警示标志,划出工作禁区,禁止非拆人员进入。并设专人看管,禁止人畜入内。拆除顺序应从上而下,一步一清,不准上下同时作业。

3.4.13　负责组织测量放线、参与技术复核

(1)平面测量放线:控制点引测→控制线引测、弹线→弹墙体两侧边线→弹模板控制线→门窗洞口测量、弹线→对影响弹线和有凸出线外的钢筋在平面图中标注→弹竖向线(墙身大角线、阳台边线、窗洞口线)→将所有控制点用红油漆标注→对钢筋调整部位进行补线。

(2)钢筋标高控制线:引测楼层+500 mm标高线→引测平面+500 mm标高控制网→将所有控制点用油漆标注→对钢筋调整部位进行复测补线。

(3)混凝土标高控制线:引测楼层+500 mm标高线→对混凝土不同标高部位线弹线标注。

(4)为避免测量差错,所有测量内业和计算资料,必须经两人复核。施工中,应采取不同方式、不同测点由两人进行复测,其测量工作内容、成果等要详细填入测量手簿内,并签字以示负责。

(5)现场内各测量控制标桩,必须定期进行检测,特殊情况应随时进行检测。

(6)在施工过程中,对重要的和影响全面的技术工作,必须在分部分项工程正式施工

前进行复核,以免发生重大差错,影响工程质量和使用。当复核发现差错应及时纠正,方可施工。

(7)技术复核的主要内容如下:

①建筑物的位置和高程:四角定位轴线(网)桩的坐标位置,测量定位的标准轴线(网)桩位置及其间距,水准点、轴线、标高等。

②地基与基础工程设备基础:基坑(槽)底的土质;基础中心线的位置;基础底标高、基础各部尺寸。

③混凝土及钢筋混凝土工程:模板的位置、标高及各分部尺寸、预埋件、预留孔的位置、标高、型号和牢固程度;现浇混凝土的配合比、组成材料的质量状况、钢筋搭接长度;预埋构件安装位置及标高、接头情况、构件强度等。

④砖石工程:墙身中心线、皮数杆、砂浆配合比等。

⑤屋面工程:防水材料的配合比,材料的质量等。

⑥钢筋混凝土柱、屋架、吊车梁以及特殊屋面的形状、尺寸等。

⑦管道工程:各种管道的标高及其坡度;化粪池:检查井底标高及各部尺寸。

⑧电气工程:变、配电位置;高低压进出口方向;电缆沟的位置和方向;送电方向。

⑨工业设备、仪器仪表的完好程度、数量及规格,以及根据工程需要指定的复核项目。

(8)技术复核记录由所办复核工程内容的技术员负责填写,技术复核记录应有所办技术员的自复记录,并经质检人员和项目技术负责人签署复查意见和签字。

(9)技术复核记录必须在下一道工序施工前办理。

(10)技术复核记录由所办技术员负责交项目资料员,资料员收到后应先造册登记,后归档。

3.5 施工进度成本控制

3.5.1 参与制订并调整施工进度计划

(1)建立由甲方牵头各施工、监理(或设计)单位参加的定期现场调度会议,及时掌握其他施工单位的施工进度、协调安装与其他施工单位的矛盾。

(2)根据施工现场实际情况,合理安排、穿插进行,不浪费一个劳动日,不空留一个工作点,同时实行严格的奖惩制度,保证下达的每一项施工任务指令能保质保量地如期完成。

(3)施工前,认真组织学习、熟悉图纸,发现问题及时会同甲方及设计单位解决,同时加强质监网络的监督作用,以减少非主观原因造成的停工、返工等现象。

(4)经常对比实际进度与设计进度,约定超前或拖后等情况,并分析其原因,及时对计划进度进行调整,尤其是甲方提供设备和主要材料进场计划表,并立即通知建设单位。

3.5.2 参与制订并调整施工资源需求计划

(1)在编制企业生产运作计划的时候,必须关注资源的可用性。资源可包括劳动力、物料、设备能力、能源动力、加工或存储空间等。根据企业生产的产品和生产过程的不同，还可以有许多其他的资源。当确定了所要生产的产品，就要计算生产这些产品所需要的资源，并检查企业是否具备足够的资源，如果这些资源不足，协调这些资源上的差距，这就是资源需求计划的作用。

(2)在编制资源需求计划过程中涉及的资源所指的是关键资源，如关键工作中心、关键原材料(受市场供应能力或供应商生产能力限制的材料)、资金等。这里强调关键资源，是区别于在编制主生产计划(MPS)和物料需求计划(MEP)时的使用的更明细的资源。

(3)将资源需求量与资源现有量进行比较，包括物料库存、现有劳动力、设备能力、能源动力供给情况等。在进行资源需求和供应平衡分析的基础上，才能确定生产运作计划。

(4)协调可用资源和资源需求。当资源需求超过可用资源时，将出现资源短缺。在生产运作计划确定前，必须解决资源的短缺问题，可以根据企业的具体情况采取不同措施进行协调。

3.5.3 做好施工现场组织协调工作，合理调配生产资源，落实施工作业计划

(1)同业主对拟选定的施工班组予以考察，并采用竞争录用方法，使所选择的施工班组(含供应商)无论是资质、管理、经验都符合工程要求。

(2)责成施工班组所选用的设备、材料必须事先征得业主和项目部的审定，严禁擅自代用材料和使用劣质材料。

(3)责成各施工班组严格按照施工进度计划和施工组织化设计进行施工，建立合理的质量保证体系，确保施工目标的实现。

(4)各施工班组严格按照项目部制定的施工平面布置图“按图就位”，且按项目部制定的现场标准化施工的文明管理规定，做好施工现场的文明施工。

(5)组织各施工班组进行科学施工、协调施工中所产生的各类矛盾，以合同明确责任，尽可能减少施工中出现的责任模糊和推诿扯皮现象而贻误工期或造成经济损失。

(6)项目部应不断加强对各施工班组的教育，提请各施工班组对产品的成品进行保护，做到上道工序对下道工序负责。

3.5.4 施工资源管理保证措施

(1)建立健全施工安全保证体系，采取有效的安全保障措施，组织好现场安全施工，搞好文明施工，创造一个安全、文明、有序的施工环境。

(2)在进度实施过程中抓住关键项目，加大人力、物力投入，特别是高峰期的投入，确保主要工序和关键线路按期完工，同时兼顾其他项目。

(3)加强人员和设备管理，提高设备利用率和劳动生产率。

(4)充分利用好发包人提供的有关施工设备，同时根据工程进展新购或从工程局调配施工需要的设备进场，以充分满足施工需要。

(5)充分利用网络管理技术,对施工所需材料、配件进行网络查询和采购,对物资存储进行科学管理,保证正常的物资采购和供应,尽量减少因材料、配件短缺造成的施工延误。

(6)对工程款项进行科学管理,用好、用活资金,必要时从本部或采取其他手段调配充足的资金,保障施工生产对资金的需求。

3.5.5　参与现场经济技术签证

(1)在设计变更及签证控制管理工作中必须"以合同为中心",在合同中要明确约定可调整工程造价的设计变更范围及幅度。现场签证要反复对照合同及有关文件规定慎重处理。

(2)现场签证必须列清事由、工程实物量及其价值量,并由工程部主管工程师和合预部预算员以及监理单位现场管理人员共同签名,其中合预部预算员必须对工程量、单价、用工量负责把关。

(3)现场签证必须按当时发生当时签证的原则,一般工程签证在事后7日内,隐蔽工程要在隐蔽前办理完毕,严禁事后补签及事后人情签证的发生。签证内容、原因、工程量必须清楚明了,涂改后的签证及复印件不得作为结算依据。

(4)凡实行招标造价大包干的工程和取费系数中已计取预算包干费用或不可预见费用的工程项目费用的,在施工过程中原则上不得办理任何签证。

(5)因公司功能及设计效果要求或者因设计不当,确实需要变更设计的,应填写《设计变更审批表》并编制预算,根据公司下发成本控制管理办法中流程和审批权限审批后,方可办理;办理过程中必须对照有关设计、施工或售楼合同,明确经济责任,并及时办理签证,预算人员要到现场看是否有返工现象的发生,杜绝盲目签证。

(6)要及时建立健全设计变更及签证登记台账,统计变更签证的造价,及时反馈有关成本变动情况,预测成本变动趋势,并通过各种有效途径(如成本控制小组会议制度)及时进行调整、消除造成成本异常波动的不合理因素,从而真正实现成本可控。

3.5.6　成本控制要点

3.5.6.1　优化施工方案

在工程实施过程中,应组织专家对投标文件的施工组织设计进行审查,并对施工过程中的各个阶段的施工方案进行比选,应用价值工程等方法对项目做多方案的技术经济比较分析,努力挖掘节约工程投资的潜力,从而达到控制工程成本、获取更高经济效益的目的。

3.5.6.2　有效控制人工费

人工费占建筑产品成本的10%～12%,并且随劳动力市场价格变化而变化。在施工过程中依据工程分部分项内容,对每天用工数量进行连续记录,完成一个分项工程后,与清单报价中的用工数量进行对比,找出存在的问题,采取相应的措施,对控制指标加以修正。

3.5.6.3 **科学控制材料费**

材料费一般占全部工程项目成本的65% ~75%,直接影响工程成本和经济效益。材料费控制包括材料订购、材料价格和材料用量控制三个方面。

3.5.6.4 **合理控制机械使用费**

机械使用费占建筑产品成本的5% ~8%,机械费控制指标主要是根据工程量清单报价数量参考定额计算出各类机械的使用台班数。要充分利用现有机械设备进行内部合理调度,力求提高机械利用率。

3.5.6.5 **制定合理工期**

制定合理工期是控制施工项目成本的关键。在安排工期时,要注意处理工期与质量、成本的辩证统一关系,组织连续、均衡、有节奏的施工,以求在合理使用资源的前提下,保证工期,降低成本。

3.5.6.6 **优化现场管理**

优化现场管理必须遵循经济效益原则、科学合理原则和标准化、规范化原则,从根本上提高施工现场的生产、工作效率和管理效益,从而建立起一个科学而规范的现场作业秩序,最终达到控制成本的目的。

3.5.6.7 **加强签证监督**

严格现场签证管理,要求工程技术人员与工程经济人员相互配合,不仅做到"随做随签",还应该做到以下几点:

要严格四方签证制度,所有的现场签证必须经施工单位项目经理、总监理工程师、设计单位代表、业主代表四方共同签字方为有效。签证必须达到量化要求,工程签证单上的每一个字、每一个字母都必须清晰,签证内容必须与实际相符。要加强现场工程管理人员经济观点及思想素质教育,要求他们不仅要懂得设计、施工技术,还要具备工程经济方面的知识。培养他们实事求是的作风,在抓好工程质量、工期、安全监督的同时,充分重视节约工程成本的重要性。签证的范围应正确。现场工程管理人员必须认真阅读招标文件及投标文件,明确招投标范围,切勿盲目签证。

3.5.6.8 **加强索赔控制**

加强变更、索赔的管理和控制等工作是施工管理企业经济活动的一个重要组成部分,也是控制成本的重要内容。通过积极有效的经营策略,合理可行的工程变更,及时与设计单位、监理单位、建设单位沟通,取得甲方的理解和认可,为达到工程变更的目的创造条件。

3.5.7 负责施工平面布置的动态管理

(1)建立统一的施工总平面图管理制度,划分总图的使用管理范围。各区各片有人负责,严格控制各种材料、构件、机具的位置、占用时间和占用面积。

(2)实行施工总平面动态管理,定期对现场平面进行实录、复核,修正其不合理的地方,定期召开总平面执行检查会议,奖优罚劣,协调各单位关系。

(3)做好现场的清理和维护工作,不准擅自拆迁建筑物和水电线路,不准随意挖断道路。大型临时设施和水电管路不得随意更改和移位。

3.6 质量安全环境管理

3.6.1 参与质量、环境与职业健康安全的预控

(1)充分发挥质量监督机构的职能,实行工程质量“一案否决”,优质优价,确保优良工程的实现。

(2)认真熟悉施工图纸及施工组织设计,并严格按此施工,若发生设计变更及调整,必须经项目技术负责人办理好有关手续后方能继续施工。

(3)严格施工管理,认真执行施工验收规范、标准和操作规程,特殊工种作业人员必须持证上岗,关键要害部位分级作详细的书面技术交底和现场口头交底。

(4)严格材料进场制度,把好原材料检试验关。凡工程所使用的原材料、成品、半成品均须具备材质合格书,按各种材料的规定要求,做好抽样送检的试验工作。对不合格的产品决不验收、决不使用。原材料检试验、配合比试验、施工检试验必须由具有相应资质等级的试验室承担。

(5)严格执行工序控制程序。任何一道工序结束和下道工序开工均需专检员签字认可,不同工程之间还应做好工序中间交接记录。

(6)该工程设置专职机械管理,对机械设备坚持“三定”制度,定期维护保养,安全装置齐全有效,配齐零件,保证正常使用,不因机械故障而影响施工。

(7)必须按施工顺序进行施工,认真做好各工种的交叉配合,凡是安装工程需要留的孔洞及预埋件、穿墙管需事先明确位置,做好预埋、预留工作,并做好记录。防止遗漏和差错,严禁事后凿槽而影响工程质量。

3.6.2 负责施工作业的质量、环境与职业健康安全过程控制,参与隐蔽、分项、分部和单位工程的质量验收

3.6.2.1 清洁生产

在施工过程中尽量选用清洁的原材料和采用先进的施工工艺,将污染尽量消除和控制在施工过程中。对不可避免的污染物采取有效的综合治理措施进行有效处理、回收和利用。

3.6.2.2 水污染防治

(1)要按照清污分流和污污分流的原则设置排水系统。要设置并管好清污分流设施,确保干净雨水不进入下水系统、被污染的水不流入排洪沟。

(2)要大力开展节水减排工作,合理安排和使用水资源,提高水的循环使用率。

(3)禁止使用渗井、渗坑和采用稀释方法排放废水。

(4)禁止向排洪沟及其他水体排放、倾倒施工废料、生活垃圾和其他废弃物。

3.6.2.3 大气污染防治

(1)轻质油品及各种易挥发物料的储罐,要采用最佳实用技术,减少油品挥发损失。

轻质油品和各种易挥发物料都要进行密闭化装车，并回收、处理物料。

（2）要重视种植树木花草工作，扩大绿化面积，净化、美化环境。

3.6.2.4　废渣、废液污染防治

（1）工业有毒有害废渣、废液可综合利用的要加以利用。在利用过程中要严格执行国家固体废物管理办法，不造成二次污染。不能综合利用的，要进行无害化处理。

（2）工业有毒有害废渣、废液需要转移到外单位进行储存、利用和处理处置的，必须严格执行国家固体废物污染环境防治法和危险化学品安全管理条例。

（3）要设置防流失的生活垃圾箱，防止生活垃圾进入排水沟造成堵塞。

（4）对施工范围内的施工垃圾要及时按要求清理、运走。

3.6.2.5　噪声污染防治

（1）对噪声和振动大的机泵等设备，应因地制宜地采用消声、隔音、减震等有效措施，确保噪声达到国家标准。

（2）要采取有效措施控制设备故障等特定期间的噪声扰民。

3.6.2.6　土壤污染防治

（1）工业废油、废润滑油等，能回收的必须回收，不能回收的要集中统一处理。

（2）拆检、检维修设备时产生的各类废抹布、废油桶、石棉，清理油罐、容器产生的各类油泥、废渣必须集中统一按规定排放和处理。

3.6.2.7　节能降耗

必须最大限度地利用各种施工废液、废渣等资源的能源，做好节电节水工作，从而降低能耗，控制和消除污染、保护环境。

3.6.3　参与质量、环境与职业健康安全问题的调查，提出整改措施并监督落实

3.6.3.1　质量问题措施

1. 增强施工技术人员责任心

通过加强岗位技术培训，加强建筑规范标准的宣传和指导力度，强调工程责任质量终身制的后果严重性，并通过典型案例宣传、实例剖析、与项目负责人签订责任状等方式，提高对工程质量问题危害性的认识。

2. 严格工程质量检查验收制度

建立健全工程施工质量管理的制度，加强质量保障体系的贯彻执行，严格按照施工质量验收标准加强自查、互查、检查，严格执行质量工序验收制度，严格履行验收签字程序，未经验收合格不得进入后道工序施工，对验收不合格的，严格执行质量整改和闭合制度。

3. 加强施工现场工程监理

监理单位的项目监理机构应针对工程特点，将易发生质量问题的部位和环节作为质量控制的重点，在监理规划或监理实施细则中突出这些部位和环节，编制专项的质量控制方案，并在施工中重点控制。监理人员应按规定认真做好质量验收工作，在材料、构配件

进场、使用过程中,要严格执行各项检查,加强检测见证和质量平行检验,重要部位和环节应加强旁站监理并做好详细的记录,把好现场施工质量监管关口。

4. 重视工程质量通病防治

在保证工程结构安全和主要使用功能的前提下,加强工程质量通病防治,减少质量投诉。工程设计单位针对建筑物的开裂、渗漏水等通病,应设计通病防治专篇,细化交底说明和处理要点;施工和监理单位要编制专项施工和监理方案,经技术负责人审批后严格执行;质量监督机构要加强监督和指导,切实提高建筑观感质量,提高耐久性,满足更高的使用功能要求。

3.6.3.2 环境问题措施

1. 噪声污染

可以通过错时施工,对噪声较大的施工尽量放在白天进行,避免夜间扰民;也可以对施工机械设备进行必要的改良、更换,在保证质量的同时,减小噪声污染。如在打桩时尽量采用静压桩或采取改型打桩机等,都可以减少噪声污染。

2. 粉尘污染

对工地道路加强硬化处理,如浇筑混凝土路面,既可以减少粉尘污染,又能提高运输效率,同时安排人员加强渣土清扫、路面保洁和洒水;对施工使用的搅拌器和水泥罐等设置除尘器;运输散装建材的车辆物料采取有效的遮蔽措施等。

3. 固体废弃物污染

施工单位应使用带有围挡设施的车辆,规范运输,不能随路抛洒滴漏;在指定地点堆放建筑垃圾;施工结束后,及时清运多余、废弃的土方和垃圾,拆除临时工棚等建筑物。

4. 水体污染

将生产施工废水通过沉淀后再排入市政管网,对车辆、建筑设备使用燃油等产生的油脂类应收集、集中处理,不得随意倾倒、排入水管网和附近其他河流。

3.6.3.3 安全问题措施

1. 建立健全安全管理体系

建立明确的安全目标、方针和计划,建立企业安全责任的考评制度和责任追究制度,设立专门的安全管理部门,建立高效的安全管理信息系统,普及开展群众性的安全管理活动,提高安全意识。

2. 加大安全资金投入,减少安全事故

加大安全资金投入,更新安全设施,使设备、工具、材料等免遭毁损,减少或者避免施工人员的伤亡。

3. 完善施工安全监督

坚持“以人为本”的理念,贯彻“安全第一、预防为主、综合治理”的方针,依靠科学管理和技术进步,严格执行安全监督管理制度,对施工单位主要从安全教育、检查、隐患公示和整改方面进行重点监控。对发生事故的单位进行全面量化监管,建立监督和惩戒制度,使安全管理工作真正走上法制化、规范化的轨道。

3.7 施工信息资料管理

3.7.1 负责编写施工日志、施工记录等相关施工资料

(1)应与工程建设同步进行并完成,要求书写认真、字迹清晰、内容完整、责任方签字齐全,施工技术资料不符合要求的,不得进行工程竣工验收。

(2)施工技术资料的形成、收集和整理应由各方责任主体共同形成,并保证其真实、准确、及时、完整。

(3)施工技术资料的形成、归档过程,宜采用计算机管理,逐步实现以缩微品和光盘载体代替纸质载体。属国家、省重点工程的施工技术资料宜采用缩微品。

(4)单位(子单位)工程、分包项目的竣工验收签章应使用企业法定公章,其他应使用项目部(分包单位)符合相应授权的公章。有关签字人员也应有相应的授权证明。

3.7.2 负责汇总、整理和移交施工资料

(1)建设单位监督专业分包单位及时将施工技术资料完整、全面、准确地移交给总承包单位。

(2)由建设单位采购建筑材料、构配件和设备,建设单位应保证建筑材料、构配件和设备符合设计文件、规范标准和合同要求,并保证相关材料质量证明文件的完整、真实和有效,经监理单位认可后及时移交给工程施工单位整理归档。

(3)建设单位应负责组织竣工图的编制工作,也可委托监理或施工单位进行。

(4)建设单位在组织工程竣工验收前,应提请当地城建档案管理机构对工程档案进行预验收。列入城建档案馆接收范围的工程,工程竣工后验收3个月内,向当地城建档案馆移交一套符合规定的工程档案。

(5)施工单位应负责汇总各分包单位编制的施工技术资料。

分包单位应负责其职责范围内施工技术资料的收集和整理,并对施工技术资料的真实性、完整性和有效性负责。

(6)施工单位应在工程竣工验收前,将工程的施工技术资料整理、汇总、组卷,并按合同约定数量编制完整的施工技术资料,移交建设单位,自行保存一套。

(7)施工技术资料在施工过程中应按先自检、后交接检、再验收的程序,加强过程控制。

(8)施工技术资料的报验、报审及验收、审批均应有时限性要求。在合同中有约定时按约定执行,无约定时,施工技术资料的申报、审批不得影响正常施工。

(9)建筑工程实行总承包的,应在与分包单位签订施工合同的同时,明确分包范围内施工技术资料的移交办法,包括套数、时间、质量要求、验收标准、违约责任等,专业分包也遵守本规定。

(10)施工技术资料顺序号的填写原则:专用表格随施工过程,按时间顺序,从001开始连续标注。

(11)对同一张表格(隐蔽验收记录)等,应根据各自分部(分项)工程的不同,依各个检查项目从001开始连续标注。无示范表格的,在资料的右上角注明编号或顺序号。

3.8 安装工程施工方法及工艺要求

3.8.1 建筑给排水系统安装

3.8.1.1 施工流程

施工人员、材料、机具进场→钢套管制安→配合土建预埋→楼层主干管安装→楼层支管安装→管道水压试验和冲洗→卫生器具安装→系统调试→交工验收移交。

3.8.1.2 管道安装注意事项

(1)排污、雨水管道立管上应设置排水检查口,其中心距楼地面为1 m。

(2)管道试验压力及介质按设计图纸及施工规范要求进行。

(3)排水管、雨水管应作灌水试验。

(4)管道支吊架安装要根据《管道支吊架安装标准图册》和设计要求及施工的具体情况进行施工。

3.8.1.3 安装技术要求

(1)管道之间、管道与设备之间应在自然状况下接口,不能强迫接口。

(2)所有的管道接口、阀门件不宜置于砖墙、楼板间,以免影响操作及维修。

(3)管道阀门安装前应进行验收,具备生产厂家的合格证,并按规范要求进行抽检。合格后,才能进行安装,以确保质量。

(4)各种管道的安装坡度应参照设计要求及规范要求进行施工,正负误差应在规范允许范围内。

(5)管道进出建筑物外墙及室内防火墙时,要求与墙体保留至少不小于5 cm的空隙,并用柔性阻燃材料填充。

(6)埋地管道安装、防腐、试压完毕后,应及时填写验收记录,办理隐蔽工程验收后方可回填土方,回填土应选用松软的细土。

(7)卫生洁具的支吊架安装应牢固平整,符合设计及规范要求。

(8)卫生洁具的安装高度,相应的排水管径、坡度以及给水阀件均须遵照标准图册及设计和施工规范要求。

(9)各项管道安装完毕后要用水冲洗,并进行水压试验,试验压力合格后,方可隐蔽。

3.8.1.4 给排水系统安装所适规范

给排水系统安装应按下列规范和标准进行施工:

(1)《建筑给排水及采暖工程施工质量验收规范》(GB 50242—2002)。

(2)《建筑工程施工质量验收统一标准》(GB 50300—2001)。

(3)《给水排水标准图集》S1 - S3合订本。

(4)《现场设备、工业管道焊接工程施工及验收规范》(GB 50683—2011)。

在实际施工过程中,应参照有关的技术规范和标准进行施工,以确保施工质量。

3.8.2　电气系统安装

3.8.2.1　动力、照明简要施工流程

1. 配合阶段

管线预留预埋→隐蔽工程记录→隐蔽工程中间验收。

2. 安装阶段

电缆桥架安装→电缆敷设→动力、照明线路穿线→电气设备开箱检查、安装→灯具、开关、插座安装→绝缘测试检查校线、接线（包括一、二次线）→模拟单体试验→分项通电试验→整体通电试验→整理资料→交工验收。

3.8.2.2　动力、照明线路安装要求

1. 管子加工

（1）管子使用前应去毛刺，除锈，刷防腐漆。

（2）管子割切：管子的割切方法有钢锯切割、切管器—管子割刀及砂轮切管机切割。切管器—管子割刀切割使管口断面减小，砂轮切管机切割是目前先进有效的方法，切割快、功效高、质量好。管子切割后，应打磨管口使之光滑，禁止使用氧－乙炔焰切割。

（3）管子套丝，套丝方法与管工套丝方法相同。

（4）管子煨弯：弯管的方法有冷弯和热煨弯两种，冷弯使用弯管器煨弯，使用人工办法只能弯制 1 寸（1 寸 $=\frac{1}{30}$m）及以下钢管，目前的电动煨弯机一般可弯制ϕ70 及以下管子，ϕ70 以上钢管使用热煨弯。

（5）热煨管将砂子烘干装入，敲打管壁使填砂密实，加热均匀适度，温度不超过 800 ℃，当管壁呈淡红色时，即可进行煨弯，煨弯时用力应均匀。

（6）煨弯角度不应小于 90°，弯曲半径一般按下述情况弯制，明敷时，允许小到管径的 4 倍；暗配时，不应小于管子外径的 6 倍；埋设于地下或混凝土楼板内时，不应小于管外径的 10 倍。

（7）穿电缆管的弯曲半径应满足电缆弯曲半径的要求。电缆的弯曲半径为电缆外径的 8 倍、10 倍和 15 倍等。所有管弯曲后不得有裂纹、裂缝，其突出度和椭圆度均不应超过管径的 ±10%。

（8）管子的防腐要求是内外进行防腐处理，入混凝土和墙内的管外表可以不进行防腐处理。

2. 配管安装

（1）线管配线有明配和暗配两种。明配管要求横平竖直，整齐美观。暗配管要求管路短，畅通，弯头小，符合施工验收规范。

（2）线管配线的操作程序：通常是先选好管子，对管子进行一系列加工后，再敷设管路，清除管内杂物，最后把导线穿入管内，并与各种用电设备连接。

（3）配管主要工作内容包括测位、划线、打眼、埋螺栓、锯管、清扫管口、套丝、煨弯、配管、接地及刷漆等。

（4）为了便于穿线，根据《电气装置安装工程施工及验收规范》规定，在管路长度超过

下列数值时,中间应加装接线盒或拉线盒,其位置应便于穿线。

管子长度每超过45 m,无弯曲时;管子长度每超过30 m,有一个弯时;管子长度每超过20 m,有两个弯时;管子长度每超过12 m,有三个弯时。

(5)如果管线较长,加装接线盒有困难时,应将管径加大一级及以上选择。

(6)凡有砂眼、裂缝和较大变形的管子,禁止使用于配线工程。管子椭圆度超过管子外径的10%者不能使用。

(7)管内径不小于导线束直径的1.4~1.5倍。

(8)电缆穿管时,管子内径不得小于电缆外径的1.5倍。电缆管的弯曲半径应符合所穿入电缆弯曲半径的规定。

3. 明管敷设

(1)明管配线应横平竖直、整齐美观,施工前应熟悉图纸,使用线垂、灰线包进行划线,成排同规格管子之间距离应均匀,管子较多可紧靠一起密摆布设,所有管子应排列整齐,转弯部分应按同心圆弧的形式进行排列。

(2)明敷管子固定点之间应整齐均匀;管卡与终端、转弯中点、电气器具或接线盒边缘的距离为150~500 mm。

(3)电气线管不允许将管子焊在支架或设备上,成排管并列时,接地、接零线的跨接线应使用圆钢或扁钢进行焊接,不允许在管缝间直接焊接。

(4)钢管进入灯头盒、开关盒、拉线盒、接线盒及配电箱时,暗配管可用焊接固定,管口露出盒(箱)应小于5 mm,明配管应用锁母锁紧或护圈帽固定,露出锁紧螺母的丝扣为2~4扣。

(5)水平或垂直敷设的明配管路允许偏差值,在2 m以内均为3mm,全长不应超过管子内径的1/2。

(6)两个出线盒(箱)之间,不应有4个及以上的直角弯;如有4个及以上的直角弯,应加装拉线盒。

(7)竖直敷设的管子,按穿导线截面的大小,在每隔10~20 m处,增加一个固定穿线的接线盒(拉线盒),用绝缘线夹将导线固定在盒内,导线越粗,固定点之间的距离越短。

4. 暗管敷设

(1)在混凝土内暗设管子时,管路不得穿越基础和伸缩缝,如必须穿过时,应改为明管,并以金属软管或过路箱等作补偿装置。

(2)暗管敷设应密切与土建配合,做好在混凝土、楼板、地坪及墙内预埋的措施,如预埋套管、预留孔洞、槽等问题。预埋管应一律在管口堵以木塞或硬质泡沫塑料堵口,并在管内穿好铅丝。预埋管应注意的几个实际问题如下:

①立管穿过圈梁和现浇梁的问题。

②墙体为七孔砖、加气混凝土砌块、煤渣砖等轻质隔墙的结构墙体的管子暗配应采取必要的技术措施。

③钢模板施工的现浇剪力墙,现浇梁、板、柱的暗管配置的施工难度比较大,应根据具体情况进行处理。

④轻钢龙骨吊顶结构和轻钢龙骨隔墙,应注意管子穿过梁和从天棚引下到隔墙内的

暗设问题,要事先熟悉建筑结构,掌握确切可靠的尺寸、位置进行暗埋,抓好图纸会审,并密切同土建的交叉配合。

⑤敷设在墙内、地坪内的管子应满足下列要求:

a. 混凝土地面暗管应尽量不深入土层中,但当弯头不能全部埋入时,可适当增加埋入深度。

b. 除设计有规定外,出地管口高度一般不低于 200 mm。

c. 敷设位置应尽量与主筋平行,不使钢筋受损伤,如重叠时,管路应在钢筋上面,或在上、下两层钢筋之间,以使管子不受较大的压力。

⑥潮湿地方的管路应使用厚度在 2. 5 mm 以上的管子,管子接头处应以铅油、麻丝缠绕,以增强严密性。

⑦引入配电箱的管子、管口要齐,由顶面或侧面引入座式箱柜的管子和由任何方向进入挂式箱、柜或类似座式、挂式箱柜的管子均应用锁母(纳子)或用焊接与箱柜的壁加以固定。

⑧所有连接金属管子的附件部位,如接线盒、管接头(套管焊接除外)等处,要用适当截面的圆钢或扁钢跨接焊接,以作良好接地。管子引至设备的终端,应在穿线前焊好接地螺栓或接线鼻子。

5. 管内穿线及电缆敷设

(1)使用导线的额定电压应大于线路的工作电压。导线的绝缘应符合线路的安装方式和敷设的环境条件。导线的截面应能满足供电和机械强度的要求。

(2)配线时,应尽量避免导线有接头,因为常常由于导线头不好而造成事故。接头必须采用压接和焊接。导线连接和分支处不应受机械力的作用。穿在管内的导线,在任何情况下都不能有接头。必要时,尽可能将接头放在接线盒或灯头盒内。

(3)电缆敷设前应进行下列检查:支架应齐全、油漆完整;电缆型号、规格、电压应符合设计要求;电缆绝缘良好。

(4)在三相四线制系统中使用的电力电缆,不应采用三芯电缆另加一根单芯电缆或导线,电缆金属护套等作中性线的方式。

(5)三相系统中使用的单芯电缆,应组成紧贴的三角形排列,并且每隔 1 m 应用绑带扎牢。

(6)并联运行的电力电缆的长度应相等。

(7)电缆敷设时,在终端头和中间接头处应留有备用长度。直线段尚应在全长上留有少量裕度,并作波浪形敷设。

(8)电缆的弯曲半径不应小于 $20D$(D 为电缆外径)。

(9)电缆敷设:电缆应从盘的上端引出,应避免电缆在支架上及地面上摩擦拖拉。电缆上不得有未消除的机械损伤(如铠装压扁、电缆绞拧、护层折裂等)。

(10)电缆的排列,当设计无规定时,应符合下列要求:

电力电缆和控制电缆应分开排列;当电力电缆和控制电缆敷设在同一侧支架上时,应将控制电缆敷设在电力电缆的下面。

(11)电缆敷设完毕后,应及时清除杂物,盖好盖板。必要时,尚应将盖板缝密封,以免水、汽、油、灰等侵入。

（12）电缆穿管时，每根电力电缆应单独穿入一根管内，但交流单芯电力电缆不得单独穿入钢管内。

（13）所选用的导线应符合设计要求。

（14）导线无扭结、死弯和绝缘层损坏等。

（15）连接、剥开绝缘层时，线芯无损伤、接头用绝缘带包缠，应均匀、严密，并不低于原绝缘强度。

3.8.2.3　配电箱安装要求

（1）配电箱安装位置应符合设计要求。

（2）安装垂直误差控制在0.15%，相邻屏顶控制在1 mm，水平度控制在0.2%，安装牢固，油漆完整。

（3）配电箱内回路标志正确、清晰。

（4）箱内电器排列整齐，固定牢固。

（5）裸露载流部分与非绝缘金属部分间表面距离≥20 mm。

（6）导线连接紧固，接触良好。

（7）负荷分配符合设计要求，导线绝缘电阻大于0.5 mΩ。

（8）箱体接地应可靠、牢固。

3.8.2.4　灯器具安装要求

（1）灯具配件应齐全，无机械损伤、变形、油漆剥落、灯罩破裂等现象。

（2）螺口灯头的接线应符合下列要求：

①相线（火线）应接在中心触点的端子上，零线接在螺纹的端子上；

②灯头的绝缘外壳不应有损伤和漏电。

（3）嵌入顶棚内的装饰灯具安装，应符合下列要求：

①灯具固定在专设的框架上，电源线不应贴近灯具外壳，灯线应留有余量，固定灯罩的边框边缘应紧贴在顶棚内。

②矩形灯具的边缘应与顶棚的装修直线平行，如灯具对称安装时，其纵横中心轴线应在同一条直线上，偏斜不应大于5 mm。

③荧光灯管组合的开启式灯具，灯管排列应整齐，其金属间隔片不应有弯曲、扭斜等缺陷。

（4）同一室内成排安装的灯具，其中心偏差不大于5 mm。

（5）插座、开关接线应符合下列要求：

①单相二孔插座：面对插座的是右极接相线，左极接零线。

②单相三孔及三相四孔插座的接地或接零线插孔均应在上方。

③交、直流或不同电压的插座安装在同一场所时，应有明显区别，且其插头与插座均不能互相插入。

④暗设的插座（开关）应有专用盒，盖板应端正紧贴墙面。

⑤同一场所开关的位置应便于操作，接点接触可靠。

⑥成排安装的开关、插座高度应一致，高低差不大于2 mm。

(6)开关、插座平整、牢固,位置正确,开关切断相线,开关的切断位置应一致,且操作灵活,接点接触可靠。

(7)必须接地的灯具金属外壳与接地线应用螺栓连接牢固。

3.8.2.5 **防雷接地**

(1)防雷接地,共用接地装置的接地电阻不大于1 Ω,电气接地保护方式采用TN-S系统。

(2)接地体顶面埋设深度不应小于0.6 m。角钢及钢管接地应垂直配置。除接地体外,接地体的引出线应作防腐处理;使用镀锌扁钢时,引出线的焊接部分应补刷防腐漆。

(3)为了减少相邻接地体的屏蔽作用,垂直接地体的间距不宜小于长度的2倍;水平接地体的间距应根据设计规定,不宜小于5 m。

(4)接地体与建筑物的距离不宜小于1.5 m。

(5)接地线应防止发生机械损伤和化学腐蚀;在与公路、铁路或管道等交叉及其他可能使接地线遭受机械损伤之处,均应用管子或角钢等加以保护。

(6)接地线在穿过墙壁时应通过明孔、钢管或其他坚固的保护管。

(7)接地干线至少应在不同的两点与接地网相连接。自然接地体至少应在不同的两点与接地干线相连接。

(8)电气装置的每个接地部分应以单独的接地线与接地干线相连接。不得在一个接地线中串接几个需要接地部分。

(9)敷设完接地体的土沟回填土内不应夹有石块、建筑材料或垃圾等。

(10)明敷设接地线的安装应符合下列要求:

①便于检查;

②敷设位置不应妨碍设备的拆卸与维修;

③支持件间的距离在水平直线部分一般为1~1.5 m,垂直部分为1.5~2 m,转弯部分为0.5 m;

④接地线应按水平或垂直敷设,但也可与建筑物倾斜结构平行,在直线段上不应有高低起伏及弯曲等情况;

⑤接地线沿建筑物墙壁水平敷设时,离地面宜保持250~300 mm的距离,接地线与建筑墙壁间应有10~15 mm的间隙;

⑥在接地线跨越建筑物伸缩、沉降缝处时,应加装补偿器,补偿器可用接地线本身弯成弧状代替。

(11)明敷的接地线表面应涂黑漆。如因建筑物的设计要求,需涂其他颜色,则应在连接处及分支处涂以各宽为15 mm的两条黑带,其间距为150 mm。中性点接于接地网的明设接地导线,应涂以紫色带黑色条纹。在三相四线网络中,如接有单相分支线并用其零线作接地线时,零线在分支处应涂黑色带以便识别。

(12)在接地线引向建筑物内的入口处,一般应标以黑色记号。在检修用临时接地点处,应刷白色底漆后标以黑色记号。

(13)在进行检修工作时需临时接地的地方(如断路器室、配电间、母线分段处,发电机引出线室等),均应引入接地干线,并设有专供连接临时接地线使用的接地板和螺栓。

(14)在电缆通过零序电流互感器时,电缆头的接地线应通过零序电流互感器后接地,由电缆头至穿零序电流互感器的一段电缆金属护层和接地线应与接地绝缘。

(15)直接接地或经消弧线圈接地的主变压器、旋转电机的中性点与接地体或接地干线的连接,应采用单独的接地线。

(16)避雷器应用最短的接地线与变电所、配电所的主接地网连接。

(17)接地体(线)的连接处应采用焊接,焊接必须牢固无虚焊。接至电气设备上的接地线应用螺栓连接;有色金属接地线不能采用焊接时,可用螺栓连接。

(18)接地体(线)的连接应采用搭接焊,其焊接长度必须为:

①扁钢宽度的2倍(且至少三个棱边焊接);

②圆钢直径的6倍;

③圆钢与扁钢连接时,其长度为圆钢直径的6倍;

④扁钢与钢管(或角钢)焊接时,为了连接可靠,除应在其接触部位两侧进行焊接外,还应焊以由钢带弯成的弧形(或直角形)卡子,或直接由钢带本身弯成弧形(或直角形)与钢管(或角钢)焊接。

⑤两种不同断面金属焊接长度的取值,应以最大断面的规格为准。

(19)利用各种金属构件、金属管道等作接地线时,应保证其全长为完好的电气通路。利用串联的金属构件、金属管道作接地线时,应在其串接部位焊接金属跨接线。

3.8.2.6 电气安装所适用规范

引用的标准有:

(1)《电气装置安装工程电气设备交接试验标准》(GB 50150—91)。

(2)《电气装置安装工程　低压电器施工及验收规范》(GB 50254—2014)。

(3)《电气装置安装工程　电力变流设备施工及验收规范》(GB 50255—2014)。

(4)《电气装置安装工程　爆炸和火灾危险环境电气装置施工及验收规范》(GB 50257—2014)。

(5)《电气装置安装工程　1 kV及以下配线工程施工及验收规范》(GB 50258—96)。

(6)《电气装置安装工程施工及验收规范》(GBJ 232—82)。

(7)《施工现场临时用电安全技术规范》(JGJ 46—2005)。

(8)《自动化仪表安装工程质量检验评定标准》(GBJ 131—90)。

(9)《建设工程施工现场供用电安全规范》(GB 50194—2014)。

(10)《有线电视系统工程技术规范》(GB 50200—94)。

(11)《民用闭路监视电视系统工程技术规范》(GB 50198—94)。

3.8.3 空调系统安装

3.8.3.1 空调系统施工程序

施工前的准备→风管、部件、法兰的预制和组装→风管、部件、法兰的预制和组装的中间质量验收→支吊架制作安装→风管系统安装→通风空调设备安装→空调水系统管道安装→通风空调设备试运转、单机调试→风管、部件及空调设备绝热施工→通风与空调工程系统调试→通风与空调工程竣工验收→通风与空调工程综合效能测定与调整。

3.8.3.2 空调系统主要技术要求

1. 空调水系统施工

(1)空调冷冻水管采用无缝钢管,连接方式采用焊接;空调冷却水采用无缝钢管,连接方式采用焊接;冷凝水管道采用镀锌钢管,连接方式采用丝扣连接。水管安装前,应先清除内部脏物及锈蚀,无缝钢管应先人工除锈,然后刷防锈漆两遍。管道安装时,必须通畅地坡向图中指定点,管道支架安装位置正确,预埋件应牢固,固定在结构上的支吊架必须注意不影响结构的安全,支架与管道接触处须垫经防腐处理的硬木衬垫隔热,木衬垫厚度应与保温厚度相同,宽度与支吊架一致,表面平整,保温管道支吊架的最大间距应符合表3-4的要求。

表3-4　保温管道支吊架的最大间距

公称直径(mm)	15	20	25	32	40	50	70	80	100	125	150	200	250	300
支吊架最大间距(m)	1.5	2	2	2.5	3	3	4	4	4.5	5	6	7	8	8.5

(2)管道穿墙、楼板时,应埋设比管道大50~100 mm的套管,套管应和墙面或楼板底平,比地面高20 mm,管道与套管之间的间隙应用柔性材料填塞,套管不得作为管道的支承点。立管管卡在层高小于5 m时,每层设1个,层高大于或等于5 m时,每层设2个。供回水管安装后,在连接末端设备前,应按分支环路进行清洗排污,直至排水清净为合格,然后再进行水压试验,试验压力为管道工作压力的1.5倍,且不小于0.6 MPa,在5 min内压力降≤0.02 MPa,且不渗漏为合格。然后才可保温,保温材料采用闭孔发泡橡塑保温管壳。冷水机组,冷却、冷冻水泵,冷却塔,空调机的安装必须严格按照《机械设备安装工程施工及验收通用规范》(JBJ 23—96)的要求进行施工及验收。

2. 制冷系统管道安装

1)管材、管件

(1)制冷管道使用无缝钢管,冷凝水管采用镀锌钢管。

(2)管道的弯头、三通、异径管均采用压制。

(3)法兰采用2.5 MPa的凹凸面平焊法兰,垫片采用耐油的石棉橡胶板。冷冻油浸湿并加涂石墨粉。

(4)阀门采用专用阀门,*DN*25以上为法兰连接,*DN*25以下为螺纹连接。

2)管材的清洗

制冷系统管道在安装前必须进行管壁的除锈、清洗和干燥工作。

3)管道安装

(1)焊接连接。

①管道成三通连接时,应将支管按制冷剂流向弯成弧形再行焊接。当支管与干管直径相同且管道内径小于50 mm时,则需在干管的连接部位换上同直径大一号的管段,再按以上规定进行焊接,当不同直径的管道直线焊接时,应采用同心异径管。

②紫铜管之间连接采取插接焊,焊接方式为氧乙炔气焊。

③铜管与钢管连接采用铜焊。

④焊口应靠近支撑点或吊装点,但两点间的距离应大于200 mm,以防止焊口断裂。

(2)法兰连接。

①公称直径 $DN \geqslant 32$ mm的管道,与设备阀门连接一律采用法兰连接。法兰盘采用A3镇静钢制作,采用凹凸式密封面,法兰表面应平整且相互平行,以增强密封性。

②法兰装到管道上时,其密封面与管子轴心垂直偏差最大不超过0.5 mm。当法兰螺栓拧紧后,用塞尺检查两法兰之间的平行度。法兰垫圈采用厚度为2~3 mm的中压石棉橡胶板,板的厚薄要均匀,不得有斜面或缺口。安装时,在垫圈的两面涂上石墨与机油的调和料。

③为便于装卸法兰螺栓,法兰与墙面或其他平面之间的距离宜不小于200 mm。工作温度高于100 ℃的管道法兰,在螺栓的螺纹上可涂以石墨机油调和料,可避免螺栓因长久使用锈死而影响拆卸。

(3)螺纹连接。

①公称直径 $DN < 32$ mm的管道,与设备连接允许采用螺纹连接。

②在管子连接螺纹处,应涂上氧化铅与甘油的调和料。

4)支、吊架安装

为了减少冷损失,通常是在管道与支架之间设置用油浸过的木块。

5)阀门及测量仪表安装

(1)制冷系统用的各种阀门必须采用专用产品,应注意检查密封效果,必要时应作研磨,并检查填料是否良好,否则应更换或修理。阀门清洗装配好后,应启闭4~5次,然后关闭阀门注入煤油进行试漏,经过2 h后无渗漏现象认为合格。

(2)安装阀门时,应注意各种阀门的进出口和介质流动方向,切勿装错。如阀门上有流向标记则应按标记方向安装,如无标记则以低进高出安装。安装时,应注意平直不得歪斜。禁止将阀门手轮朝下或置于不易操作的部位。

(3)所有测量仪表按设计要求均采用专用产品。压力测量仪表须用标准压力表作校正,温度测量仪表须用标准温度计校正,校正时均应做好记录。

(4)所有仪表安装在照明良好便于观察、不妨碍操作检修的地方。

(5)装在室外的仪表应增加保护罩,防止日晒雨淋。

(6)压力继电器和温度继电器应装在不受震动的地方。

6)制冷系统的吹扫和试验

(1)制冷系统的吹扫:制冷系统安装工作完成后,必须用压缩空气对整个系统进行清洁和吹扫工作,将系统内残存的铁屑、焊渣、泥沙等杂物清理干净:吹扫前,应选择在系统的最低点设排污口。用压力为0.5~0.6 MPa的压缩空气进行吹扫。如系统较长时,可几个排污口分段进行排污和检查,此项工作应按次序连续反复多次。最后用白纱布浸湿后固定在木板上,放在距排污口300~500 mm处进行观察。如白布无吹出的污物,则认为合格。

(2)制冷系统的试验:制冷系统内的污物吹净后,应对整个系统(包括制冷设备、阀门)进行密封性试验,其中包括压力试验、真空试验和充液试验三个阶段。

管道安装完毕后，应按设计规定对管道系统进行强度、严密性等试验，以检查管道系统及各连接部位的工程质量。

水压试验用清洁的水作介质，系统注水时，应打开管道各高处的排气阀，将空气排尽。待水灌满后，用手摇试压泵和电动试压泵加压。压力逐渐升高，加压到一定数值时，应停下来对管道进行检查，无问题时再继续加压，一般分 2 ~ 3 次升到试验压力。当压力达到试验压力时停止加压。然后，把压力降至工作压力进行严密性试验。到检查完毕时，如压力表指针无下降，管道的焊接缝及法兰连接处未发现渗漏现象，即可认为严密性试验合格。

7）管道保温、涂色

（1）管道保温应在管道试压及涂漆合格后进行。施工前，必须先清除管子表面脏物及铁锈，再涂上防锈漆（二遍），并保护管道外表面的清洁干燥。

（2）保温材料应有制造厂合格证明书或分析检验报告，其种类、规格、性能应符合设计要求。

（3）保温用的预制管壳应错缝，内、外层应盖缝，外层的水平接缝应在侧面。预制管壳缝隙一般应小于 2 mm。缝隙应用胶泥填充密实。

（4）与主管道相连接的支管及金属件也应作保温，保温长度应不低于保温层的 4 倍或至垫木处。

（5）阀门的保温材料及方法与管道保温相同。

（6）管道涂色：

排气管——深红色	吸气管——蓝色
高压液管——黄色	放油管——黑色或棕色
冷却水给水管——天蓝色	冷却水排水管——淡紫色
低温水供水管——绿色	低温水回水管——棕色

3. 通风空调部分

1）通风和空调管道制作

按设计要求选用板材，如为镀锌钢板可采用单咬口、联合角咬口。如为矩形风管，边长大于或等于 630 mm 和保温风管边长大于或等于 800 mm，其管段长度在 1.2 m 以上均应采取加固措施。

空调系统风管采用镀锌钢板制作，其厚度满足表 3-5 要求。

2）风管与法兰连接

（1）制作好的风管和零部件运到安装现场前，为防止在运输中碰撞变形，风管与法兰必须在加工场内连接。风管与法兰的连接可采用翻边、铆接和焊接。风管与角钢法兰连接时，风管的管壁厚度小于或等于 1.5 mm，可采用翻边铆接，铆接部位根据使用的工具而定，一般要求在法兰的外侧，也可在法兰的内侧。铆钉的直径和间距按法兰制作的要求而定；风管的管壁厚度大于 1.5 mm，可采用翻边点焊或沿风管周边满焊；风管与法兰连接采用焊接时，先点焊几处，经检查合格后再进行满焊。风管的管端应缩进法兰 4 ~ 5 mm，以保证两法兰表面间平整。风管与扁钢法兰连接采用翻边。

表 3-5 空调系统风管采用镀锌钢板厚度

<table>
<tr><th rowspan="3">大边或直径
(mm)</th><th colspan="4">厚度(mm)</th></tr>
<tr><th rowspan="2">圆风管</th><th colspan="2">矩形风管</th><th rowspan="2">除尘风管</th></tr>
<tr><th>中、低压</th><th>高压</th></tr>
<tr><td>100～320</td><td>0.5</td><td>0.5</td><td rowspan="3">0.8</td><td rowspan="2">1.5</td></tr>
<tr><td>360～450</td><td>0.6</td><td>0.6</td></tr>
<tr><td>500～630</td><td>0.8</td><td>0.6</td><td rowspan="3">2.0</td></tr>
<tr><td>700～1 000</td><td>0.8</td><td>0.8</td><td rowspan="2">1.0</td></tr>
<tr><td>1 120～1 250</td><td>1.0</td><td>1.0</td></tr>
<tr><td>1 400～2 000</td><td>1.2</td><td>1.0</td><td rowspan="2">1.2</td><td rowspan="2">3.0</td></tr>
<tr><td>2 500～4 000</td><td>1.2</td><td>1.2</td></tr>
</table>

(2)风管与法兰连接前,应检查风管的外径或外边长和法兰内边尺寸的偏差是否符合要求。

(3)圆风管与法兰连接时,将风管套入法兰内,使管端伸出法兰 10 mm 左右,在管端找出几点用手锤打出翻边,使法兰与风管中心线垂直。

(4)矩形风管与法兰连接时,采用翻边铆接,用角尺靠在风管的纵向折角上,使风管中心线与法兰平面保持垂直。

(5)用翻边量对法兰与风管找正时,翻边的尺寸应为 6～9 mm,法兰用料规格较小的可取上限值,规格较大的取下限值,防止翻边遮住螺孔,影响组装。咬口重叠处,翻边时应将突出部分铲平。矩形风管翻边,四角不应出现豁口,以免漏风。

3)弯头、三通等部件的检查

制作后的弯头、三通等部件的角度、平行度及垂直度应正确,方能保证管路系统顺利地安装。弯头、三通等部件在与法兰连接时,应进行检查找正。

(1)弯头:对弯头的检查找正,是将弯头竖放在平钢板上,用量角器检查其实际角度,如存在偏差,用翻边量来调整。弯头角度误差较小时,可增减弯头的翻边量进行校正;弯头角度误差较大时,应按法兰划线,将风管端部剪掉一些,重新翻边或铆接。

(2)三通:三通的检查,是将三通倒置,即小口放在平钢板上,检查大口平整程度,如不符合要求,用大口处的翻边量调整。对斜三通还应检查所带的弯头与三通连接后是否成 90°,即用三个螺栓固定,将大口放在平钢板上,用角尺检查。如有较大误差满足不了安装的要求,用三通的翻边量调整。

(3)弯头、三通等部件与直风管的组配:三通、弯头等部件按加工草图的要求制作后,应测量各部分的实际尺寸,以确定中间直风管的加工长度。三通、弯头与直风管预组装时,应有一根直风管将一端的法兰连接好,另一端留待施工现场按实际尺寸调整,再装上法兰。组配好的风管为防止在施工现场安装组对时发生差错或安装后打孔等弊病,应将直风管和各种部件按加工草图编号,按施工验收规范或设计要求铆好加固框,并按设计要求的位置开好温度或风压测量孔。

4）风管系统的安装

（1）准备工作。

风管系统安装前，应进一步核实风管及送回（排）风口等部件的标高是否与设计图纸相符，检查土建预留的孔洞、预埋件的位置是否符合要求。并且，将预制加工的支（吊）架、风管及部件运至施工现场。根据工程量大小分段进行安装。

（2）支、吊架安装。

支、吊架安装是风管系统安装的第一道工序。支、吊架的形式应根据风管截面的大小及工程的具体情况选择，必须符合设计图纸或国家标准图的要求。风管的支、吊架间距如设计无要求时，对于不保温风管应符合下列要求：

①水平安装的风管直径或大边长小于 400 mm，其间距不超过 4 m；大于或等于 400 mm，其间距不超过 3 m。螺旋风管的支架间距可适当加大。

②垂直安装的风管支架间距为 4 m，并在每根立管上设置不少于两个固定件。

③对于保温风管，由于选用的保温材料不同，其风管的单位长度质量也不同，风管支、吊架的间距应符合设计要求。矩形保温风管的支、吊、托架宜设在保温层外部，不得损坏保温层。

④风管的安装标高，对于矩形风管是从管底算起；而圆形风管是从风管中心计算，托架的标高应按变径的尺寸相应地提高。输送空气湿度较大的风管，为排除管内凝结水，风管安装托架上的圆形风管，宜设托座。

⑤对于相同的管径的支、吊、托架应等距离排列，但不能将支、吊、托架设置在风口、风阀、检视门及测定孔等部位处，否则将影响系统的使用效果，应适当错开一定的距离。矩形保温风管不能直接与支、吊、托架接触，应垫上坚固的隔热材料，其厚度与保温层相同，防止产生“冷桥”，造成冷（热）量的损失。

⑥支、吊、托架的预埋件或膨胀螺栓的位置，应正确和牢固可靠。支架埋入砌体或混凝土中应去掉油污（不得喷涂油漆），以保证结合牢固。填塞水泥砂浆应稍低于墙面，以便土建修饰墙面补平。为防止圆形风管安装后变形，应在风管支、吊架接触处设置托座。

⑦安装吊架应根据风管中心线找出吊杆敷设位置。单吊杆在风管中心线上，双吊杆按托架角钢的螺孔间距离或风管中心线对称安装。但吊架不能直接吊在风管法兰上。

⑧安装立管卡环应先在卡环半圆弧的中点划线，按风管位置和埋墙深度将最上半个的卡环固定好，用线锤吊正，在保证垂直度的情况下再将下半个卡环固定。

⑨用于不锈钢、铝板风管的支架、抱箍应按设计要求做好防腐绝缘处理，防止电化学或晶间腐蚀。

（3）风管安装。

施工现场已具备安装条件时，应将预制加工的风管、部件，按照安装的顺序和不同系统运至施工现场，再将风管和部件按照编号组对，复核无误后即可连接和安装。

①风管连接。

风管的连接长度，应由风管的壁厚、法兰与风管的连接方法、安装的结构部位和吊装方法等因素决定。为了安装方便，尽量在地面上进行连接，一般可接至 10 ~ 12 m 长。在风管连接时不允许将可拆卸的接口装设在墙或楼板内。用法兰连接的一般通风、空调系统,其法兰垫料厚度3～5 mm;空气洁净系统的法兰垫料厚度不能小于5 mm。垫料不能挤入风管内,否则会增大流动阻力,减少风管的有效面积,并形成涡流,增加风管内积尘。连接法兰的螺母应在同一侧,法兰垫料的材质如设计无规定时,可按下列原则进行选用:

输送空气温度低于70 ℃的风管,应用橡胶板、闭孔海绵橡胶板等。

输送空气或烟气温度高于70 ℃的风管,应用石棉绳或石棉橡胶板等。

输送含有腐蚀性介质气体的风管,应用耐酸橡胶板或软聚氯乙烯板等。

输送产生凝结水或含湿空气风管,应用橡胶板或闭孔海绵橡胶板等。

②风管安装。

风管安装前,应检查安装好的支、吊、托架的位置是否正确,是否牢固可靠。根据施工方案确定的吊装方法,按照先干管、后支管的安装程序进行吊装。安装过程中,应注意下列问题:

水平风管安装后的不水平度的允许偏差为每米不应大于3 mm,总偏差不应大于20 mm。垂直风管安装后的不垂直度的允许偏差为每米不应大于2 mm;总偏差不应大于20 mm。风管沿墙敷设时,管壁到墙面至少保留150 mm的距离,以拧法兰螺丝。

输送产生凝结水或含湿空气的风管,应按设计要求的坡度安装。风管底部不应设置纵向接缝,如有接缝应做密封处理。一般薄钢板风管底部纵向接缝处,用焊锡、涂抹油腻子或密封膏及喷涂几遍油漆进行密封,防止风管内积水使钢板锈蚀。对风管底部接缝,也应做同样处理。

排风系统的风管穿出屋面应设防雨罩。当风管管径较大或穿出屋面不甚高时,可用支架固定;当穿出屋面超过1.5 m时,应采用不少于2根的拉索固定。但拉索不能系固在法兰或风帽上,防止法兰松动或风帽变形。拉索应与风管的抱箍固定。拉索不准许拉在避雷针或避雷网上。

③部件安装。

系统的风管与部件组装时,应注意下列要求:

通风与空调系统的多叶调节阀、蝶阀、插板阀等调节装置,应安装在便于操作的部位。

除尘系统的斜插阀,应安装在不积尘的部位。水平管安装时,插板应顺气流安装;垂直管安装时,插板应逆气流安装。

防火阀是通风空调系统的安全装置,要保证在火灾时起到关闭和停机的作用。防火阀有水平、垂直、左式和右式之分,安装时不能弄错,否则将造成不应有的损失。为防止防火阀易熔片脱落,易熔片应在系统安装后再装。

各类风口安装应横平、竖直、表面平整。在无特殊要求情况下,露于室内部分应与室内线条平行。各种散流器的风口面应与顶棚平行。有调节和转动装置的风口,安装后应保持原来的灵活程度。为了使风口在室内保持整齐,室内安装的同类型风口应对称分布,同一方向的风口,其调节装置应在同一侧。

通风系统的风帽和空调系统表面冷却器的滴水盘、滴水槽安装要牢固,不能渗漏、凝结水要引流至指定位置。

除尘系统的吸尘罩和排风系统的排气罩，安装位置应正确，固定牢固可靠，支架不能设置在影响操作的部位。

柔性短管的安装应松紧适当，不能扭曲。安装在风机吸入口的柔性短管可装得绷紧一些，防止风机启动被吸入而减小截面尺寸。不能以柔性短管当成找平找正的连接管或异径管。

5）通风机安装

通风机是通风与空调系统的主要设备，安装质量的好坏直接影响到系统的运行效果，安装时应特别注意。

（1）常用的通风机有轴流式通风机和离心式通风机两大类。在安装通风机前，必须先对通风机进行外观检查，符合规定者方可进行安装。

①根据设备装箱清单，核对叶轮、机壳和其他部位的主要尺寸、进风口、出风口的位置等是否与设计相符。

②叶轮旋转方向应符合设备技术文件的规定。

③进风口、出风口应有盖板严密遮盖。检查各切削加工面、机壳的防锈情况和转子是否发生变形或锈蚀、碰损等。

（2）离心式通风机。

①离心通风机的拆卸、清洗和装配应符合下列要求：

将机壳和轴承箱拆开并将转子卸下清洗，但电动机直联传动的风机可不拆卸清洗；

轴承的冷却水管路应畅通，并应对整个系统进行试压；试验压力如设备技术文件无规定时，一般不应低于 0.4 MPa。

清洗和检查调节机构，其转动应灵活。

②整体机组的安装，应直接放置在基础上用成对斜垫铁找平。

③现场组装的机组，底座上的切削加工面应妥善保护，不应有锈蚀或损伤，底座放置在基础上时，应用成对斜垫铁找平。

④通风机底座有直接安装在基础上的和安装在减震装置上两种。减震器有 JG 型剪切减震器、Z 型圆锥形减震器及 TJ1 型弹簧减震器等。

减震器安装时，除要求地面平整外，应注意各组减震器承受荷载的压缩量应均匀，不得偏心；安装后应采取保护措施，防止损坏。安装时，应按设计要求选择和布置；如安装后各减震器仍有压缩量或受力不均匀，应根据实际情况移动到适当的位置。

通风机如直接安装在基础上，其基础各部位尺寸应符合设计要求，预留孔灌浆前应清除杂物，将通风机用成对斜垫铁找平，最后用碎石混凝土灌浆。灌孔混凝土的标号应比基础高一级，并捣固密实，地脚螺栓不准歪斜。

通风机地脚螺栓应带有垫圈和防松螺母，防止运行时的振脱。输送产生凝结水的潮湿空气通风机，机壳底部应安装一个直径为 12 ~ 20 mm 的放水阀或水封管。通风机的叶轮旋转后，每次都不应停留在原来位置上，并不得碰壳。

⑤电动机应水平安装在滑座上或固定在基础上。电动机的找平应以装好的通风机为准。当用三角皮带传动时，电动机可在滑轨上进行调整，滑轨的位置应保证通风机和电动机的两轴中心线互相平行，并水平地固定在基础上。滑轨的方向不能装反。

用三角皮带传动的通风机和电动机两轴的中心线间距和皮带的规格应符合设计要求。安装皮带时，应使电动机轴和通风机轴的中心线平行，皮带的拉紧应适当，一般用手敲打已装好的皮带中间，稍有弹跳为准。

⑥机壳组装时，应以转子轴心线为基准找正机壳的位置，并将叶轮进气口与机壳进气口间的轴向和径向间隙调整至设备技术文件规定的范围内，同时检查地脚螺栓是否紧固。其间隙值如设备技术文件无规定时，一般轴向间隙应为叶轮外径的1/100，径向间隙应均匀分布，其数值应为叶轮外径的1.5/1 000～3/1 000（外径小者取大值）。调整时，力求间隙值小一些，以提高风机效率。

⑦离心通风机找正时，风机与电动机轴的不同轴度：径向位移不超过0.05 mm，倾斜不应超过0.2/1 000。

⑧滚动轴承装配的风机，两轴承架上轴承孔的不同轴度，可待转子装好后，以转动灵活为准。

（3）轴流式通风机。

①轴流式通风机的拆卸、清洗和装配除应按离心通风机第⑦条执行外，尚应符合下列要求：应检查叶片根部是否损伤，紧固螺母是否松动；立式机组应清洗变速箱、齿轮或蜗轮蜗杆。

②整体机组的安装应直接放置在基础上，用成对斜垫铁找平，最后灌浆。安装在无减震的支架上，应垫上厚度为4～5 mm的橡胶板，找平找正后固定，并注意风机的气流方向。安装在墙洞内的风机，应配合土建预留墙洞，并预埋挡板框和支架。

③叶片校正时，应按设备技术文件的规定校正各叶片的角度，并锁紧固定叶片的螺母，如需将叶片自轮毂上卸下时，必须按打好的字头对号入座，防止位置错乱破坏转子平衡。如叶片损坏需要更换时，在叶片更换后必须锁紧螺母并符合设备技术文件规定的要求。

④主体风筒上部接缝或进气室与机壳、静子之间的连接法兰以及前后风筒和扩压器的连接法兰均应对中贴平，接合严密。前、后风箱和扩压器等应与基础连接牢固，其质量不得加在主体风筒（或进气室）上，防止机体变形。

6）水泵安装

通风与空调系统使用小型整体式离心水泵，作为冷冻水或冷却水循环使用。

（1）泵就位前应作下列复查：

①基础的尺寸、位置、标高应符合设计要求；

②设备不应有缺件、损坏和锈蚀等情况，管口保护物和堵盖应完好；

③盘车应灵活，无阻滞、卡住现象，无异常声音。

（2）出厂已装配、调试完善的部分不应随意拆卸。确需拆卸时，应会同有关部门研究后进行，拆卸和复装应按设备技术文件的规定进行。

（3）泵的找平应符合下列要求：

①卧式泵和立式泵的纵、横向不水平度不应超过0.1/1 000；测量时，应以加工面为基准。

②小型整体安装的泵不应有明显的偏斜。

(4)泵的找正应符合下列要求：

①主动轴与从动轴以联轴节连接时，两轴的不同轴度、两半联轴节端面间的间隙应符合设备技术文件的规定；如设备技术文件无规定时，应符合《机械设备安装施工技术规范》第一册《通风规定》的规定。

②主动轴与从动轴以皮带连接时，两轴的不平等度、两轴的偏移应符合《机械设备安装施工技术规范》第一册《通用规定》的规定。

③原电动机与泵(或变速器)连接前，应先单独试验原电动机的转向，确认无误后再连接。

④主动轴与从动轴找正、连接后，应盘车检查是否灵活。

⑤泵与管路连接后，应复校找正情况，如由于与管路连接而不正常时，应调整管路。

(5)管路安装应符合下列要求：

①管子内部和管端应清洗干净，清除杂物；密封面和螺纹不应有损坏。

②相互连接的法兰端面或螺纹轴心线应平行、对中，不应借法兰螺栓或管接头强行连接。

③管路与泵连接后，不应再在其上进行焊接和气割；如需焊接或气割时，应拆下管路或采取必要的措施，防止焊渣进入泵内和损坏泵的零件。

④管路的配置宜按参考资料进行复检。

(6)泵试运转前，应作下列检查：

①原动机的转向应符合泵的转向要求。

②各紧固连接部位不应松动。

③润滑油脂的规格、质量、数量应符合设备技术文件的规定；有预润滑要求的部位应按设备技术文件的规定进行预润滑。

④润滑、水封、轴封、密封冲洗、冷却、加热、液压、气动等附属系统的管路应冲洗干净，保持通畅。

⑤安全、保护装置应灵敏、可靠。

⑥盘车应灵活、正常。

⑦泵启动前，泵的出入口阀门应处于下列开启位置。

入口阀门：全开。

出口阀门：离心泵全闭；其余泵全开(混流泵真空引水时，出口阀全闭)。

(7)泵的试运转应在独立的附属系统试运转正常后进行。

(8)泵的启动和停止应按设备技术文件的规定进行。

(9)泵在设计负荷下连续运转不应少于 2 h，并应符合下列要求：

①附属系统运转应正常，压力、流量、温度和其他要求应符合设备技术文件的规定。

②运转中不应有不正常的声音。

③各静密封部位不应泄漏。

④各紧固连接部位不应松动。

⑤滚动轴承的温度不应高于 75 ℃，滑动轴承的温度不应高于 70 ℃，特殊轴承的温度应符合设备技术文件的规定。

⑥填料的温升应正常:在无特殊要求的情况下,普通软填料宜有少量的泄漏(每分钟不超过10~20滴);机械密封的泄漏量不宜大于10 mL/h(每分钟约3滴)。

⑦原动机的功率或电动机的电流不应超过额定值。

⑧泵的安全、保护装置应灵敏、可靠。

⑨其他特殊要求应符合设备技术文件的规定。

(10)试运转结束后,应做好下列工作:

①关闭泵的出入口阀门和附属系统的阀门。

②输送易结晶、凝固、沉淀等介质的泵,停泵后,应及时用清水或其他介质冲洗泵和管路,防止填塞。

③放净泵内积存的液体,防止锈蚀和冻裂。

④如长时间停泵放置,应采取必要的措施,防止设备玷污、锈蚀和损坏。

7)制冷设备安装

(1)制冷设备。

①空调制冷设备可分为集中式配套制冷设备、整体组装式制冷设备及分离组式制冷设备。

②制冷设备安装前,应根据制冷设备安装工程施工及验收规范等规定,对设备基础进行核对、检查及验收,防止基础的平面位置与建筑轴线,基础之间的轴线位置和间距产生偏差。预留孔洞或预埋件等均应符合设计要求。

③压缩机纵横向水平度的允许偏差为0.2/1 000。测量部位应在主轴外露部分或其他的基准面上;还可以拆去汽缸盖,在汽缸顶平面上测量。

(2)附属设备。

①附属设备安装前,必须进行吹污,保证内壁清洁。随压力的附属设备,出厂前已做过强度试验并具有合格证,在设备技术文件规定的期限内无损伤和锈蚀等现象,可以不做强度试验。

②附属设备应按设计规定的位置安装,设备各管口位置应正确、畅通。

③立式设备安装后的不垂直度或卧式设备安装后的不水平度均不应超过1/1 000。

④卧式冷凝器、管壳式蒸发器和贮液器安装,应保持1/1 000~2/1 000的倾斜度,并坡向集油一端。

⑤为保证热交换效果,直接蒸发式表面冷却器表面要保持清洁、完整。安装时,空气与制冷剂应呈逆向流动。冷却器的四周缝隙应封闭,防止未经过冷却器处理的空气穿过,影响空调系统的效果。冷却器的凝结水必须排出畅通。

(3)制冷系统阀件。

①制冷系统的阀件安装前必须清洗,避免铁锈、污物进入系统内,使制冷压缩机的活塞、汽缸、阀片及油泵损坏,或使油过滤网堵塞造成严重事故。

②阀门具有产品合格证;进出口封闭良好,并在技术文件规定的期限内,可不做解体清洗。

③如阀门无损伤、锈蚀等现象可不做强度和严密性试验,否则要做强度和严密性试验。强度试验的压力为公称压力的1.5倍。严密性试验的压力为阀门的公称压力,合格

后应保持阀体内干燥。

④阀件安装时,为避免将阀门方向接反,应弄清各种阀门的性能。对于一般膨胀阀、截止阀,其方向为下进上出,而热力膨胀阀则为上进下出。电磁阀、调节阀、热力膨胀阀及升降式止回阀等的阀头,均应向上竖直安装。

(4)冷却塔。

空调制冷系统所用的冷却塔有逆流式和横流式两种。一般单座塔和小型塔多采用逆流圆形冷却塔,而多座塔和大型塔多采用横流式冷却塔。

①冷却塔必须安装在通风良好的场所。避免安装在通风不良和出现湿空气回流的场合,否则将会降低冷却塔的冷却能力。

②安装时,应找平找正,稳定牢固,冷却塔的出水管口及喷嘴方向位置应正确。

③采用旋转布水器的逆流冷却塔,布水器和喷水管将直接影响冷却水量、旋转速度、喷水密度及喷水的均匀性。因此,布水器的孔眼不能堵塞和弯曲变形,旋转部分必须灵活,喷水出口应水平,方向一致,不能垂直向下。

8)空气高节器安装

(1)安装前,应认真熟悉施工图纸、设备说明书及有关的技术资料。根据设备清单会同建设单位对制冷设备零件、部件、附属材料及专用工具的规格、数量逐件进行点查,并做好记录。制冷设备充有保护性气体时,应检查有无泄漏情况。

(2)机组安装时,坐标位置应正确,并对设备找平找正。水冷式机组,要按说明书或设计要求的流程,对冷凝器的冷却水管进行连接,并对设备的电气装置及自动调节仪表的接线进行连接。

9)风机盘管安装

(1)安装前,应认真熟悉施工图纸、设备说明书及有关的技术资料。根据设备清单会同建设单位对制冷设备零件、部件、附属材料及专用工具的规格、数量逐件进行点查,应检查无泄漏情况,并做好记录。

(2)机组凝水管不得压扁、折弯,保证凝水排出通畅;接管应平直,严禁渗漏。

(3)卧式明装机组安装进出水管时,可在地面上先将进出水管接出机外,再于吊装后与管道相连接;也可在吊装后,将面板和凝水盘取下,再进行连接;然后对水管进行保温,防止产生凝水。

(4)暗装卧式的风机盘管吊装应保持水平,以防止冷凝水外溢,并应由支、吊架固定,便于拆卸和维修。

(5)风机盘管与风管、回风室及风口的连接处应严密。

10)消声器安装

(1)消声器在运输安装过程中,不得受到损坏或受潮,充填的消声材料不应有明显的下沉。

(2)消声器安装的方向应正确。

(3)消声片单体安装,固定端不得松动,片距应均匀。

(4)消声器和消声弯管应单独设支架,其质量不得由风管承受。

11)保温

(1)空调风管的保温,应根据设计选用的保温材料和结构形式进行施工。为了达到较好的保温效果,保温层的厚度不应超过设计厚度的+10%和-5%。保温的结构应结实,外表平整,无张裂和松弛现象。

(2)风管保温前,应把表面的铁锈等污物除净,并刷好锈底漆或用热沥青和汽油配制的沥青底漆。

(3)保温材料应有制造厂合格证明书或分析检验报告,其种类、规格、性能应符合设计要求。

(4)保温层厚度大于75 mm时,应分层进行施工。

(5)保温用的预制管壳应错缝,内、外层应盖缝,外层的水平接缝应在侧面。预制管壳缝隙一般应小于2 mm。缝隙应用胶泥填充密实。

(6)与主管道相连接的支管及金属件也应作保温,保温长度应不低于保温层的4倍或至垫木处。

(7)阀门的保温材料及方法与管道保温相同。

第4章 质量员岗位指导

4.1 质量员岗位职责认识

4.1.1 质量员的工作职责

(1)参与施工质量策划。

(2)参与制定质量管理制度。

(3)参与材料、设备的采购。

(4)负责核查进场材料、设备的质量保证资料,监督进场材料的抽样复验。

(5)负责监督、跟踪施工试验,负责计量器具的符合性审查。

(6)参与施工图会审和施工方案审查。

(7)参与制定工序质量控制措施。

(8)负责工序质量检查和关键工序、特殊工序的旁站检查,参与交接检验、隐蔽验收、技术复核。

(9)负责检验批和分项工程的质量验收、评定,参与分部工程和单位工程的质量验收、评定。

(10)参与制定质量通病预防和纠正措施。

(11)负责监督质量缺陷的处理。

(12)参与质量事故的调查、分析和处理。

(13)负责质量检查的记录,编制质量资料。

(14)负责汇总、整理、移交质量资料。

4.1.2 质量员一般工作内容及要求

(1)认真贯彻执行国家和上级有关质量管理工作方针、政策、技术标准和各项管理制度。

(2)必须熟悉图纸及技术标准、施工验收规范、检验评定标准,随时跟踪掌握现场的工程质量情况。

(3)督促有关施工人员、班组认真做好施工前的准备工作,坚持“四不准施工”(没有做好施工准备不准开工,没有施工方案和保证措施不准施工,未经图纸自审、会审不准施工,物资不合格不准施工)。

(4)做好日常质量巡检工作,督促检查施工队伍施工的质量情况,对存在的质量问题及时提出整改建议,并核查整改结果,做好预防性的质量控制及中间交接和关键工序等工程以及混凝土浇灌前的会签工作。严把质量关,重点控制关键部位,使质量预防与事前过程控制结合起来,配合班组接受监理的质量检查。

(5)参与图纸会审、技术交底、施工方案编制、质量事故的处理和交工验收工作及质量大检查。

(6)认真执行 GB/T 19001—2000 标准和公司各项工程质量管理办法的有关规定。

4.2 常用的质量规范和控制流程

4.2.1 建筑工程质量验收相关规范

(1)《建筑工程施工质量验收统一标准》(GB 50300—2001)。
(2)《建筑地基基础工程施工质量验收规范》(GB 50202—2002)。
(3)《砌体结构工程施工质量验收规范》(GB 50203—2011)。
(4)《混凝土结构工程施工质量验收规范》(GB 50204—2015)。
(5)《钢结构工程施工质量验收规范》(GB 50205—2001)。
(6)《木结构工程施工质量验收规范》(GB 50206—2012)。
(7)《屋面工程质量验收规范》(GB 50207—2012)。
(8)《地下防水工程质量验收规范》(GB 50208—2011)。
(9)《建筑装饰装修工程质量验收规范》(GB 50210—2001)。
(10)《建筑地面工程施工质量验收规范》(GB 50209—2010)。
(11)《玻璃幕墙工程质量检验标准》(JGJ/T 139—2001)。
(12)《建筑给水排水及采暖工程施工质量验收规范》(GB 50242—2002)。
(13)《给水排水管道工程施工及验收规范》(GB 50268—2008)。
(14)《通风与空调工程施工质量验收规范》(GB 50243—2002)。
(15)《建筑电气工程施工质量验收规范》(GB 50303—2002)。
(16)《电气装置安装工程接地装置施工及验收规范》(GB 50169—2006)。
(17)《建筑节能工程施工质量验收规范》(GB 50411—2007)。

4.2.2 建筑工程质量控制流程图

(1)建筑工程质量总控制流程(见图 4-1)。
(2)工序质量检查程序控制流程(见图 4-2)。
(3)技术资料质量检验程序控制流程(见图 4-3)。
(4)施工质量管理体系流程(见图 4-4)。

4.3 质量计划准备

4.3.1 参与进行施工质量策划

(1)在工程施工合同签订后,应针对工程项目的特点进行质量策划和分析,施工项目质量计划的编制应符合质量管理体系的要求。

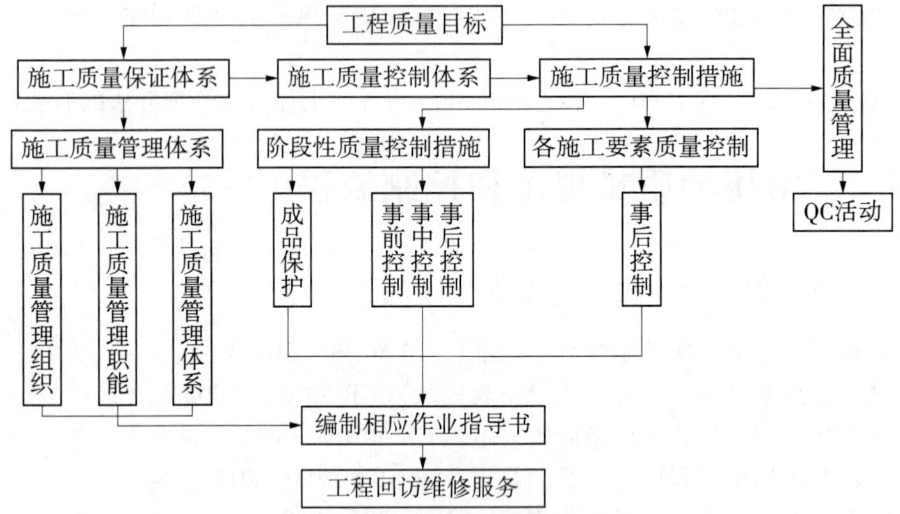

图 4-1 建筑工程质量总控制流程图

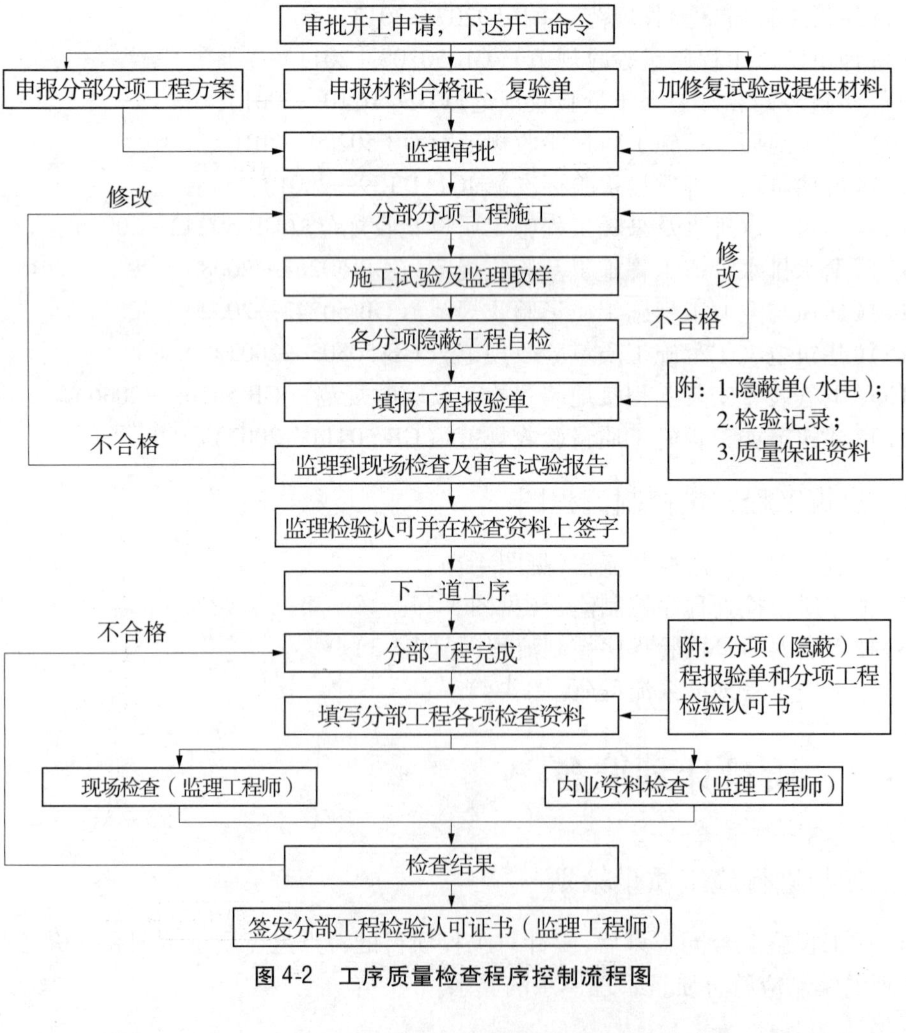

图 4-2 工序质量检查程序控制流程图

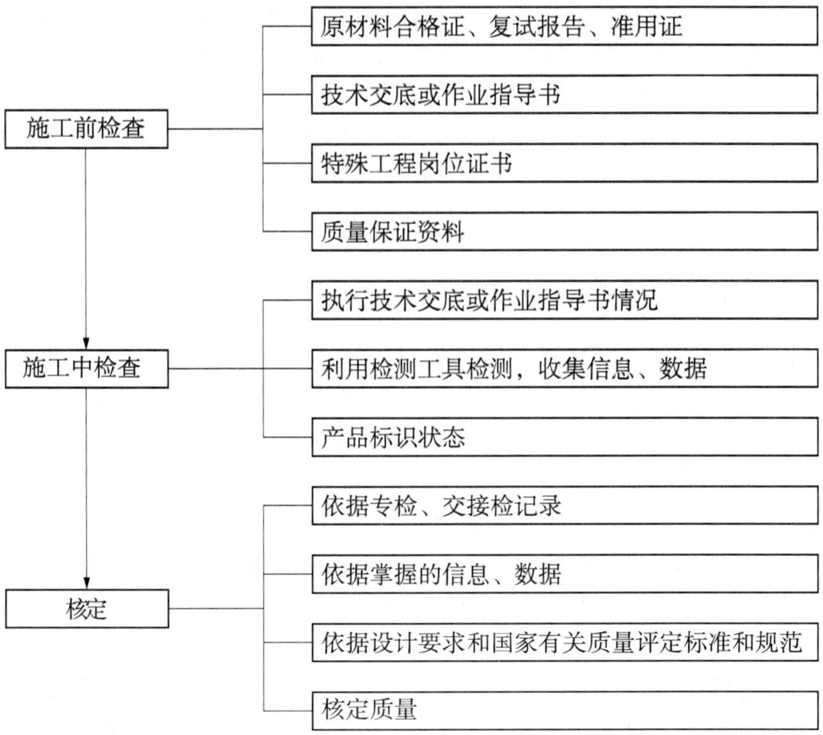

图4-3　技术资料质量检验程序控制流程图

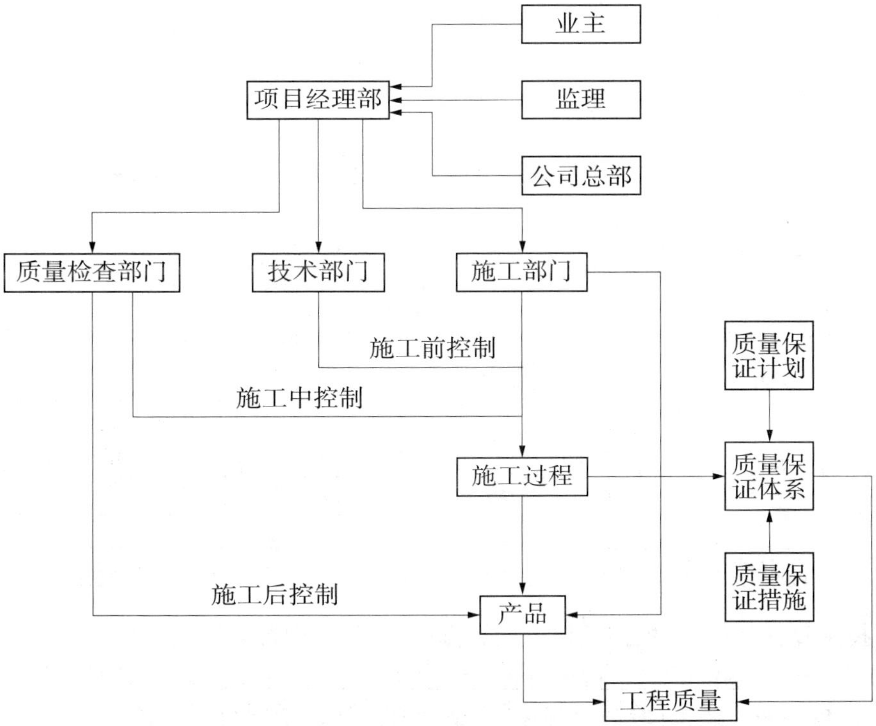

图4-4　施工质量管理体系流程

(2)施工项目质量计划的编制,应是全过程或部分过程的控制,一般可以是从工序到分项工程再到分部工程的系统控制过程。也是从原材料投入开始,到建筑工程质量最终满足检验和试验要求的全过程。

(3)施工项目质量计划具有双重性。对内应作为项目施工质量管理的依据,按照合同约定的工程质量标准进行质量控制和管理;对外则是特定工程项目的施工质量保证,即达到的质量目标,以及根据质量管理目标,作为进行项目科学有序施工管理的依据。

4.3.2 参与制定图纸会审设计变更制度

(1)工程施工前必须对设计提供的图纸进行图纸会审,由公司按分类组织进行,具体由分管领导组织,项目部负责人与相关技术人员、工程监理、设计单位和有关各方一道查阅熟悉图纸、了解图纸中存在的问题,提出图纸会审意见。

(2)图纸会审应做好记录,由分管领导和项目部组织会审单位,会审提出的问题及时解决,并详细记录,写成正式文件(必要时,由设计单位另出修改图纸),监理(建设)单位、设计单位、施工单位的代表和技术负责人均应签名盖章认可,列入工程档案。

(3)在施工过程中,无论是建设单位提出的设计变更,还是施工单位提出的设计变更,都要填写设计变更联系单,经设计单位、监理单位和项目部技术负责人和经理签字同意后,方可进行后续实施。

(4)设计变更的内容对建设规模、投资、工艺、质量、安全等方面影响较大的,必须由公司审批后报送相关主管部门核准。

(5)所有设计变更资料,包括设计变更联系单、修改图纸均需文字记录,纳入工程档案。

4.3.3 参与制定岗位培训制度

(1)培训工作力求做到"三化三实",即"多样化、规范化、科学化"和"实际、实用、实效"。

(2)项目部应根据培训计划及职工的排班情况,有针对性地科学安排培训。职工应按时参加培训。

(3)每次课程结束后,项目部将安排考试。考试的形式为书面答卷结合口头问答及岗位抽查。岗位抽查是指项目部就所讲授的培训内容是否被学员运用到实际工作中进行随机考核。

(4)凡每次考试不及格者,不得上岗。待重考合格后,重新上岗。考试优秀者将视情况予以奖励。

4.3.4 参与制定工程技术复检制度

(1)技术复核是保障,根据单位工程具体情况,下列内容必须复核:

①放线、定位、基槽(坑)、标高、标深、消防间距、焊接、吹扫、探伤、回填、试压、堡坎护坡、指示灯、压力表。管沟的标高、开挖、回填,管道焊接、阴极保护、断面尺寸,全部要达到设计规范的要求。

②设备招标、合格证、安装、调试、说明、修正、使用规范、技术参数都要符合行业规范,有关附件必须齐全。

③预制构件、预埋件、预留孔、保护套、地埋管、沙垫、混凝土、砂浆配合比(作为计量资料)要符合标准。

④关系到结构安全和使用功能的项目。

(2)技术复核后,施工员应立即填写复核记录和自复意见,关键部位要拍照,报监理(建设)单位复核认可,并要经分管副总工程师核实。

4.3.5 参与制定技术交底制度

(1)坚持以技术进步来保证施工质量的原则,每个工况、每道工序、每个环节、每个结构施工前,项目部(分公司)必须进行技术交底。

(2)项目工程师或技术负责人对施工员、质检员、安全员及施工管理有关人员进行技术交底,明确关键性的施工问题,主要工种工程的施工方法和控制要点、采用技术文件、检测要求以及安全技术要点。

(3)质量员对班组长进行技术交底,明确图纸要求,采用作业指导书,明确施工方法要点、技术措施要点、质量标准要求及安全生产文明施工要点。

(4)班组长对作业班组进行技术交底,结合具体操作部位,明确各部位的操作要点,技术要点、质量要求,安全文明施工要求以及岗位职责。

(5)各级技术交底以口头进行,并有文字记录,参加交底人员履行签字手续,技术措施不当或交底不清而造成质量事故的要追究有关部门和人员的责任。

4.3.6 参与制定隐蔽工程验收制度

(1)工程完工后无法进行检查的那一部分工程,特别是重要结构部位及有关特殊要求的部位,工程部应督促现场管理人员进行隐蔽工程验收。

(2)分项工程施工完毕后,应由工程部及施工员会同质检员进行自检,并签发隐蔽工程验收记录,在指定日期内,由监理(建设)单位、设计单位签具验收意见。

(3)隐蔽工程在未进行验收前,不得进行下道工序施工。若有违反验收制度,造成返工损失时,应追究有关部门和人员的责任。

(4)管道无损探测由有资质专业单位负责,检测报告和隐蔽工程验收单位由工地资料员保管,竣工后整理成册,纳入工程档案。

4.3.7 参与制定材料采购、检验、管理制度

(1)材料进场必须有材料员、质检员、工程部门负责人到场进行验收,做好进货检验记录。

(2)钢管、接头、表阀、材料等原材料进场应有出厂合格证和质量保证书,还应及时做材料标识和复试工作。不合格材料由工程部门负责人与供货方交涉,办理退货、调货、索赔工作。

(3)各种材料的领用、发放必须持有工程部签发的材料领用单后,副总经理签字,仓

库保管员方可发放有关材料。

(4)各种材料进场后至使用前均要挂设过程标识,明确检验状态,表明该批材料是否为待检品、不合格品或合格品,以便使用。

(5)仓库保管员应根据不同材料分类堆放,并根据不同性质做好防水、防火、防潮、防热等保护工作,易燃易爆物品应有专门仓库、专人保管、登记和领用。

4.3.8 参与制定工程质量"三检"制度

4.3.8.1 自检

操作人员在操作过程中必须按相应的分项工程质量要求进行自检,并经班组长验收后,方可继续进行施工。

施工员应督促班组长自检,为班组创造自检条件(如提供有关表格、协助解决检测工具等),要对班组操作质量进行中间检查。

4.3.8.2 互检

工种间的互检,上道工序完成后下道工序施工前,班组长应进行交接检查,填写交接检查表,经双方签字,方准进入下道工序。

上道工序出成品后应向下道工序办理成品保护手续,而后发生成品损坏、污染、丢失等问题时由下道工序的单位承担责任。

4.3.8.3 专检

所有分项工程、隐检、预检项目,必须按程序,作为一道工序,邀请专检人员进行质量检验评定。

4.3.9 参与制定管沟开挖回填、管道试压制度

(1)管沟开挖、回填必须指定专人负责指导,严格按图纸和规程要求执行。

(2)尺寸、数量、填沙和高宽度必须严格执行工程质量施工与验收规范的规定,不得偷工减料。回填后的复耕和护坡堡坎要有利于农田和管道的保护。

(3)管沟开挖、回填和护坡堡坎要做好隐蔽记录,并在监理(建设)单位见证人的监督下由现场负责人和施工方同时签字负责,收集的资料应准确无误。

(4)管道试压前,必须在技术负责人指导下,搞好吹扫,强度试压时,先行报告公司技术监督、安全管理、消防和特种压力管理部门、监理(建设)单位和设计单位,现场共同进行,并做好记录。达到压力等级合格后方能投入使用。

(5)管道试压不合格或有漏气,及时减压修复再复试,合格后由各方面参检负责人签字汇合技术资料汇总成册。

4.3.10 参与制定分项、分部(子分部)工程验收评定制度

(1)施工过程中必须对分项工程进行质量验收评定,由项目技术负责人会同质检员、班组长参加验收评定,并做好记录签字。不合格者应予返工。

(2)分部工程完工由项目技术负责人会同施工员、质检员进行分部工程验收,检查分项工程验收资料,根据资料给予评定后报监理(建设)单位验收评定。

(3)基础工程、主体结构工程(可分层段)经项目部(分公司)验收评定后,经公司质量科验收签章后,报监理(建设)单位验收评定。

(4)单位(子单位)工程达到竣工标准后,由项目部(分公司)将全套工程技术文件上报公司质量科审核,核定工程质量自评等级,经公司总经理、总工程师审定并签章后报监理(建设)单位核查。

4.4 材料质量控制

4.4.1 参与材料、设备的采购

(1)采购作业要非常小心,避免因工作上的失误而造成公司重大的经济损失。采购员是要承担全部责任的,所以做任何事情都不能有"随便"两字。

(2)与供应商的任何业务往来一定要在事情发生前沟通清楚,并将相关信息及时同业务沟通,严禁单方面进行操作。

(3)采购员在接待供货商时,说话要有礼貌,要有好的形象,同对方交谈时,头脑要灵活,不知道尽量告诉对方,等清楚后再回复,公司其他的事情尽量少谈,找主题重点谈,会客时间尽量在10~15 min,谈话时间长,会延误自己的工作,白天的时间是很忙碌的,要懂得善用时间。

(4)采购工作是有一定的诱惑的,一定不要迷失自我,不要收供货商回扣或礼品(如有,都交给上级处理)。如果收了,对采购员、对公司都不好,到时会害了采购员自己。

(5)同供货商相处,要平等对待,不要认为自己是客户就了不起,这样是没有办法同供货商建立好关系的。

(6)采购员不能以公司名义私自开采购单购买自己所需的材料,或帮其他人采购材料,这样做是违法的,采购单一定要经上级批准方发放。

(7)所有新供货商应须由品管、工程或生产相关部门共同评审,经上级批准合格后方可采购原料,并建立合格供应商档案、"供货商调查表"及"供货商评定表"。

(8)仓库每月应进行一次盘点,采购员将通知供应商停止送货,紧急物料需和采购员沟通后方可送货并按仓库要求更改送货单日期。

(9)在收到品管部"来料检验不合格报告"时,采购员了解情况后,传真给供货商并追踪回复结果,出具扣款资料给财务扣除货款。

(10)采购员在作业时遇到困难,要立即告诉上级处理,不要等到没办法处理了再告诉上级,这样会影响货期,给公司造成损失。

(11)供货商提供的样品,采购员要先记录在"样品登记明细表"上,然后再给相关工程师确认,结果回复供货商,让供应商提供相关材料零部件确认书,需一式四份,工程、采购、品管、供应商各一份存档。

(12)采购员要多同其他公司采购员和公司业务员交流,了解材料最低价,要求供应商提供相关报价材料成本分析表。

(13)采购员没有权力备原材料,需要备原材料或安排库存,一定要有书面通知及经

上级批准方可备料。

(14)采购过程是一个很紧张的过程，有时会一边执行一边做文件，因为这是对外工作，切记要将文件做得清楚，否则可能损害公司的利益。

(15)若因时间紧迫，要求将物料直接从供应商寄客户时，采购员一定要经仓库、品管及业务部门同意并获得上级的批准，且在事后不迟于第二天须将送货数量知会相关业务员开具销售单，采购员应该尽量减少此类事情的发生。

(16)对于业务员询问相关原材料单价，采购员一定要经上级同意方可报给业务员，以保持公司的利润空间，因为单价是保密文件。

4.4.2 负责核查进场材料、设备的质量保证资料，监督进场材料的抽样复验

(1)进场材料质量控制方法：严格检查验收，正确合理使用。建立管理台账，进行收发储运等环节的技术管理，避免混料和不合格材料用在工程上。

(2)进场材料质量要点：掌握材料信息，优选供货厂家。合理组织材料供应，确保工程正常进行。

(3)合理组织材料使用，减少材料损失。加强材料验收工作，严把质量关。加强材料使用认证，避免用错或不合格材料用在工程上。

(4)进场材料控制内容：材料技术性能、质量标准、取样实验方法、材料使用范围和施工要求等。

(5)工序质量的控制。

①施工工序质量控制内容：严格按照施工工艺规程，主动控制工序活动条件质量，及时检查工序活动效果质量，设置质量控制点。

②施工工序质量控制程序：施工前，进行技术交底。检查施工工序程序的科学性、合理性，严防工序错误造成质量失控。检查工序施工条件。检查工序施工人员操作程序、操作质量是否符合要求。检查工序产品中间质量。对工序质量符合要求的中间产品及时进行工序验收或隐蔽验收。质量合格产品经验收合格后进入下道工序施工，未经验收合格的工序，不得进入下道工序施工。

③施工工序质量控制步骤：实测、分析、判断。

④施工工序质量检验内容：标准具体化、度量、比较、判定、处理、记录。

⑤施工现场质量检查内容：开工前检查、工序交接检查、隐蔽工程检查、停工后复工前检查。分项分部工程完工后经检查认可，签署验收记录后方可进入下道工序施工、成品保护检查。

4.4.3 负责监督、跟踪施工试验，负责计量器具的符合性审查

(1)试验流程：

材料进场→材料员书面通知试验员→试验员按规定现场取样，并配合监理见证取样→送委托试验室试验→取回试验报告→试验员将试验结果书面通知材料员和现场技术人员→资料归档。

(2)试验工作必须严格遵循国家、部和地区颁发的现行有关建筑工程的法规、技术标

准、试验方法等规定。试验人员要熟练掌握试验业务知识,积极参加技术培训,不断更新知识,提高专业理论水平和操作水平。

(3)试验人员要严格遵守各级规章制度,忠于职守,勇于进取,在工作中既要坚持原则、实事求是,又要积极主动地为施工生产服务,努力完成试验任务。

(4)在主任工程师的领导下,对所管辖范围内的试验工作负全面责任。

(5)认真做好现场试验员工作范围内的试验工作,做好试验资料的整理及归档工作,积极参与试验有关的工程质量事故分析和技术鉴定。

(6)按规定及时对混凝土、砂浆取样,制作试块,每工作台班坍落度测试至少3次,即对浇筑开始的第一车,试块制作的一车,每个工作台班浇筑最后前的第三车检测一次。其他车次由混凝土工长及放混凝土工监测,目测混凝土均匀性、稠度和易性是否满足要求,如发现均匀性、稠度和易性不良的车次,及时停止出罐浇筑,并立即进行坍落度检测,如仍不符合要求,则进行退场处理。

(7)混凝土开始浇筑时,试验值班人员要检查商品混凝土的运输单是否与混凝土的设计强度一致,避免混凝土强度发生错误。同时,还须检查配合比,并经常检查商品混凝土的质量,严禁混凝土在现场加水。

(8)按规定对钢筋连接试件进行取样试验。

(9)按规定对回填土分层分步取样作干密度试验。

(10)对工作要认真负责,试验取样真实且具有代表性,资料的填写要清楚整齐,日期、部位的填写要统一。

(11)及时回收试验资料,交技术资料员存档,做好交接记录。

(12)试验值班人员每天做好试验记录,将每天的试验取样项目填写清楚并编号。

(13)试验中出现问题时,及时向技术主管部门汇报,并进行分析。

4.5 工序质量控制

4.5.1 参与施工图会审和施工方案审查

(1)图纸会审前,主持部门或主持人应事先通知参加人员熟悉图纸,准备意见,进行必要的核对和计算工作。

(2)综合会审由项目经理部/施工单位技术处(科、组)做出详细图纸会审记录,存档备查。技术处(科、组)应妥善保管业主方整理的综合会审纪要。

(3)系统会审和专业会审由主持人做好详细记录,整理会审纪要,报项目经理部/施工单位技术处(科、组)。

(4)对外协件加工用图纸的会审由各工地专责工程师组织落实。

(5)如时间安排紧张,专业会审可和系统会审合并进行。

(6)小型工程的图纸会审可合并为一次,即综合会审。

(7)图纸会审的重点:

①施工图纸与设备、特殊材料的要求是否一致。

②设计图纸与施工主要技术方案是否相适应。

③图纸表达深度能否满足施工需要。

④构件划分和加工要求是否符合施工能力。

⑤扩建工程新老厂及新老系统间的衔接是否吻合，施工过渡是否可行，此项除对图纸核实外，还应到施工现场进行实际情况校对。

⑥各专业之间设计是否协调。

⑦设计上采用的新结构、新材料、新设备、新工艺及新技术在施工技术、机具和物资供应上有无困难。

⑧施工图之间、总分图之间、总分尺寸之间有无矛盾。

⑨能否满足安全经济运行要求和合理的检修作业需要。

⑩施工图纸上的材料设备的规格、型号、数量与材料表是否一致，是否符合现场实际。

(8)图纸会审纪要不能作为施工依据，图纸原设计有问题部分必须办理正式设计变更方可施工。

(9)组织图纸会审必须考虑所供图纸的完整、连续以及涉及哪些相关专业，了解图纸的修改状况和版次。

4.5.2 施工方案审查

审查方案应具有针对性，施工方法是施工方案的核心。对施工方案的审核包括以下3个方面：

(1)主要施工项目选择是否正确。

在实际审核中，可以发现没有因地制宜地对主要项目做出甄别和选择，是施工组织设计的通病之一，因此主要施工项目的正确选择应是施工方案审核的首要任务。

(2)施工工法是否条件允许、方法可行。

(3)施工方法是否与建安成本和施工措施费保持一致。施工组织设计并非只是技术文件，它也是经济文件。施工单位在施工过程中所提出的设计变更与现场签证是否成立的判定标准之一就是看施工组织设计中是否已有相应内容。因此，应注意保持两者的一致。施工方法的本质就是工程质量。主要审查其是否与设计要求一致，是否满足相关规范和标准的要求，是否满足合同相应条款的要求。

4.5.3 负责工序质量检查和关键工序、特殊工序的旁站检查，参与交接检验、隐蔽验收、技术复核

1. 地下室防渗漏质量检验

(1)基础挑板处的附加防水层及强化防水节点检验。

(2)地下室外墙施工缝，后浇带附加防水层检验。

(3)底板变形缝后浇带附加加强层检验。

(4)底板变形缝、后浇带外贴、中埋式止水带检验。

(5)穿墙线管防水材料密封嵌填检验。

(6)预留孔洞吊模质量检验及预留孔洞分次封堵检验。

(7)出地下室顶板室外管道附加防水层检验。

(8)地下室顶板防水构造检验(重点:分隔缝、隔离层)。

(9)膨胀剂、抗裂纤维等外加剂抽检。

2. 主体结构防开裂、防空间偏差检验

(1)模板工程的轴线、标高、平整度、垂直度、起拱检验;柱、梁、墙截面尺寸检验。

(2)模板工程的固定、支撑、接缝、表面清理检验。

3. 电梯井道的坐标、位置、几何尺寸检验

(1)各类预埋件规格、位置、固定检验。

(2)预留孔洞坐标、位置几何尺寸检验。

(3)混凝土翻边、企口部位高差、几何尺寸检验。

(4)厕浴间穿楼板管道梯形预埋件检验。

(5)外墙空调孔洞、穿墙螺栓杆孔洞预留坡度检验。

(6)钢筋工程(各类)加强钢筋检验;钢筋工程马镫位置、距离、牢固性检验。

(7)梁、板施工缝、后浇带留置措施检验。

(8)混凝土坍落度、流动性检验。

(9)混凝土养护措施检验。

4. 砌体防开裂检验

(1)砌体工程的轴线、控制线放线检验。

(2)砌体工程的基层清扫检验。

(3)砌体工程的底砌检验(轴线、房间方正)。

(4)砌体工程的皮数杆检验,砌体拉结钢筋、构造钢筋检验,砌体混凝土埋块位置、规格检验。

(5)预埋管线墙体开槽、修补检验。

5. 抹灰防开裂检验

(1)穿墙螺栓杆孔洞、脚手架眼、挑架槽钢孔洞等分次封堵检验。

(2)砌筑灰缝饱满度、瞎缝检验。

(3)空调套管、预埋件检验。

(4)后剔凿预埋管线修补质量间隙检验。

(5)基层清理、砌块洒水、混凝土墙柱、埋块拉毛检验。

(6)素水泥浆结合层检验。

(7)抗裂钢丝网规格、位置、固定方式检验。

(8)外墙抹灰分隔条、门窗耐候胶打胶条检验。

(9)抹灰平整度、垂直度、阴阳角方正控制措施检验。

(10)分层抹灰厚度、错缝位置检验。

6. 卫生间防渗漏检验

(1)穿楼板孔洞凿毛、清理检验。

(2)吊洞吊模质量检验。

(3)吊洞混凝土分次封堵检验。

(4)结构闭水试验检验。

(5)暗埋管道试压试验检验。

(6)管根、地漏、转角附加防水层及细部质量检验。

(7)防水层高度、厚度及涂布间隔检验。

(8)防水层闭水试验检验。

(9)保护层施工、成品保护措施检验。

7. 门窗防渗漏检验

(1)门窗洞口偏差及洞口工序交接检验,门窗洞口偏差修补检验。

(2)门窗外框、分隔对角线尺寸检验,门窗正侧面垂直度、上口水平度、直线度检验。

(3)门窗外框与结构固定检验,门窗外框防腐检验。

(4)六层外框、端部防排水及密封检验。

(5)门窗外框与结构间塞缝前成品保护及塞缝清理检验。

(6)门窗外框与结构间分次塞缝、发泡胶施打检验。

(7)门窗临时固定垫块拆除、清理检验,临时固定处二次打胶、塞缝检验。

(8)五金配件的安全检验,窗台坡度、高度、滴水线检验。

(9)耐候胶槽口圆弧抽条及清理检验,耐候胶施打质量检验,门窗验收前外门窗淋水试验检验。

8. 屋面防渗漏检验

(1)出屋面管道的预埋管检验,出屋面管道的混凝土翻边检验。

(2)屋面结构闭水试验检验。

(3)防水层基层干燥度、平整度及清理检验。

(4)防水层及转角、出入口、落水口等重要节点的附加防水层检验。

(5)找坡层坡度、最薄厚度检验,分隔条埋条检验。

(6)屋面保温基层干燥度及排气道检验。

(7)隔离层检验,刚性屋面冷拔丝绑扎、保护层厚度检验。

(8)刚性屋面分仓缝位置、宽度检验。

(9)女儿墙、出屋面管道、变形缝的混凝土挑耳或槽口检验。

(10)屋面防水层淋水试验(连续雨天观察)检验。

9. 安装给排水检验

(1)主体给排水管洞预留检验。

(2)墙壁、地坪暗埋给排水管道定位、开槽施工检验。

(3)户内给排水管道敷设检验。

(4)给排水管道试压及隐蔽检验。

(5)给排水管敷设检验。

(6)排水管道通水、通球试验检验。

(7)设备安装系统供水调试检验。

4.6 工程质量验收

4.6.1 机械挖土工艺质量标准

(1)开挖标高、长度、宽度、边坡必须符合设计要求。

(2)基土土质必须符合设计要求,并严禁扰动。

(3)控制好开挖表面平整度及基底土性。

(4)土方开挖工程质量检验标准应符合表4-1的规定。

表4-1 土方开挖工程质量检验标准

<table>
<tr><th colspan="3" rowspan="2">项目</th><th colspan="4">允许偏差或允许值(mm)</th><th rowspan="2">检验方法</th></tr>
<tr><th>柱基基坑基槽</th><th>挖方场地平整</th><th>管沟</th><th>地(路)面基层</th></tr>
<tr><td rowspan="3">主控项目</td><td>1</td><td>标高</td><td>-50</td><td>±50</td><td>-50</td><td>-50</td><td>水准仪</td></tr>
<tr><td>2</td><td>长度、宽度(由设计中心线向两边量)</td><td>+200
-50</td><td>+300
-100</td><td>+100
0</td><td>—</td><td>经纬仪,用钢尺量</td></tr>
<tr><td>3</td><td>边坡</td><td colspan="4">设计要求</td><td>观察或用坡度尺检查</td></tr>
<tr><td rowspan="2">一般项目</td><td>1</td><td>表面平整度</td><td>20</td><td>20</td><td>20</td><td>20</td><td>用2 m靠尺和楔形塞尺检查</td></tr>
<tr><td>2</td><td>基底土性</td><td colspan="4">设计要求</td><td>观察或土样分析</td></tr>
</table>

注:地(路)面基层的偏差只适用于直接在挖、填方上做地(路)面的基层。

4.6.2 机械回填土工艺质量标准

4.6.2.1 主控项目

(1)回填标高必须符合设计要求。

(2)回填土必须按规定分层夯压密实。取样测定压实后土的最大干密度应符合设计要求。环刀法取样的方法及数量应符合规定。

4.6.2.2 一般项目

(1)基底处理应符合设计要求和施工规范的规定。

(2)回填的土料、分层厚度、表面平整度及含水量应符合设计要求或施工规范的规定。

(3)各项目允许偏差见表4-2。

4.6.3 砂石地基工艺质量标准

4.6.3.1 保证项目

(1)基底土质必须符合设计要求。

(2)纯砂检查点的干砂质量密度必须符合设计要求和施工规范的规定。

表 4-2 回填土工程质量检验标准

项目			允许偏差(mm)			检验方法
			基槽	场地平整	管沟	
主控项目	1	标高	-50	±50	-50	用水准仪检查
	2	分层压实系数	设计要求			按规定方法检查
一般项目	1	回填土料	设计要求			观察或土样分析
	2	表面平整度	20	30	20	用 2 m 靠尺或水准仪检查
	3	分层厚及含水量	设计要求			水准仪及抽样检查

4.6.3.2 **基本项目**

(1)级配砂石的配料正确,拌和均匀,虚铺厚度符合规定,夯压密实。

(2)分层留接槎位置正确,方法合理,接槎夯压密实、平整。

4.6.3.3 **允许偏差项目**

砂石地基允许偏差见表 4-3。

表 4-3 砂石地基允许偏差

项目		允许偏差(mm)	检验方法
1	顶面标高	±15	用水平仪或拉线和尺量检查
2	表面平整度	20	用 2 m 靠尺和楔形塞尺检查

4.6.4 灰土地基工艺质量标准

4.6.4.1 **保证项目**

(1)基底的土质必须符合设计要求。

(2)灰土的干土质量密度或贯入度必须符合设计要求和施工规范的规定。

4.6.4.2 **基本项目**

(1)配料正确,拌和均匀,分层虚铺厚度符合规定,夯压密实,表面无松散、起皮。

(2)留槎和接槎。分层留接槎的位置、方法正确,接槎密实、平整。

4.6.4.3 **允许偏差项目**

灰土地基允许偏差见表 4-4。

表 4-4 灰土地基允许偏差

项目		允许偏差(mm)	检验方法
1	顶面标高	±15	用水平仪或拉线和尺量检查
2	表面平整度	15	用 2 m 靠尺和楔形塞尺检查

4.6.5 钢筋混凝土预制桩打桩工艺质量标准

(1)预制桩桩位的允许偏差见表 4-5。

表 4-5 预制桩桩位的允许偏差 （单位:mm）

项目		允许偏差
1	盖有基础梁的桩: (1)垂直基础梁的中心线; (2)沿基础梁的中心线	 100 + 0.01H 150 + 0.01H
2	桩数为 1 ~ 3 根桩基中的桩	100
3	桩数为 1 ~ 3 根桩基中的桩	1/2 桩径或边长
4	桩数大于 16 根桩基中的桩: (1)最小边的桩; (2)中间桩	 1/3 桩径或边长 1/2 桩径或边长

注:H 为施工现场地面标高与桩顶设计标高的距离。

(2)钢筋混凝土预制桩的质量检验标准见表 4-6。

表 4-6 钢筋混凝土预制桩的质量检验标准

项目			允许偏差		检查方法
			单位	数值	
主控项目	1	桩体质量检查	按桩基检测技术规程		按桩基检测技术规程
	2	桩位偏差	见表 4-5		用钢尺量
	3	承载力	按桩基检测技术规程		按桩基检测技术规程
一般项目	1	成品桩外形	表面平整,颜色均匀,掉角深度 < 10 mm,蜂窝面积小于总面积的 0.5%		直观
	2	成品桩裂缝(收缩裂缝或吊装裂缝、装运、堆放引起的裂缝)	深度 < 20 mm,宽度 < 0.25 mm,横向裂缝不超过边长的一半		裂缝测定仪,该项在地下水有侵蚀性地区及锤击数超过 500 击的长桩不适合用
	3	成品桩尺寸:横截面边长 桩顶对角线差 桩尖中心线 桩身弯曲矢高 桩顶平整度	±5 mm < 10 mm < 10 mm < 1/1 000 L(L 为桩长) < 2 mm		用钢尺量 用钢尺量 用钢尺量 用钢尺量 用水平尺量
	4	电焊接桩:焊缝质量 电焊结束后停歇时间 上下节面偏差 节点弯曲矢高	符合规范规定 > 1.0 min < 10 mm < 1/1 000 L(L 为桩长)		 秒表测定 用钢尺量 用钢尺量
	5	硫黄胶泥接桩:胶泥浇筑时间 浇筑后停歇时间	< 2 min > 7 min		秒表测定 秒表测定
	6	桩顶标高	±50 mm		水准仪
	7	停锤标准	设计要求		现场实测或查沉管记录

4.6.6 螺旋钻孔灌注桩工艺质量标准

(1)混凝土灌注桩钢筋笼质量检验标准见表4-7。

表4-7 混凝土灌注桩钢筋笼质量检验标准 (单位:mm)

<table>
<tr><th colspan="3">项目</th><th>允许偏差或允许值</th><th>检查方法</th></tr>
<tr><td rowspan="2">主控项目</td><td>1</td><td>主筋间距</td><td>±10</td><td>用钢尺量</td></tr>
<tr><td>2</td><td>长度</td><td>±100</td><td>用钢尺量</td></tr>
<tr><td rowspan="3">一般项目</td><td>1</td><td>钢筋材质检查</td><td>设计要求</td><td>抽样检查</td></tr>
<tr><td>2</td><td>箍筋间距</td><td>±20</td><td>用钢尺量</td></tr>
<tr><td>3</td><td>直径</td><td>±10</td><td>用钢尺量</td></tr>
</table>

(2)钻孔灌注桩的平面位置和垂直度的允许偏差见表4-8。

表4-8 钻孔灌注桩的平面位置和垂直度的允许偏差

<table>
<tr><th colspan="2" rowspan="2">成孔方法</th><th rowspan="2">桩径允许偏差(mm)</th><th rowspan="2">垂直允许偏差(%)</th><th colspan="2">桩位允许偏差(mm)</th></tr>
<tr><th>1~3根、单排桩基垂直于中心线方向和群桩基础的边桩</th><th>条形桩基沿中心线方向和群桩基础的中间桩</th></tr>
<tr><td rowspan="2">钻孔泥浆护壁灌注桩</td><td>$D \leqslant 1\,000$ mm</td><td>±50</td><td rowspan="2"><1</td><td>$D/6$,且不大于100</td><td>$D/4$,且不大于150</td></tr>
<tr><td>$D > 1\,000$ mm</td><td>±50</td><td>$100 + 0.01H$</td><td>$150 + 0.01H$</td></tr>
</table>

注:H为施工现场地面标高与桩顶设计标高的距离,D为设计桩径。

(3)混凝土灌注桩质量检验标准见表4-9。

表4-9 混凝土灌注桩质量检验标准

<table>
<tr><th colspan="3" rowspan="2">项目</th><th colspan="2">允许偏差</th><th rowspan="2">检查方法</th></tr>
<tr><th>单位</th><th>数值</th></tr>
<tr><td rowspan="5">主控项目</td><td>1</td><td>桩位</td><td colspan="2">见表4-8</td><td>基坑开挖前量护筒,开挖后量桩中心</td></tr>
<tr><td>2</td><td>孔深</td><td>mm</td><td>+300</td><td>只深不浅,用重锤测,或测钻杆、套管长度,嵌岩桩应确保进入设计要求的嵌岩深度</td></tr>
<tr><td>3</td><td>桩体质量检验</td><td colspan="2">按桩基检测技术规程。如钻芯取样,大直径嵌岩桩应钻至桩尖下50 cm</td><td>按桩基检测技术规程</td></tr>
<tr><td>4</td><td>混凝土强度</td><td colspan="2">按设计要求</td><td>试件报告或钻芯取样送检</td></tr>
<tr><td>5</td><td>承载力</td><td colspan="2">按桩基检测技术规程</td><td>按桩基检测技术规程</td></tr>
</table>

续表 4-9

项目			允许偏差		检查方法
			单位	数值	
一般项目	1	垂直度	见表4-8		测套管或钻杆,或用超声波探测,干施工时掉垂球
	2	桩径	见表4-8		井径仪或超声波探测,干施工时用钢尺量
	3	泥浆比重	1.15~1.20		用比重计测,清孔后在距孔底50 cm处取样
	4	泥浆面标高	m	0.5~1.0	目测
	5	沉渣厚度:端承桩 摩擦桩	mm	≤50 ≤150	用沉渣仪或重锤测量
	6	坍落度:水下浇灌 干施工	mm mm	160~220 70~100	坍落度仪
	7	钢筋笼安装深度	mm	±100	用钢尺量
	8	混凝土充盈系数	>1		检查每根桩的实际关注量
	9	桩顶标高	mm mm	+30 -50	水准仪,需扣除桩顶浮浆层及劣质柱体

4.6.7 一般砖砌体砌筑工艺质量标准

4.6.7.1 主控项目

(1)砖和砂浆的强度等级必须符合设计要求。

(2)砌体水平灰缝的砂浆饱满度不得小于80%。

(3)砖砌体的位置及垂直度允许偏差应符合表4-10的规定。

表4-10 砖砌体的位置及垂直度允许偏差

项目				允许偏差(mm)	检验方法
1	轴线位置偏移			10	用经纬仪、拉线和尺量检查或用其他测量仪器检查
2	垂直度	每层		5	用2 m托板检查
		全高	≤10 m	10	用经纬仪或吊线和尺量检查
			>10 m	20	

(4)砖砌体组砌方法应正确,上、下错缝,内外搭砌,砖柱不得采用包心砌法。

4.6.7.2 一般项目

(1)砖砌体的灰缝应横平竖直,厚薄均匀。水平灰缝厚度宜为10 mm,但不应小于8 mm,也不应大于12 mm。

(2)砖砌体的一般尺寸允许偏差应符合表4-11的规定。

表 4-11 砖砌体的一般尺寸允许偏差

项目			允许偏差(mm)	检验方法
1	墙砌体顶面标高		±15	用水准仪和尺量检查
2	表面平整度	清水墙、柱	5	用 2 m 靠尺和楔形塞尺检查
		混水墙、柱	8	
3	门窗口高、宽(后塞口)		±5	尺量检查
4	外墙上、下窗口偏移		20	以底层窗口为准,用经纬仪或吊线检查
5	水平灰缝平直度	清水墙	7	拉 10 m 线的尺量检查
		混水墙	10	
6	清水墙游丁走缝		20	用吊线和尺检查,以底层第一皮砖为准

4.6.8 现浇框架结构钢筋绑扎工艺质量标准

4.6.8.1 主控项目

(1)受力钢筋的品种、级别、规格、形状、尺寸、数量必须符合设计要求。

(2)纵向钢筋的接头位置和连接方式应符合设计和规范要求,并应按《钢筋焊接及验收规程》(JGJ 180—2012)、《钢筋机械连接通用技术规程》(JGJ 107—2010)及相应机械连接标准的规定抽取钢筋接头试件作力学检验,其质量应符合有关规程的规定。

(3)钢筋的锚固长度、锚固位置应符合设计和规范要求,弯钩朝向正确。

4.6.8.2 一般项目

(1)钢筋应平直、无损伤,表面不得有裂纹、油污、颗粒状或片状老锈。

(2)钢筋网片和骨架绑扎缺口、松口数量不超过绑扣数量的 5%,且不应集中。

(3)钢筋的接头宜设在受力较小处,同一截面的接头数量应符合设计和规范的要求,当设计无要求时,必须满足现行《混凝土结构工程施工质量验收规范》(GB 50204)的要求。箍筋加密应符合设计要求,当设计无要求时,必须满足现行《混凝土结构工程施工质量验收规范》(GB 50204)和《建筑抗震设计规范》(GB 50011)的要求。

(4)现浇框架钢筋绑扎允许偏差和检验方法见表 4-12。

4.6.9 胶合板模板的安装与拆除工艺质量标准

4.6.9.1 主控项目

(1)当楼层模板不仅承受本层施工荷载,还承受后继施工的上层荷载时,其上下层支架的立柱应对准,并铺设垫板。

(2)在涂刷模板隔离剂时,不得玷污钢筋和混凝土接槎处。

4.6.9.2 一般项目

(1)模板安装应满足下列要求:

①模板接缝不应漏浆。

表4-12 现浇框架钢筋绑扎允许偏差和检验方法

<table>
<tr><th colspan="3">项目</th><th>允许偏差(mm)</th><th>检验方法</th></tr>
<tr><td>1</td><td colspan="2">网的长度、宽度</td><td>±10</td><td>尺量检查</td></tr>
<tr><td>2</td><td colspan="2">网眼尺寸</td><td>±20</td><td>用尺量连续三档,取其最大值</td></tr>
<tr><td>3</td><td colspan="2">骨架的宽度、高度</td><td>±5</td><td rowspan="2">尺量检查</td></tr>
<tr><td>4</td><td colspan="2">骨架的长度</td><td>±10</td></tr>
<tr><td>5</td><td rowspan="2">受力钢筋</td><td>间距</td><td>±10</td><td rowspan="2">用尺量两端、中间各一点,取其最大值</td></tr>
<tr><td>6</td><td>排距</td><td>±5</td></tr>
<tr><td>7</td><td colspan="2">绑扎箍筋、横向钢筋间距</td><td>±20</td><td>用尺量连续三档,取其最大值</td></tr>
<tr><td>8</td><td colspan="2">钢筋弯起点位移</td><td>20</td><td rowspan="5">尺量检查</td></tr>
<tr><td rowspan="2">9</td><td rowspan="2">预埋件</td><td>中心线位移</td><td>+3</td></tr>
<tr><td>水平高差</td><td>-0</td></tr>
<tr><td rowspan="2">10</td><td rowspan="2">受力钢筋保护层</td><td>梁、柱</td><td>±5</td></tr>
<tr><td>墙板</td><td>±3</td></tr>
</table>

②模板与混凝土接触面应清理干净并涂刷隔离剂,但不得采用影响结构性能或防碍装饰工程施工的隔离剂;楼板、梁模一律刷水性隔离剂,刷后要防雨,不要浇水。

③浇筑混凝土前,模板内的杂物应清理干净。

④对清水混凝土工程和装饰混凝土工程,应使用能达到设计效果的模板。

(2)对跨度不小于4 m的现浇混凝土梁、板,其模板按设计要求起拱。如无设计要求时,起拱高度钢支撑宜为全跨度的1/1 000~1.5/1 000,木支撑宜为全跨度的2/1 000~3/1 000。

(3)固定在模板上的预埋件、预留孔和预留洞均不得遗漏,且应安装牢固,其偏差应符合表4-13的规定。

(4)现浇结构模板安装的偏差应符合表4-14的允许偏差。

表4-13 预埋件和预留孔洞的允许偏差及检验方法

<table>
<tr><th colspan="2">项目</th><th>允许偏差(mm)</th><th>检查方法</th></tr>
<tr><td colspan="2">预埋钢板中心线位置</td><td>3</td><td>拉线和尺量检查</td></tr>
<tr><td colspan="2">预埋管、预留孔中心线位置</td><td>3</td><td>拉线和尺量检查</td></tr>
<tr><td rowspan="2">插筋</td><td>中心线位置</td><td>5</td><td>拉线和尺量检查</td></tr>
<tr><td>外露长度</td><td>+10,0</td><td>尺量检查</td></tr>
<tr><td rowspan="2">预埋螺栓</td><td>中心线位置</td><td>2</td><td>拉线和尺量检查</td></tr>
<tr><td>外露长度</td><td>+10,0</td><td>尺量检查</td></tr>
<tr><td rowspan="2">预留洞</td><td>中心线位置</td><td>10</td><td>拉线和尺量检查</td></tr>
<tr><td>尺寸</td><td>+10,0</td><td>尺量检查</td></tr>
</table>

注:检查中心线位置时,应沿纵、横两个方向量取,并取其中的较大值。

表 4-14　现浇结构模板安装的允许偏差及检验方法

项目		允许偏差(mm)	检查方法
轴线位置		5	钢尺检查
底模上表面标高		±5	水准仪或拉线、钢尺检查
截面内部尺寸	基础	±10	钢尺检查
	柱、墙、梁	+4，-5	钢尺检查
层高垂直度	不大于 5 m	6	经纬仪或吊线、钢尺检查
	大于 5 m	8	经纬仪或吊线、钢尺检查
相邻两板表面高低差		2	钢尺检查
表面平整度		5	2 m 靠尺和塞尺检查

4.6.10　混凝土浇筑工艺质量标准

4.6.10.1　主控项目

(1)混凝土使用的水泥、骨料和外加剂等,必须符合技术合同和施工规范的有关规定,使用前检查出厂合格证、试验报告。

(2)混凝土配合比、原材料计量、搅拌、养护和施工缝处理,必须符合相关施工规范的规定。

(3)混凝土试块按规定取样、制作、养护和试验,其强度评定应符合现行《混凝土强度检验评定标准》(GBJ 107)的要求。

(4)混凝土运输、浇筑及间歇的全部时间不应超过混凝土的初凝时间,同一施工段的混凝土应连续浇筑,并应在底层混凝土初凝之前将上一层混凝土浇筑完毕。

(5)设计不允许裂缝的结构,严禁出现裂缝;设计未明确要求时,其裂缝宽度必须符合有关设计要求。

(6)结构实体检验用同条件养护试件的留置数量、养护方法、等效养护龄期及强度代表值均应满足现行《混凝土结构工程施工质量验收规范》(GB 50204)的要求。

(7)结构实体钢筋保护层厚度的检验方法及结果均应满足现行《混凝土结构工程施工质量验收规范》(GB 50204)的要求。

4.6.10.2　一般项目

(1)混凝土应振捣密实,避免蜂窝、孔洞、露筋、缝隙、夹渣等缺陷。

(2)施工缝位置应在混凝土浇筑前按规范和设计要求在施工技术方案中确定。施工缝的处理应按施工技术方案执行。

(3)后浇带的留置位置应按设计要求和施工技术方案确定。后浇带混凝土浇筑应按设计要求施工进行。

(4)现浇框架混凝土允许偏差见表 4-15。

表 4-15　现浇框架混凝土允许偏差

<table>
<tr><th colspan="3">项目</th><th>允许偏差(mm)</th><th>检验方法</th></tr>
<tr><td rowspan="4">轴线位置</td><td colspan="2">基础</td><td>15</td><td rowspan="4">钢尺检查</td></tr>
<tr><td colspan="2">独立基础</td><td>10</td></tr>
<tr><td colspan="2">墙、柱、梁</td><td>8</td></tr>
<tr><td colspan="2">剪力墙</td><td>5</td></tr>
<tr><td rowspan="3">垂直度</td><td rowspan="2">层高</td><td>≤5 m</td><td>8</td><td>经纬仪或吊线、钢尺检查</td></tr>
<tr><td>>5 m</td><td>10</td><td>经纬仪或吊线、钢尺检查</td></tr>
<tr><td colspan="2">全高(H)</td><td>H/1 000 且≤30</td><td>经纬仪、钢尺检查</td></tr>
<tr><td rowspan="2">标高</td><td colspan="2">层高</td><td>±10</td><td rowspan="2">水准仪或拉线、钢尺检查</td></tr>
<tr><td colspan="2">全高</td><td>±30</td></tr>
<tr><td colspan="3">截面尺寸</td><td>+8，−5</td><td>钢尺检查</td></tr>
<tr><td rowspan="2">电梯井</td><td colspan="2">井筒长、宽对定位中心线</td><td>+25，0</td><td>钢尺检查</td></tr>
<tr><td colspan="2">井筒全高(H)垂直度</td><td>H/1 000 且≤30</td><td>经纬仪、钢尺检查</td></tr>
<tr><td colspan="3">表面平整度</td><td>8</td><td>2 m 靠尺和塞尺检查</td></tr>
<tr><td rowspan="3">预埋设施中心线位置</td><td colspan="2">预埋件</td><td>10</td><td rowspan="3">钢尺检查</td></tr>
<tr><td colspan="2">预埋螺栓</td><td>5</td></tr>
<tr><td colspan="2">预埋管</td><td>5</td></tr>
<tr><td colspan="3">预留洞中心线位置</td><td>15</td><td>钢尺检查</td></tr>
</table>

4.6.11　高聚物改性沥青防水卷材工艺质量标准

4.6.11.1　主控项目

(1)防水层所用卷材及其配套材料、品种、牌号及胶粘剂配合比必须符合设计要求和有关标准规定。

(2)检查防水材料、辅料的出厂合格证和质量检验报告及现场抽样复验报告。

(3)防水层不得有渗漏或积水现象，检查雨后或淋水、蓄水检验记录。

(4)卷材防水层在天沟、檐沟、檐口、水落口、泛水、变形缝和伸出屋面管道的防水构造，必须符合设计要求。

4.6.11.2　一般项目

(1)卷材防水层的搭接缝应黏(焊)结牢固，密封严密，不得有皱褶、翘边和鼓泡等缺陷；防水层的收头应与基层黏结并固定牢固，缝口用密封材料封严，不得翘边。

(2)卷材防水层上的撒布材料和浅色涂料保护层应铺撒或涂刷均匀，黏结牢固；水泥砂浆、块材或细石混凝土保护层与卷材防水层间应设置隔离层；刚性保护层上的分格缝留置应符合设计要求。

(3)排汽屋面的排汽道应纵横贯通,不得堵塞。排汽管应安装牢固,位置准确,封闭严密。

(4)卷材的铺贴方向应正确,卷材搭接宽度的允许偏差为 -10 mm。

4.6.12 内墙贴饰面砖工艺质量标准

4.6.12.1 主控项目

(1)饰面砖的品种、规格、图案、颜色和性能应符合设计要求。

(2)饰面砖粘贴工程的找平、防水、黏结和勾缝材料及施工方法应符合设计要求、国家产品标准及施工规范的规定。

(3)饰面砖粘贴牢固,无空鼓、裂缝。

4.6.12.2 一般项目

(1)饰面砖表面应平整、洁净、色泽一致,无裂痕和缺损。

(2)阴阳角处搭接方式、非整砖留设位置应合理并符合设计要求。

(3)墙面突出物周围的饰面砖应整砖套割吻合,边缘应整齐。墙裙、贴脸等上口平直,出墙厚度一致。

(4)饰面砖接缝应平直、光滑,填嵌应连续、密实;宽度、深度及颜色应符合设计要求。

(5)有排水要求的部位流水坡向应正确,坡度应符合设计要求。

(6)内墙饰面砖粘贴的允许偏差和检验方法应符合表 4-16 的规定。

表 4-16 内墙饰面砖粘贴的允许偏差和检验方法

项目		允许偏差(mm)	检验方法
1	立面垂直度	2	2 m 垂直检测尺检查
2	表面平整度	3	2 m 靠尺、塞尺检查
3	阴阳角方正	3	直角检测尺、塞尺检查
4	接缝直线度	2	拉 5 m 线,不足 5 m 拉通线,钢直尺检查
5	接缝高低差	0.5	钢直尺、塞尺检查
6	接缝宽度差	1	钢直尺检查

4.6.13 手工电弧焊焊接工艺质量标准

4.6.13.1 主控项目

(1)焊接材料应符合设计要求和有关标准的规定,应检查质量证明书及烘焙记录。

(2)焊工必须经考试合格,检查焊工相应施焊条件的合格证及考核日期。

(3)Ⅰ、Ⅱ级焊缝必须经探伤检验,并应符合设计要求和施工及验收规范的规定,检查焊缝探伤报告。

(4)焊缝表面Ⅰ、Ⅱ级焊缝不得有裂纹、焊瘤、烧穿、弧坑等缺陷。Ⅱ级焊缝不得有表面气孔、夹渣、弧坑、裂纹、电弧擦伤等缺陷,且Ⅰ级焊缝不得有咬边、未焊满等缺陷。

4.6.13.2 一般项目

(1)焊缝外观:焊缝外形均匀,焊道与焊道、焊道与基本金属之间过渡平滑,焊渣和飞溅物清除干净。

(2)表面气孔:Ⅰ、Ⅱ级焊缝不允许;Ⅲ级焊缝每 50 mm 长度焊缝内允许直径≤0.4t;且≤3 mm 气孔 2 个;气孔间距≤6 倍孔径。

(3)咬边:Ⅰ级焊缝不允许。

Ⅱ级焊缝:咬边深度≤0.05t,且≤0.5 mm,连续长度≤100 mm,且两侧咬边总长≤10%焊缝长度。

Ⅲ级焊缝:咬边深度≤0.1t,且≤1 mm。

注:t 为连接处较薄的板厚。

4.6.13.3 手工电弧焊焊接焊缝

手工电弧焊焊接焊缝允许偏差项目见表 4-17。

表 4-17 手工电弧焊焊接焊缝允许偏差

<table>
<tr><th colspan="3" rowspan="2">项目</th><th colspan="3">允许偏差(mm)</th><th rowspan="2">检验方法</th></tr>
<tr><th>Ⅰ级</th><th>Ⅱ级</th><th>Ⅲ级</th></tr>
<tr><td rowspan="3">对接焊缝</td><td rowspan="2">焊缝余高(mm)</td><td>$b<20$</td><td>0.5~2</td><td>0.5~2.5</td><td>0.5~3.5</td><td rowspan="9">用焊缝量规检查</td></tr>
<tr><td>$b\geq20$</td><td>0.5~3</td><td>0.5~3.5</td><td>0~3.5</td></tr>
<tr><td colspan="2">焊缝错高</td><td><0.1t 且不大于2.0</td><td><0.1t 且不大于2.0</td><td><0.5t 且不大于3.0</td></tr>
<tr><td rowspan="4">角焊缝</td><td rowspan="2">焊角尺寸(mm)</td><td>$h_f\leq6$</td><td colspan="3">0~+1.5</td></tr>
<tr><td>$h_f>6$</td><td colspan="3">0~+3</td></tr>
<tr><td rowspan="2">焊缝余高(mm)</td><td>$h_f\leq6$</td><td colspan="3">0~+1.5</td></tr>
<tr><td>$h_f>6$</td><td colspan="3">0~+3</td></tr>
<tr><td rowspan="2">组合焊缝焊角尺寸</td><td colspan="2">T形接头、十字接头、角接头</td><td colspan="3">>t/4</td></tr>
<tr><td colspan="2">起重量≥50 t,中级工作制吊车梁T形接头</td><td colspan="3">t/2 且≤10</td></tr>
</table>

注:b 为焊缝宽度,t 为连接处较薄的板厚,h_f 为焊角尺寸。

4.7 质量问题处置

4.7.1 参与制定质量通病预防和纠正措施

4.7.1.1 测量工程质量通病防治

测量工程质量通病防治如表 4-18 所示。

表 4-18　测量工程质量通病防治

序号	质量通病名称	防治措施
1	定位测量偏差大	派专业测量人员进行定位
2	轴线传递偏差大	改原来吊线坠传递为用经纬仪向上逐层传递
3	标高传递偏差大、平面放线偏差大	用校正后的钢尺,加尺长改正及温度改正、在 15 kg 拉力的情况下,进行钢尺量距,并由专人负责
4	定位桩位移	将原始定位桩基础加深,桩上设保护盖,并设明显标记
5	沉降观测不佳	按规范要求时间、仪器,由专业人员进行观测
6	仪器精度差	仪器由专人保管,使用前必须校核,并定期检验

4.7.1.2　土方回填质量通病防治

土方回填质量通病防治如表 4-19 所示。

表 4-19　土方回填质量通病防治

序号	质量通病名称	防治措施
1	基坑回填沉陷	回填前将槽中积水排净,杂物清理干净;回填土严格分层回填夯实;填土土料中不得有大于 50 mm 的土块
2	基坑回填渗漏水引起底基下沉	回填土应选用黏土、亚黏土等透水性较弱的填料回填,或采用灰土回填;在下层透水性较小的土层表面做成适当的排水坡度或设置盲沟
3	房心回填土沉陷	控制回填土含水量在最优范围内,分层回填夯实;将回填土中杂质清理干净;大面积回填土采用机械碾压

4.7.1.3　模板工程质量通病防治

模板工程质量通病防治如表 4-20 所示。

表 4-20　模板工程质量通病防治

序号	质量通病名称	防治措施
1	截面尺寸不准,保护层过大	支模前按图弹线,校正钢筋位置,支模前柱子底部作小方盘
2	柱身扭曲	按施工方案进行加固及校正柱模
3	梁身不平直	拉通线对梁底模校核后固定
4	梁底不平	搭设梁架时,必须按平线拉线,并按要求起拱
5	梁上口尺寸偏大	超过 600 mm 高的梁必须加设螺杆固定
6	梁板支撑不稳定	必须按施工方案的要求搭设脚手架,要求排列整齐
7	预埋件、预留孔位移	必须在模板预埋件或预留孔上划出位置线,并将预埋件孔固定牢固

4.7.1.4 钢筋工程质量通病防治

钢筋工程质量通病防治如表4-21所示。

表4-21 钢筋工程质量通病防治

序号	质量通病名称	防治措施
1	浇筑混凝土造成钢筋位移	浇筑混凝土前要对钢筋固定,浇筑过程中防碰撞,浇筑后要及时修整复位
2	梁钢筋骨架尺寸小于设计尺寸	配制箍筋时,应按内皮尺寸计算
3	箍筋弯钩角度不足,长度不够	箍筋末端应弯成135°,平直部分长度为10*d*/75 mm的大值
4	梁主筋进入支座长度不够、弯起筋位置不准	严格下料长度及弯起筋弯起的角度,安放时仔细调整位置
5	板负筋位移	浇筑混凝土前应调整负筋位置,浇筑过程中搭设马道,严禁踩踏钢筋
6	板筋不顺直,间距不匀	划线绑扎,按线调直

4.7.1.5 混凝土工程质量通病防治

混凝土工程质量通病防治如表4-22所示。

表4-22 混凝土工程质量通病防治

序号	质量通病名称	防治措施
1	蜂窝	混凝土一次下料高度不超过0.5 m,并且振捣密实,模板缝隙要堵严,防止露浆
2	露筋	要求垫块按规定放置,严禁钢筋紧贴板模
3	麻面	拆除模板不能太早,且每次拆下的模板必须清理干净,并均匀涂刷隔离剂
4	孔洞	根据钢筋的网眼尺寸选择石子粒径,以防石子被卡
5	缝隙与夹渣层	施工缝处杂物要清理干净,每次在施工缝处浇筑混凝土时必须接浆处理
6	楼板面平整度	每2~3 m设抄平线,浇筑时要严格按抄平线用刮尺刮平,木抹子分三遍压平
7	混凝土表面裂缝	养护或保温不足要根据天气情况及时对混凝土进行养护及保护覆盖
8	过早拆模	要根据同条件养护试块抗压强度拆模

4.7.1.6 防水工程质量通病防治

防水工程质量通病防治如表4-23所示。

表4-23 防水工程质量通病防治

序号	质量通病名称	防治措施
1	空鼓	找平层表面保持清洁;卷材铺贴前1~2天涂刷防水基层;保证卷材铺实贴严

续表 4-23

序号	质量通病名称	防治措施
2	卷材搭接不良	卷材甩茬用附加保护油毡包裹钉在木砖上
3	卷材转角部位后期渗漏	将该处卷材撕开，灌入玛琋脂，用喷灯烘烤后，逐层补好
4	管道口处渗漏	上下水管道口处应派专人进行管洞处理，处理前应将基层清理干净，基层松动的混凝土块应提前剔除，严禁碎砖或其他材料填洞。管口处应支模，提前浇水充分湿润，用细石混凝土振捣密实，终凝后浇水养护。做防水前应在管口处做渗水试验，无大的渗漏时，才能做防水，防水层在管道口处宜多做一层或一遍，确保管口不渗漏
5	地漏、落水管处倒泛水	地漏管道及落水管安装时，施工员应在墙面上弹好标高控制线，管道按标高安装，高度与地面成品标号相符，保证泛水坡度
6	细部处理不到位	管理人员向操作人员交底清楚，做出样板，按样板进行大面积施工

4.7.2　负责监督质量缺陷的处理

4.7.2.1　一般质量缺陷的管理要求

(1)当质量缺陷处在萌芽状态时，工程项目部应予以及时制止，并要求施工单位立即改变不正当的施工操作工艺，加强技术交底工作。

(2)当质量缺陷已经出现，而该缺陷直接影响下道工序时，工程项目部应立即通过项目监理机构向施工单位发出部分暂停施工指令，待施工单位做出有效补救措施后，经工程项目部认可后，方可由监理签署由施工单位发出的复工通知。

(3)当质量缺陷出现在某道工序或分项工程完工后，且对下道工序无影响时，工程项目部会同项目监理机构对质量缺陷产生的原因以及修补措施和预防办法进行确认后，由施工单位在适当的时候安排处理。监理对处理情况进行跟踪，报工程项目部备案。

4.7.2.2　一般质量缺陷的处理措施及要求

(1)因施工原因产生的质量缺陷，应由施工单位提出修补或加固方案和办法，经监理批准，报告工程项目部同意后进行处理。监理监督处理完毕后，经施工单位自检合格并报监理确认签字后有效。

(2)因设计原因产生的质量缺陷，应通过工程项目部要求设计方提出处理方案，由施工单位处理，监理监督并确认后有效。

(3)修补措施不应降低质量控制指标或验收标准。

(4)对已完工的质量缺陷，但并不构成危害工程安全，且能满足使用要求的，经监理、设计和工程项目部同意可不作修补处理。

4.7.2.3　严重质量缺陷的管理要求

(1)发生严重质量缺陷后，施工单位在一个工作日内提交质量问题报告给项目监理机构和工程项目部，如实反映质量问题的部位、危害程度及需要采取的应急措施。

（2）项目监理机构监理工程师与工程项目部项目经理按出现问题的影响程度以及对下道工序有无影响，商定是否发出部分暂停工指令。

（3）工程项目部配合项目监理机构的监理工程师组织对严重质量缺陷的调查，原因分析及审批。施工单位提出的处理方案，当工程项目部认为有必要时，方案应通过设计签认。

（4）对严重质量缺陷，应报告该项目的质量监督机构（质监站）。

4.7.2.4 严重质量缺陷的处理措施及要求

（1）如严重质量缺陷对下道工序有影响，施工单位应立即安排处理，由监理工程师旁站监督，工程项目部成员巡视检查，共同验收。

（2）施工单位提交严重质量缺陷处理报告。处理报告应包括出现部位、原因分析、处理方案、处理完毕的验收确认、预防措施。处理报告进入工程档案。

（3）当施工单位对工程严重质量缺陷的处理隐瞒或拖延处理，以及处理不当或处理结束未经项目监理机构认证时，则对出现严重质量缺陷及受影响的部分工程视为不合格，不予验收，必须经监理验收合格，补办验收手续后，方能办理验收手续。

4.7.3 参与质量事故的调查、分析和处理

（1）事故发生后，事故单位应当保护事故现场，采取有效措施抢救人员和财产，防止事故扩大；因抢救人员、疏通交通等原因，需要移动物件时，应做出标识，绘制现场平面简图并做好书面记录，妥善保存事故现场重要痕迹、物证，并拍照或录像；凡影响下道工序的工程质量事故，未经处理前应做出隔离标识，并不得继续施工，以免事故进一步扩大。对工程质量事故的调查处理，必须严格按照“四不放过”的原则，即事故原因没有查清楚不放过，事故责任者没有得到严肃处理不放过，广大职工没有受到教育不放过，防范措施没有落实不放过。

（2）工程质量事故原因分析及处理权限：

当发生工程质量问题时，由事故单位（项目部）根据相关单位的要求对不满足要求的实体建筑进行返工处理并达到要求为止。工程质量事故的处理，还应遵循有关行业、地方政府的有关规定，按工程质量事故的性质确定处理权限，报告并接受有关部门的检查、调查。

（3）工程质量事故责任者的划分：

在事故责任分析时，根据事故调查所确认的事实，通过对直接原因和间接原因的分析，确定事故中的责任人。

①主要责任者：是指在其职责范围内，不履行或者不正确履行职责，对造成的损失负主要责任的人。

②次要责任者：是指在其职责范围内，不履行或者不正确履行职责，对造成的损失负次要责任的人。

③主要领导责任者：是指在其职责范围内，对直接主管的工作不负责任，不履行或者是不正确履行职责，对造成的损失负主要领导责任的管理者。

④次要领导责任者：是指在其职责范围内，对应管的工作或者参与决定的工作，不履

行或者不正确履行职责,对造成的损失负次要领导责任的管理者。

⑤事故的直接责任者:是指在其职责范围内,不履行或者不正确履行职责,对造成的损失起决定性作用的人员。

⑥事故的间接责任者:是指在其职责范围内,不履行或者不正确履行职责,对造成的损失起间接作用的人。

(4)凡隐瞒事故、因质量事故受到业主书面批评或受到社会媒体、行业、政府的通报批评,造成了恶劣的社会影响,将按相关规定对有关责任者和领导责任者进行加重处罚。

(5)有下列情况之一者,按隐瞒事故处理:

①发生质量事故后,不按规定时间上报、谎报或擅自处理的;

②事故发生后,有意破坏现场,阻碍、干扰调查工作正常进行以及提供伪证者;

③事故发生后使用掩饰手段未如实上报者;

④有意缩小事故损失,降低事故等级者;

⑤没有按规定向主管部门逐级上报的。

(6)有下列情节之一的,对有关责任者可以从轻处罚或减轻处分:

①工程质量事故发生后,主动采取有效措施防止事故扩大,减少了事故损失的;

②采用“四新”(新工艺、新技术、新材料、新设备)技术,在施工过程中已按相关规定施工而发生质量事故的。

(7)有下列情形之一的,对有关责任者从重处罚或加重处分:

①工程质量事故在社会上造成恶劣影响的,严重影响集团公司声誉的;

②无视国家和企业的规范、规章、规定,不听指挥、违章指挥造成事故的;

③拒绝调查组查询或拒绝提供与工程质量事故有关情况资料的。

(8)对非施工单位原因造成的工程质量事故,不属规定的处理范围,但项目部必须按规定要求上报,以便有关部门及人员协同有关单位、部门处理。

(9)检查情况报告,对建设单位、监理单位及局指挥部等提出的问题或整改指令,各项目部负责组织按期落实整改,报公司备案。

4.8 质量资料管理

4.8.1 负责质量检查的记录

建筑施工质量记录的范围为与工程建设有关的重要活动、记载工程建设主要过程和现状、具有保存价值的各种载体的文件。具体包括以下内容:

(1)工程准备阶段文件(立项文件,建设用地、征地、拆迁文件,勘察、测绘、设计文件,招投标文件,开工审批文件,财务文件);

(2)施工文件(建筑工程);

(3)竣工图(建筑工程竣工图);

(4)竣工验收文件(工程竣工总结、竣工验收记录、财务记录);

(5)建筑原材料及构件出厂合格证、试验报告;

(6)建筑原材料及构件进货检验记录、试验报告、缺陷处理记录；

(7)钢筋跟踪管理台账，水泥、混凝土跟踪管理记录；

(8)建(构)筑物定位放线测量记录，沉降观测记录；

(9)施工项目中间检查验收记录、隐蔽工程签证；

(10)各分项、分部、单位工程质量检查验收记录、质量评定记录及交接验收记录；

(11)施工过程中质量问题分析、处理、结论性文件；

(12)工程竣工报告、竣工验收报告及工程技术总结。

4.8.2 施工质量记录的形成和收集

(1)各职能管理部门在工程开工前按行业质量检查验收规程、标准编制质量记录清单，作为施工质量记录编写、收集的依据。

(2)施工质量记录随项目施工同步形成，资料填写完毕、签证齐全后，原件交职能部门保存。

(3)质量记录的数据要做到真实、准确，验收的数据以最终验收核准的数据为准；经返工返修处理后的项目，在重新验收合格后，保存处理前后的记录。

(4)要做好工程声像资料的拍摄、收集、归档工作，将具有针对性的声像资料完整地向有关部门移交。

(5)在各单位工程和整个工程竣工后，负责施工单位要认真组织编写工程总结和专题性的技术总结，由项目部组织对编写质量进行审核，符合要求后归档移交。

(6)质量记录的传递方式应遵循公司内部形成的记录自下而上的原则，外来质量记录自上而下的原则，其原件均应汇集到对口职能部门。

4.8.3 施工质量记录的归档、装订、竣工移交

(1)施工质量记录按质量记录清单分类保存，以免紊乱。

(2)资料归档要分类合理，符合有关档案管理规定。各部门应按此归类原则将相关资料汇集到对口职能部门；需在不同部门、不同卷册中归档的同一份资料，应注明原件的所在。

(3)按工程合同协议所明确的移交份数制作复印件。

(4)工程竣工后，各部门认真组织做好竣工资料的成册工作，完成后统一交项目工地资料室(未设置资料室的，由项目部指定负责的部门和人员)。

(5)项目工地资料室统一接收，建立竣工资料清单，由项目部组织公司各专业人员进行自查，自检合格后通知建设单位或上级档案管理部门验收，验收合格后及时办理交接手续。

4.8.4 施工质量记录的监督管理

(1)各职能部门在各自业务范围内做好质量记录的监督管理工作，对参加编写、负责接收保存的人员进行指导，以确保质量记录符合规定要求。

(2)接收人员在接收资料时，要审核其准确性、完整性和符合性，不具备接收条件不

予接收。

(3)各职能部门在各自业务范围内对管理的资料定期组织检查,对检查发现的问题及时提出改进意见。对达不到规范要求的资料,除要求责任单位进行整改外,按公司或项目工地的考核办法进行批评或经济处罚。

(4)工程竣工时,项目工地应组织专业人员对竣工资料进行全面核查,以确保竣工移交资料的质量。

(5)对不能按期移交施工质量记录,以及所移交的资料达不到规范要求的,或由于管理不善,造成原始资料欠缺、毁坏、流失的,根据情节,按公司制度对责任单位和责任人进行处罚。

第5章 安全员岗位指导

5.1 安全员岗位职责认识

5.1.1 安全员的工作职责

(1)参与制订施工项目安全生产管理计划。
(2)参与建立安全生产责任制度。
(3)参与制订施工现场安全事故应急救援预案。
(4)参与开工前安全条件检查。
(5)参与施工机械、临时用电、消防设施等的安全检查。
(6)负责防护用品和劳保用品的符合性审查。
(7)负责作业人员的安全教育培训和特种作业人员资格审查。
(8)参与编制危险性较大的分部、分项工程专项施工方案。
(9)参与施工安全技术交底。
(10)参与施工现场环境监督管理。
(11)参与组织安全事故应急救援演练,参与组织安全事故救援。
(12)参与安全事故的调查、分析。
(13)负责安全生产的记录、安全资料的编制。
(14)负责汇总、整理、移交安全资料。

5.1.2 安全员一般工作内容及要求

(1)严格执行国家、地方安全、环境法规和其他要求,行使项目安全、环境监督管理职能。收集有关法规及其他要求和集团公司管理制度,形成项目安全、环境管理规定目录;熟悉安全技术操作规程,掌握安全防护标准;熟练使用相关检测工具。

(2)负责识别与评价本项目的环境因素和危险源。识别与评价本项目的环境因素和危险源,编制项目各项目标、指标管理方案和应急预案;提供环境和安全技术措施的意见、建议和相关标准规范。

(3)编制环境和安全应急预案、参与安全专项方案、施工组织设计中环境和安全技术措施方案的编制(包括项目目标、指标管理方案)。组织项目部管理人员进行安全、环保知识的教育培训考核工作;协助项目经理与项目部各管理人员签订安全生产责任制;对进场每名作业工人要进行入场安全教育培训。

(4)安全技术和环保措施交底。进场后10天内对所有施工操作者进行环保及文明施工措施和应急预案交底;在分项工程施工前2天对工人进行安全知识、技术操作规程等的交底。

(5)编制项目环境和安全投入预算,配备、验收环境、安全设备,建立台账。项目开工,编制项目环境和职业健康安全投入预算,报主管领导批准;消防设施及其他环境、安全设备配备到位,并做好记录;做好安全防护用品的进场验收,并记录;对进场的机械设备建立台账和检查记录。

(6)负责施工过程中的安全控制。临时用电设施、脚手架、吊篮、消防设施等安全防护设施的架设完成后进行验收,并记录;动火作业和架设或拆除安全防护设施时实行安全员旁站制;做好安全警示的标识工作及安全劳动保护宣传用品的张贴;做好季节性安全检查和节前安全检查工作。

(7)做好项目特殊作业人员的验证、登记管理工作。工人进场后 1 天内对特殊作业人员进行验证,并登记验证情况;特殊岗位要持有效证件才能上岗。

(8)项目安全、环境日常监测检查。日常检查:对现场环境、安全工作进行检查,至少对项目安全与环境运行情况(包括现场临时用电、消防安全、施工机具安全使用、劳保用品使用情况、施工垃圾、降噪措施、粉尘处理、水电使用、文明施工等)以及管理方案的执行情况进行一次检查,做好检查日记录。

(9)负责对检查中发现不合格的处置。周期检查:每周组织一次现场安全生产专项检查,并记录;每月底组织对项目安全、环境与文明施工情况进行一次自评,并记录。

(10)负责施工作业安全及消防安全的检查和危险源的识别,对违章作业和安全隐患进行处置。

①噪声监测:外墙施工时,要对厂界施工噪声进行检测,做好记录,必要时要委托外部具备监测资格的机构进行检测,保留监测报告;室内施工时,要对机具噪声进行检测,测 10 组数据,取其平均值,记录监测结果。

②对现场操作人员的违章作业行为,要进行纠正和制止;对施工中存在的环境污染、不安全行为和隐患,出具整改通知单,有书面下达的整改要求,整改完毕 2 天内有复查记录;对重大安全隐患,通知其立即停工整改,并根据安全生产奖罚规定给予相应的处罚。

(11)参加项目安全、环境事件的调查和处理。每月按时将安全统计报表报安全总监;建立完整的项目安全管理资料台账。

(12)参加项目部安全、环境事件的调查,撰写事件调查报告,做好现场整改并监督实施整改措施的落实。积极主动、按时、按要求完成。

5.2 安全生产管理

(1)安全生产相关法律法规。

①《中华人民共和国建筑法》(中华人民共和国主席令第 46 号)。

②《中华人民共和国安全生产法》(中华人民共和国主席令第 13 号)。

③《国务院关于进一步加强企业安全生产工作的通知》(国发〔2010〕23 号)。

④《生产安全事故报告和调查处理条例》(国务院令第 493 号)。

⑤《关于印发〈建筑施工企业安全生产管理机构设置及专职安全生产管理人员配备办法〉的通知》(建质〔2008〕91 号)。

⑥《建设工程安全生产管理条例》(国务院令第 393 号)。

⑦《中华人民共和国消防法》(中华人民共和国主席令第 6 号)。

⑧《中华人民共和国劳动法》(中华人民共和国主席令第 28 号)。

⑨《安全生产违法行为行政处罚办法》(国家安全生产监督管理总局令第 15 号)。

⑩《建筑施工特种作业人员管理规定》(建质〔2008〕75 号)。

⑪《建筑施工企业安全生产管理机构设置及专职安全生产管理人员配备办法》(建质〔2008〕91 号)。

(2)安全生产常用标准、规范。

①《建筑施工安全检查标准》(JGJ 59—2011)。

②《建筑基坑支护技术规程》(JGJ 120—2012)。

③《施工企业安全生产评价标准》(JGJ/T 77—2010)。

④《施工现场临时用电安全技术规范》(JGJ 46—2005)。

⑤《建设工程施工现场供用电安全规范》(GB 50194—93)。

⑥《高处作业分级》(GB/T 3608—2008)。

⑦《建筑施工高处作业安全技术规范》(JGJ 80—91)。

⑧《高处作业吊篮安全规则》(JGJ 5027—92)。

⑨《高处作业吊篮》(JG/T 5023—93)。

⑩《建筑施工扣件式钢管脚手架安全技术规范》(JGJ 130—2011)。

⑪《建筑施工附着升降脚手架管理暂行规定》(建建〔2000〕230 号)。

⑫《建筑机械使用安全技术规程》(JGJ 33—2012)。

⑬《塔式起重机安全规程》(GB 5144—2006)。

⑭《龙门架及井架物料提升机安全技术规范》(JGJ 88—92)。

⑮《施工升降机安全规程》(GB 10055—2007)。

(3)项目经理是施工现场安全生产的第一责任人,对本项工程项目安全生产全面负责。施工现场应建立由项目经理负责的安全生产管理小组,小组成员应包括企业派驻到项目的专职安全生产管理人员。

(4)项目负责人、专职安全管理人员必须取得安全生产考核合格证书后方可上岗,并按规定参加继续教育。

(5)专职安全员应认真贯彻执行国家有关安全生产的方针、政策、法律、法规及行业主管部门和公司有关安全生产的规章制度。协助项目经理搞好职工的安全教育、培训工作。负责日常安全检查工作,有权制止违章指挥和违章作业,每周召开安全例会,并做好检查记录,对上级检查提出的问题负责复查。监督施工现场各种人员正确佩戴和使用安全防护用品。负责安全生产管理资料的收集、分类、归档。专职安全员上岗期间,佩戴统一的红底黄字“专职安全监督员”袖标。

(6)项目部根据企业安全生产管理规章制度,保障安全生产资金投入,贯彻“安全第

一、预防为主、综合治理”的方针，落实“加强劳动保护，改善劳动条件”的政策。

(7)安全生产投入主要包括：安全防护投入、安全教育投入、临时设施投入、文明施工投入、劳动防护用品投入、落实安全技术措施资金的投入、事故处理等相关费用。

(8)施工现场应根据项目的实际情况，依据企业所制定的年度目标指标和主管部门的相关要求，制定本项目部职工伤亡事故控制指标，现场达标、文明施工的目标和指标，并将目标管理内容按月进行分解，责任到人；确定申报市级文明安全工地，要制定文明安全施工的具体创优方案和具体落实措施。

(9)新入场的从业人员必须进行三级教育。新入场从业人员是指新入场的学徒工、实习生、委托培训人员、合同工、新分配的院校学生、参加劳动的学生、临时借调人员、相关方人员、劳务分包人员等；三级教育分为公司(分公司)级、项目部级、班组级安全教育。

(10)特种作业人员必须取得有关主管部门颁发的资格证才能上岗操作。

(11)施工单位技术人员应每天对作业人员进行安全交底，并保存交底记录和操作人员的签字记录。班组长应认真执行班前活动制度，生产班组必须认真执行班组安全活动制度。在班前要对所有机具、设备、防护用品及作业环境进行安全检查，并针对专业特点、当天施工任务和生产条件，提出注意事项和防范措施。

(12)对达到一定规模的危险性较大的分部分项工程应编制专项施工方案，并附具安全验算结果，经企业技术负责人、总监理工程师签字后实施，由专职安全生产管理人员进行现场监督。危险性较大的工程主要包括：基坑支护与降水工程、土方开挖工程、模板工程、起重吊装工程、脚手架工程、拆除爆破工程、国务院建设行政主管部门或者其他有关部门规定的其他危险性较大的工程。专项施工方案编制主要内容：编制依据、工程概况、作业条件、人员组成及职责、具体施工方法、受力计算和要求、安全技术措施、环境保护措施等内容组成。

(13)对于涉及深基坑、地下暗挖工程、高大模板工程的专项施工方案，企业应按《危险性较大工程安全专项施工方案编制及专家论证审查办法》规定组织专家进行论证、审查后，才能组织施工。

(14)施工现场危险源是指由于建筑施工活动，可能导致施工现场及周围社区人员伤亡、财产损失、环境破坏等意外的潜在不安全因素。

(15)建筑施工企业的危险源大概可分为以下几类：高处坠落、物体打击、触电、坍塌、机械伤害、起重伤害、中毒和窒息、火灾和爆炸、车辆伤害、粉尘、噪声、灼烫及其他等。

(16)项目安全、环境管理一般流程见图 5-1。

(17)识别环境因素和危险源任务要点：

①识别项目部(包括相关方)的活动、服务过程中的环境因素和危险源。

②识别环境因素时，必须考虑三种状态、三种时态、九个方面和一个过程。

三种状态——正常状态：指日常生产状态下的环境问题；异常状态：指设备开机、停机、检修、轻微操作失误等情况下产生的有别于正常状态的环境问题；紧急状态：指不可预期的突发事件状态，如火灾、爆炸、环保设施的突然失效等。

三种时态——过去时：过去已造成环境影响且其影响延续到现在的环境因素；现在

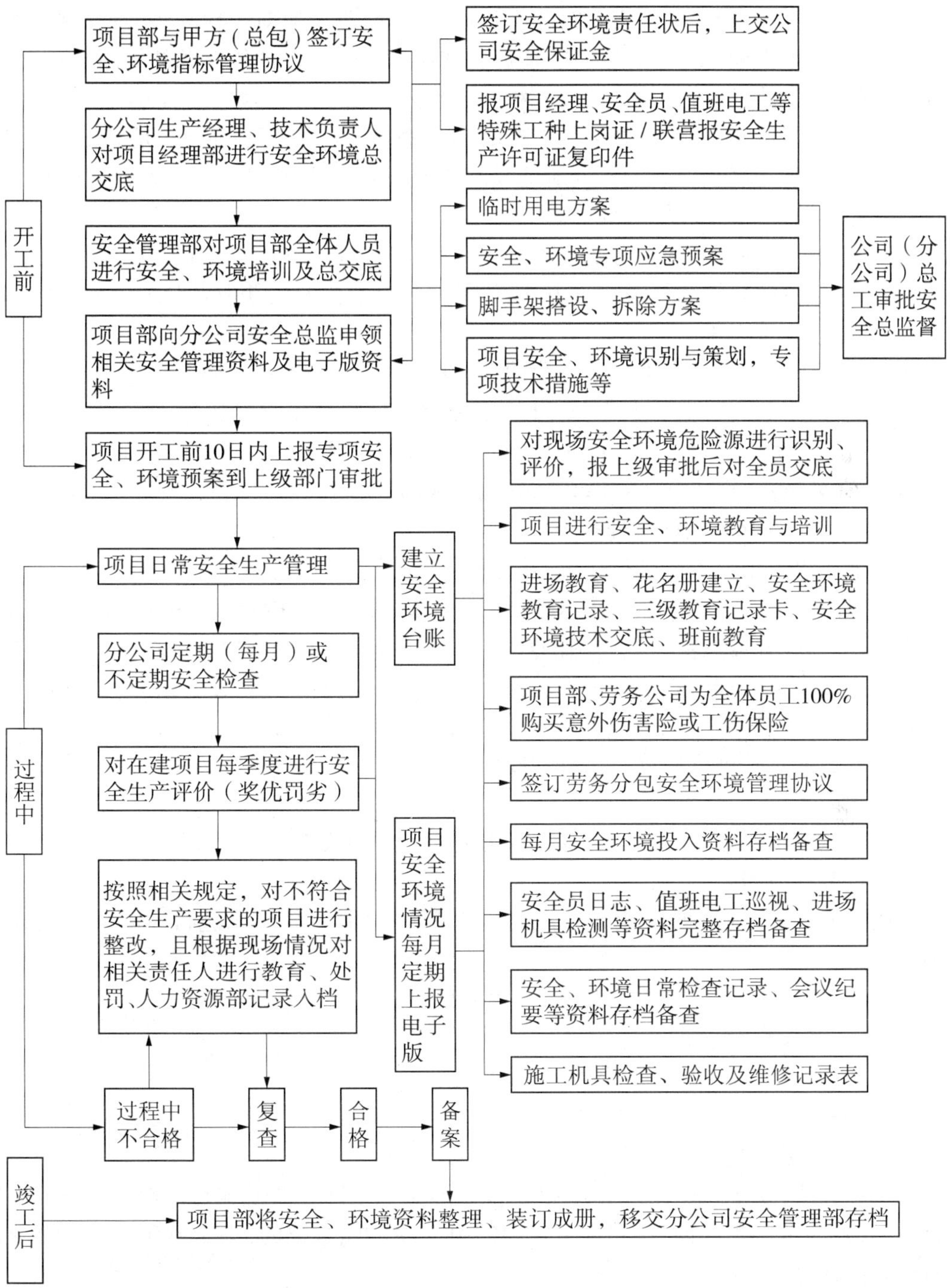

图 5-1　项目安全、环境管理流程

时：伴随各项活动同步造成环境影响的环境因素；将来时：不可预见何时发生，将来可能造成环境影响的环境因素。

九个方面——向大气排放：粉尘和有毒有害气体的排放；向水体排放：生活污水、施工废水等;向土地排放:指各种有毒有害化学物质,尤其是重金属对土地的污染;原材料和自然资源的使用:如土地使用、水的使用;能源的使用:电、煤、气、油等能源的使用、消耗和浪费;能量释放:光、热、辐射、振动等;废弃物处理:办公生活垃圾处理,特别是危险和有害废物的处理;物理属性:指所用材料或生产产品自身物理性能方面对环境可能造成的影响,如由于大小、形状、颜色、外观的不同所造成的环境影响;对周边环境的影响:包括噪声、灰尘、振动、恶臭、光污染和环境破坏。

一个过程:指产品、活动和服务整个过程,如应考虑产品的设计和开发、产品制造过程、合同方和供方的环境绩效及操作方式、原材料和自然资源的获取及分配、产品的分销、使用和报废、废物管理等。

③危险源识别范围包括项目部一切活动、设备和服务及相关方在本项目区域内的活动、服务;应考虑三种状态、三种时态、七种危害类型(机械能、电能、热能、化学能、放射能、生物因素、人机工程因素)和十种伤害(物体打击、车辆伤害、机械伤害、触电、灼烫、火灾和爆炸、高处坠落、坍塌、中毒和窒息、其他伤害(如疾病))。

(18)环境因素和风险评价任务重点。

①安全员组织相关人员进行评价,并记录结果,报项目经理审批。

②环境因素评价方法。凡属污水、废气、噪声排放的环境因素,使用环境风险评估法对其进行评价,综合考虑该环境因素的环境影响范围(A)、环境影响程度(B)、发生频率(C)、法规符合性(D)、排放量大小(E),总分 $=A+B+C+D+E$,总分在 18 分以上的为重要环境因素;其他环境因素(包括废弃物处理、化学物质泄漏、能源资源消耗、火灾等)使用是非判断法对其进行评价,有三项判断为“是”的则定为“是”,该因素即可评价为重要环境因素。

③对全球范围有影响、相关方抱怨、影响公司形象的或不符合环保法规和其他要求的均确定为重要环境因素。

④风险评价方法:依据作业条件危险性对所有识别的危险源进行风险评价。计算式为

$$D = L \times E \times C$$

式中　D——风险性分值;

L——事故或危害性事件发生的可能性;

E——暴露于危险环境的频率;

C——后果严重度。

风险性分值:大于 200 分为重大风险,风险显著需立即整改或编写作业指导书予以控制;100 ~ 200 分为一般风险,指可能有风险需引起注意或重视的;小于 100 分为可接受风险,指稍有风险可接受。

事故或危害性事件的可能性:10 分为完全可能,可被预料到;6 分为相当可能;3 分为不经常、较不可能;1 分为极不可能。

暴露于危险环境的频率:10 分为连续暴露于潜在危险环境;6 分为每日一次或数次在工作时间内暴露;3 分为每周一次或偶然地暴露;2 分为每月暴露一次;1 分为每年一次或数次出现在潜在危险环境。

后果严重度:100 分为灾难性的,可能导致有人死亡;40 分为非常严重,可能导致有人严重失能;15 分为严重,可能导致暂时性重伤或轻残;3 分为一般,轻微可恢复的伤害;1 分为引人注意,不利安全健康。

(19)安全用品购置流程如下:

①提交需求计划。项目部根据现场实际情况提交安全、环境、劳动及物资需求计划、环保用品需求计划表。

②审核。安全管理部审核需求的合理性能否满足项目需要,是否符合国家法规的要求。

③采购或调拨。物资部依据计划进行采购或调拨。

④检验验收。安全用品进场后项目部安全员验收质量是否符合安全要求,收集安全用品生产许可证、劳保防护用品安全标志证书、检验报告等资料;库管员验收数量。

⑤发放。验收合格后,项目部库管员统一入库、发放,并建立台账发放记录。

⑥使用情况检查。项目部安全员对使用情况进行日常检查;安管部定期或不定期地进行检查。

⑦回收。竣工后项目部可再次将使用的物品交物资部,物资部统一收回仓库建立台账。

(20)安全环境投入流程如下:

安全环境投入流程如图 5-2 所示。

(21)项目安全环境检查流程。

①实施检查。

项目安全员每天至少对项目安全与环境运行情况(包括现场临时用电检查、消防安全检查、施工机具安全使用、劳保用品使用情况、施工垃圾、降噪措施、粉尘处理、水电使用、文明施工等)以及管理方案的执行情况进行一次检查,记录在《施工日记》中。

每周进行一次专项检查,填写《施工用电检查表》、《施工机具及设备检查表》、《吊篮日常检查表》及《脚手架检查表》等;每月对安全、环境等情况进行一次全面检查,并将检查民用工业情况予以通报。

定期或不定期使用以校准合格的噪声监测仪监测施工噪声对工人的影响,记录在《噪声监测表》中,(工作场所职工每工作日 8 h 噪声等效声级小于 85 dB)不达标的,检查有无采取降噪措施或发放相关劳保用品;外装项目还要进行噪声测量(昼间:60 dB,夜间:50 dB),记录在《建筑施工场地噪声监测记录表》中,如有必要或相关方要求时,项目环境监测可委托当地有相关资质的单位(环保监测部门)进行检测,保存监测结果和评价的有关证据。

②整改通知。

安全员对现场管理人员的违章指挥操作人员的违章作业行为要进行纠正,对施工中存在的不安全行为隐患,要下达《整改通知单》或停工令;发现的环境污染应下达整改通知单或停工令,要求其予以纠正;对重大安全隐患,安全员通知其立即停工整改,并根据安全生产奖励规定给予相应的处罚。

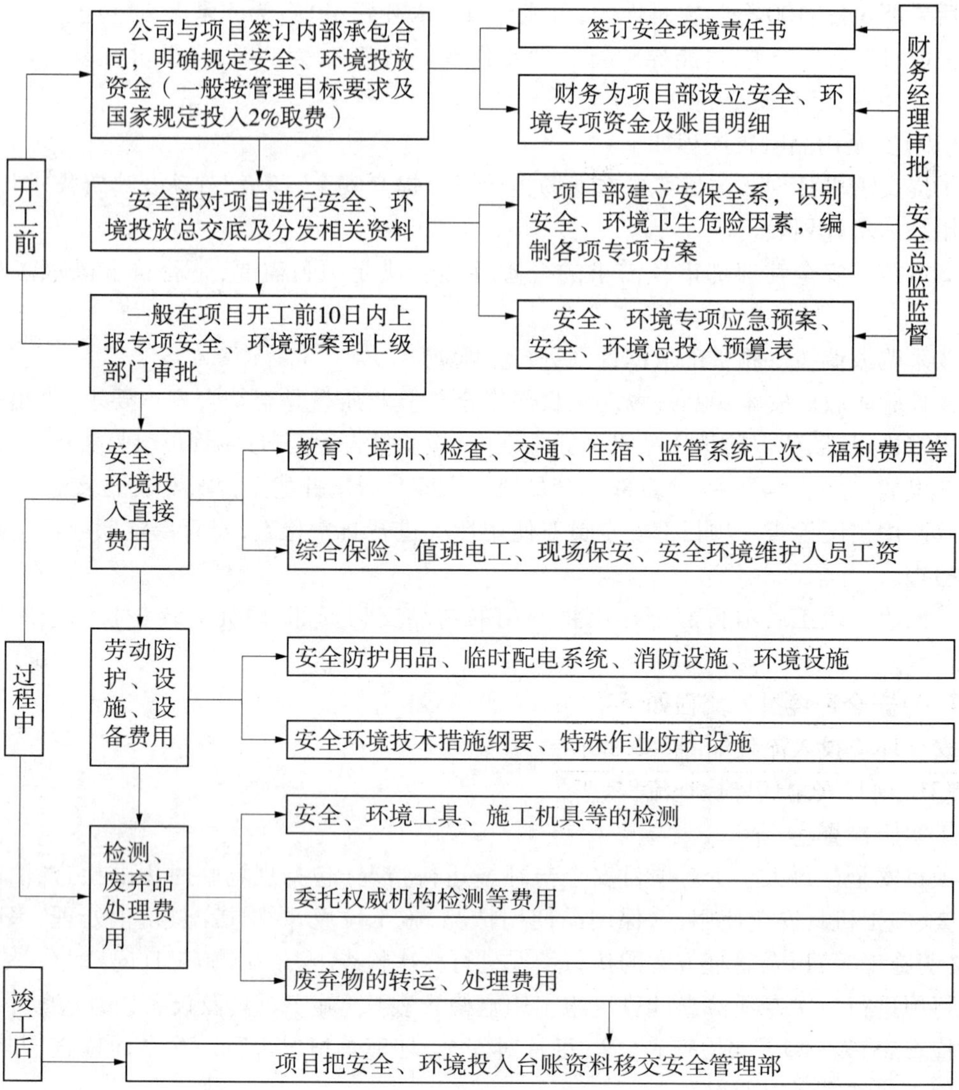

图 5-2　安全环境投入流程

③进行整改。

责任人按整改通知要求进行整改，及时消除安全隐患，分析原因并制定相应整改防范措施，将整改结果以文字、图片等方式报项目安全员，将结果记录在《整改通知单》中。

④整改验证。

整改完毕后，安全员进行整改复查，到场验证整改效果，并将结果记录在《整改通知单》中；整改达不到规定要求的，通知责任人或再次下达《整改通知单》责令其重新整改。

⑤检查结果备案。

项目安全员将检查记录、检查表、检查图片和整改等相关资料存档，并报公司/分公司安管部。

5.3 安全策划

(1)安全保证计划编制内容应包括:

①工程概况。

②项目安全管理目标。

③项目安全管理机构。

④安全管理保证体系要素与安全管理职能分配。

⑤危险源(危害)与环境因素识别、评价结果和相应的控制方式。

⑥装饰集团、分公司的安全管理制度在项目中的贯彻执行和安排情况,项目安全的控制和检查标准,设施的配备,特种作业人员的持证上岗情况。

⑦确定项目在整个施工过程中应执行的文件、规范、安全管理制度、安全操作规程的规定。

⑧应明确各分部分项工程的安全技术交底,规范和特殊的安全技术交底内容。

⑨装饰集团、分公司、项目部的各种管理制度。

⑩一些专业性、危险性较大的分部分项工程安全技术方案和措施。

⑪安全保证计划的管理要求,如编制、收发、变更的处理程序等。

(2)安全管理控制目标应包括:

①项目伤亡事件控制目标:杜绝伤亡,避免重伤,一般事件应有控制目标。

②安全达标目标:根据工程特点,按部位制定安全达标的具体目标。

③制定文明施工、创优计划目标:根据作业条件的需要,制订文明施工和环境保护的具体方案和目标,完成创优计划的策划书。

(3)安全保证计划中制定规章制度应有以下内容:

项目安全管理制度、安全交底制度、安全教育培训制度、班组安全活动制度、安全检查制度、安全例会制度、安全隐患整改责任制度、安全生产奖罚制度、工伤事故报告制度、消防管理制度、门卫值班制度、文明施工管理制度、施工现场的劳动纪律、创优制度等。

(4)对在施工中遇到的专业性强、危险性大的分项工程,如脚手架搭设、施工用电、起重吊装作业、吊篮的安装、物料提升机及其他垂直运输设备的安装与拆除、空洞临边,高空作业等,项目部必须依照规范制订专项施工方案,采取有效的安全技术措施,保证施工的安全。

以上施工安全技术方案的编制,在安全保证计划中应予确定,具体安全技术方案应按照装饰集团和分公司的施工安全管理条例规定进行编制、审批。

(5)施工现场重点部位的防火划分及防火要求,消防器材和设施的配备、动火的审批、防火的检查、义务消防队的活动必须有相应的制度和措施。在保证计划中应有现场的平面布置图和警示标志。

(6)重大危险因素及其控制计划清单如表5-1所示。

(7)重要环境因素清单如表5-2所示。

表 5-1　重大危险因素及其控制计划清单

序号	作业活动	危险因素	可能导致的事故	风险级别	控制措施	实施阶段
1	脚手架搭拆作业	无施工方案施工	坍塌	重大	项目在施工前必须编制专项施工方案，并按公司规定审批	施工准备阶段
		不按规定安装卸料平台	高空坠落、物体打击	重大	1. 专项施工方案中要对卸料平台的安装要求给予明确，并组织安装人员进行技术交底。 2. 卸料平台在使用前必须由安全员进行检查，验收合格后方可交付使用。 3. 加强使用过程的监督检查	1：施工准备阶段 2、3：整个施工阶段
		操作面未满铺脚手板，下层未兜设水平安全网，漏洞大，有探头板	高处坠落	重大	1. 专项施工方案中要对架体的水平防护措施给予明确。 2. 加强对施工人员的安全技术交底。 3. 加强使用过程的监督检查	1、2：施工准备阶段 3：整个施工阶段
2	临边高处作业	楼层临边或 25 cm × 25 cm 以上洞口不按规定防护	高处坠落	重大	1. 项目在施工前应编制安全防护技术措施，报公司安全管理部审批。 2. 严格按照技术措施要求对临边和洞口进行防护。 3. 加强对施工人员的安全技术交底，开展各种形式的安全教育活动，提高职工安全意识。 4. 加强现场巡查	1、2、3：施工准备阶段 4：整个施工阶段
3	“四口”防护	“四口”坑井无防护	高空坠落	重大	1. 项目在施工前应编制安全防护技术措施，报公司安全管理部审批。 2. 严格按照技术措施要求搭设防护设施。 3. 加强对施工人员的安全技术交底，开展各种形式的安全教育活动，提高职工安全意识。 4. 加强施工过程的监督检查	1、2：施工准备阶段 3、4 整个施工阶段
		通道口无防护棚	物体打击	重大		
		临边无防护	高空坠落	重大		
4	机械作业	防护缺陷、设备设施缺陷	割伤、摩擦受伤	重大	1. 相应劳动防护用品配备齐全。 2. 正确使用劳动防护用品。 3. 定期对机械设备进行检查。 4. 按照操作说明和作业规范正确操作	整个施工阶段
		操作失误	割伤、摩擦受伤	重大		

表 5-2　重要环境因素清单

序号	重大环境因素	说明/活动点/工序/部位		环境影响	时态/状态	控制方法
1	噪声	项目部	冲击钻、电锯、压刨、空压机、切割机、电焊机、手电钻等电动机具作业	影响周围居民，影响人体健康	现在/正常	《建筑施工噪声控制规定》
			脚手架安装、拆卸、清理、修复等作业			
			材料设备的搬运、装卸等			
2	扬尘	项目部	水泥、沙子、石灰砖等材料装卸、搬运、堆放，基层及固体废弃物清理、返工剔凿、拌制砂浆投料，切割、钻削、木工房锯末	污染空气，影响作业人员身体健康	现在/正常	《中华人民共和国尘肺病防治条例》
3	水污染	部门、项目部	食堂、洗手间、宿舍生活污水，玻璃幕墙清洗污水，砖湿润污水，运输车辆清洗污水等	污染水体	现在/正常	《中华人民共和国水污染防治法》
4	水、电、纸张的消耗	部门、项目部	食堂、洗手间、施工用水办公用电、施工用电	消耗资源	现在/正常	《城市节约用水管理规定》
5	固体废弃物	部门、项目部	废复写纸、版纸、胶片、油墨盒、圆珠笔、废硒鼓、墨盒、色带、旧电池、蓄电池、废磁盘、废计算器、废日光灯管、汽车轮胎、塑料制品、一次性发泡饭盒等	污染土壤、水体	现在/正常	《废弃物管理规定》、《废弃电器电子产品回收处理管理条例》
			施工现场废漆刷、废机油、废灭火器罐、清洗工具废油、机械维修保养废油、废保温板、废泡沫塑料、岩棉、玻璃胶、发泡胶、石膏板、废弃砂浆、水泥块等			

续表 5-2

序号	重大环境因素	说明/活动点/工序/部位		环境影响	时态/状态	控制方法
6	潜在火灾	部门、项目部	油漆、烯料、氧气瓶、乙炔瓶、电焊、液化气、配电房、建筑垃圾、油品、易燃材料库房、柴油	污染空气	现在/正常	《消防安全管理规定》
7	有害材料	项目部	含有害气体人造板类、油漆、天那水、玻璃幕墙清洗剂	污染环境，污染空气，影响人体健康	现在/正常	《建筑材料放射性核素限量》
8	遗洒	项目部	建筑垃圾、砂、石、水泥、陶粒、商品混凝土等运输遗洒	污染土地，污染空气	现在/正常	工程所在地相关规定

5.4 安全生产和文明施工

5.4.1 开展安全生产宣传、教育、培训、活动的费用

(1)培训费,包括:安全资格上岗培训取证费用;安全员上岗培训取证费用;特种作业人员上岗培训取证费用;JGJ 59—99 标准、安全法培训学习取证费用等。

(2)宣传、活动投入费,包括:开展“安全月”活动,召开现场会,应急预案的演练,组织参观学习先进单位,组织知识竞赛、文艺演出,订阅报刊杂志、制作展板等费用。

5.4.2 现场安全防护设施

(1)洞口临边防护设施(钢管、扣件,钢筋网,脚手板,竹笆,安全网,挡脚板,定型安全门等)。

(2)电器产品(开关箱、配电箱、漏电保护器、熔断器、插座、五芯电缆、瓷瓶等)。

(3)机械设备安全防护装置更换、检测费用。

5.4.3 安全防护(劳保)用品

(1)安全帽、安全带、安全绳、安全鞋、手套、防护面罩、工作服等。

(2)防暑降温、防寒物品,保健食品等。

5.4.4 文明施工设施

(1)现场围挡(包括大门);

(2)工地地面硬化、排水设施、绿化;

(3)现场厨房、厕所、淋浴室;

(4)消防器材(灭火器、消火栓、消防水池等);

(5)现场五牌一图、警示标识标牌、CI 标识;

(6)现场保健急救药品、器械;

(7)现场防噪声、粉尘,废弃物处理等费用。

5.4.5 人工费

人工费包括:现场安全防护设施的搭拆、维护,垃圾的清运等的人工费用);意外伤害保险、安全监督费及其他费用。

5.4.6 工地围墙(挡)、大门及标志牌

(1)施工现场必须实行封闭式管理,围挡的高度不得低于1.8 m。为解决行车视距问题,距路口20 m内的围挡、快车道上转弯处的围挡,其距地面0.8 m以上部分必须采用半通透式材料。

(2)施工现场围挡必须坚固、美观,可使用专用金属定型材料或砌块。围挡的颜色应

为浅蓝色，无污染和油漆脱落。围挡上可用白色油漆喷涂施工企业标识和项目名称。施工企业标识和项目名称设置标准为："××公司承建××工程"，字体为仿宋字，字体大小为0.6 m×0.8 m(宽×高)，字体下沿距地面0.6~0.8 m，字体必须正确规范、工整美观。在围挡上方设置标语、宣传品的，应当按照市政管理行政部门批准的范围、地点、数量、规格、内容和期限设置。禁止利用施工现场围挡设置户外广告。

(3)除施工现场主要出入口外，围挡必须沿工地四周连续设置；使用砌块砌筑的围挡应按设计要求设置加强垛，并确保围挡无破损；使用金属定型材料的围挡应确保支撑牢固，挡板保持不变型、无破损、无锈蚀。施工现场围挡不得用于挡土、承重，不得倚靠围挡堆物、堆料，不得利用围挡做墙面设置临时工棚、食堂和厕所等。

(4)施工总承包单位统一负责施工现场围挡的设置和管理；尚未施工的，由建设单位负责。围挡管理单位应做好围挡的维护、保洁工作，保持围挡清洁，无乱张贴、乱涂写、乱刻画现象。

(5)施工现场主要出入口大门和门柱应牢固美观，大门上应标有企业标识。施工单位在出入口明显处应设置公示牌，公示牌应为白底黑字，应写明工程名称，建设单位，设计单位，施工单位，监理单位，项目经理及联系电话，开、竣工日期。标牌面积不得小于0.7 m× 0.5 m(长× 高)，字体为仿宋体，标牌底边距地面不得低于1.2 m。公示牌字体正确规范、工整美观，并保持整洁完好。

(6)施工现场大门内应有施工现场总平面布置图，安全生产、消防保卫、环境保护、文明施工制度板；施工区域、办公区域和生活区域应有明确划分，设标志牌，明确负责人。在进入工地的主要通道及施工区域上悬挂红、黄、蓝、绿等各种安全警示标牌；多个标志牌在一起设置时，应按警告、禁止、指令、提示类型的顺序，先左后右、先上后下地排列；有触电危险场所的标识，应当使用绝缘材料制作。

5.4.7 消防保卫

(1)施工现场要建立门卫和进门刷卡制度，现场门卫要佩戴值勤标志，进出人员要佩戴平安卡并刷卡，门卫要认真对平安卡、安全帽等进行检查。重点工程、重要工程要实行区域划分的平安卡刷卡制度。

(2)施工现场治安保卫工作要建立预警制度，对于有可能发生的事件要定期进行分析，化解矛盾。事件发生时，必须报各上级主管部门，并做好工作，以防事态扩大。

(3)加强对财务、库房、宿舍、食堂等易发案件区域的管理，要明确治安保卫工作责任人，制定防范措施，防止发生各类治安案件。严禁赌博、酗酒、传播淫秽物品和打架斗殴。

(4)加强重点建设项目的治安保卫工作，加强对要害部门及要害部位的管理，制订要害部位的保卫方案，并指定专人负责重点管理。

(5)做好成品保卫工作，制定具体措施，严防被盗、破坏和治安灾害事故的发生。

(6)施工现场要有明显的防火宣传标志。现场必须设置临时消防车道。其宽度不得小于3.5 m，并保证临时消防车道的畅通，禁止在临时消防车道上堆物、堆料或挤占临时消防车道。

(7)施工现场必须配备消防器材，做到布局合理。要害部位应配备不少于4具的灭火器,要有明显的防火标志,并经常检查、维护、保养,保证灭火器材灵敏有效。施工现场消火栓应布局合理。消防干管直径不小于100 mm。消火栓处昼夜要设有明显标志,配备足够的水龙带,周围3 m内不准存放物品。地下消火栓必须符合防火规范。高度超过24 m的建筑工程,应安装临时消防竖管。管径不得小于75 mm,每层设消火栓口,配备足够的水龙带。消防供水要保证足够的水源和水压,严禁消防竖管作为施工用水管线。

(8)电焊工、气焊工从事电气设备安装和电、气焊切割作业,要有操作证和用火证。用火前,要清除易燃、可燃物,采取隔离等措施,配备看火人员和灭火器具,作业后必须确认无火源隐患后方可离去。用火证当日有效。用火地点变换,要重新办理用火证手续。

(9)氧气瓶、乙炔瓶工作间距不小于5 m,两瓶与明火作业距离不小于10 m。建筑工程内禁止氧气瓶、乙炔瓶存放,禁止使用液化石油气"钢瓶"。

(10)施工现场使用的电气设备必须符合防火要求。临时用电必须安装过载保护装置,电闸箱内不准使用易燃、可燃材料。严禁超负荷使用电气设备。施工现场存放易燃、可燃材料的库房、木工加工场所、油漆配料房及防水作业场所不得使用明露高热强光源灯具。

(11)易燃易爆物品,必须有严格的防火措施,指定防火负责人,配备灭火器材,确保施工安全。不准在工程内、库房内调配油漆、烯料。工程内不准作为仓库使用,不准存放易燃、可燃材料,因施工需要进入工程内的可燃材料,要根据工程计划限量进入并采取可靠的防火措施。废弃材料应及时清除。

(12)施工现场使用的安全网、密目式安全网、密目式防尘网、保温材料,必须符合消防安全规定,不得使用易燃、可燃材料。使用时,施工企业保卫部门必须严格审核,凡是不符合规定的材料,不得进入施工现场使用。

(13)施工现场严禁吸烟。不得在建设工程内设置宿舍。施工现场和生活区,经保卫部门批准后可使用电热器具。严禁工程中明火施工及宿舍内明火取暖。

(14)生活区的设置必须符合消防管理规定。严禁使用可燃材料搭设,宿舍内不得卧床吸烟。

5.5 安全教育和培训

(1)新进施工现场的各类施工人员,必须进行进场安全教育并记录入卡。"三级"安全教育的情况可以记录在工人三级安全教育记录卡中。

①变换工种时,要进行新工种的安全技术教育,并记录入卡。

②进行定期和季节性的安全技术教育。

③各项目可使用活页记录卡填写后填订成册。

④布置学习各种安全技术操作规程并作记录。

⑤加强对全体施工人员节前、节后的安全教育记录。

⑥班前安全活动、周讲评记录。

(2)施工班组必须建立每天班前安全活动并做好记录。同时,坚持每周一次的安全活动,利用上班前、后1 h进行,小结一周来班组在施工中安全生产先进事例及主要经验教训，针对不安全因素，发动群众提出改进措施，从中吸取教训，举一反三，做到警钟长鸣。并做好安全活动、讲评记录。

(3) 安全员及特殊作业人员名册，中小型机械工名册，持证人员的证件复印件应附在名册后。

5.6 分部分项工程安全技术交底

5.6.1 开挖、回填操作安全技术要求

(1) 所有作业人员进入施工现场必须正确佩戴安全帽。

(2) 严禁酒后参加施工作业，施工现场严禁随地大小便。

(3) 必须注意避让挖土机械，严禁在挖土机械的旋转半径范围内作业或停留。

(4) 注意避让运土方、石料的车辆，与运土方、石料车辆必须保证有不小于 3 m 的安全距离，严禁在运料车辆周围作业或停留。

(5) 槽底下方有人施工作业时，上方必须指派专人看护、严防上方土及其他杂物坠落。同时，严密监视边坡土质的松动情况，严防土方坍塌，发生意外。超过 1.5 m 的基坑必须根据土质情况放坡或架设临时支撑。

(6) 使用两辆以上小推车，必须保持车距，严防两车相撞，工作时严禁开玩笑。

(7) 使用打夯机，接线找电工，现场严禁使用破皮老化的电线，一次线的长度不超 30 m。作业人员作业时必须戴绝缘手套，作业时两人以上搭配，严防打夯机打破电线。

(8) 上方下土，下方人员必须散到安全的地点，严防土块砸伤下方作业人员。

(9) 工作完后，关闸锁箱收好电线，做好电箱的防护工作。

(10) 作业人员上下基坑必须走坡道，严禁攀爬土壁。严格按照规范要求进行施工作业，严禁“三违”，做到“三不伤害”，确保施工安全。

5.6.2 混凝土施工安全技术交底

(1) 进入施工现场的作业人员必须正确佩戴安全帽，严禁酒后上岗、施工现场严禁吸烟、严禁随地大小便。

(2) 使用输送泵输送混凝土时，应由两人以上人员牵引布料杆管道的接头，安全阀、管架等必须安装牢固。输送前应试送，检修时必须卸压。

(3) 浇筑前，应检查混凝土泵管有无裂纹，损坏变形或磨损严重的应立即更换。

(4) 浇灌高度 2 m 以上的框架梁、柱模混凝土应搭设操作平台，无安全防护设施的应系挂安全带，不得站在模板或支撑上操作。

(5) 浇灌拱形结构，应自两边拱脚对称同时进行，浇灌圈梁、雨篷、阳台应设置安全防护设施。

(6) 悬空泵的连接要有两人以上协调作业，动作要一致，作业架的脚手板应铺设严密，严防踩空坠落。

(7) 混凝土振捣器使用前必须经电工检验确认合格后方可使用，开关箱内必须装设

漏电保护器,插座、插头应完好无损,不得使用破皮老化的电源线,电线应地支空架设,严禁随地拖拉。

(8)振捣器作业时应两人配合,不得用电源线拖拉振捣器。

(9)操作人员必须穿绝缘鞋(胶鞋),戴绝缘手套。

(10)电机出现故障,找电工修理,非专业人员严禁随意拆装,严防触电事故发生。

(11)工作完后,清理施工现场,搞好施工现场的安全文明工作。

5.6.3 悬挑架搭设安全技术交底

(1)所有参加作业的人员进入施工现场必须正确佩戴安全帽,参加高处作业时必须系挂安全带,安全带应高挂低用并挂设在牢固的位置。作业人员严禁酒后参加施工作业。上架作业人员必须持有合格有效的特种作业人员操作证后方可上岗作业。

(2)悬挑架子的搭设必须根据国家现行的安全技术规范和项目部的方案、交底内容进行作业,严禁擅自改动方案、交底作业,违者发生安全生产事故或造成返工、停工、上级罚款等后果的,一律由擅自变更搭设方案责任分包单位或架子班承担全部责任。

(3)悬挑式脚手架搭设采用双排立杆,立杆横距 1.0 m,纵距 1.5 m,大横杆步距 1.5 m,作业面小横杆间距 0.75 m,内排立杆距结构外沿 0.3 m,设置 200 mm 高的踢脚挡板;预埋 Φ 22 钢筋@1.5 m,其中一边横支腿长度不小于 30 cm),ϕ16 钢铰索@1.5 m 拉索;ϕ48 ×3.5 钢管斜撑@1.5 m,预埋ϕ48 ×3.5 钢管水平拉杆@1.5 m;每 8 个楼层(高 24 m)卸荷 1 次,预埋钢筋的位置必须根据布置图放置,严禁擅自变更位置。

(4)连墙杆应呈水平设置,当不能水平设置时,与脚手架连接的一端可稍向下斜连接,严禁外高内低上斜连接;当架高≤20 m 时,不小于 50 m^2一个连墙点,且连墙点的竖向间距≤6 m;当架高 >20 m 时,不小于 30 m^2一个点,且连墙点的竖向间距应≤4 m。脚手架上部未设置连墙点的自由高度不得大于6 m。连墙点的设置位置遇到洞口、墙体构件、墙边或窄的窗间墙、柱等时,应在近处补设,不得取消。框架结构如没有外墙的,需利用预埋在顶板上表面的钢筋圆环做连墙拉结,柱子拆模后与柱子进行拉结;悬挑工字钢梁摆设完成后,架子立杆必须套置在防止钢管位移的钢筋上,钢梁顶头设置一道横向钢筋,卸荷钢丝绳应拉结在钢筋外侧,不得缺少设置和滞后设置;分包单位安全员及架子班组负责人必须每日对悬挑钢梁及钢丝绳卸荷位置进行检查,发现异常情况,必须及时补救并上报项目安全部。

5.6.4 附着式脚手架爬升作业安全技术交底

(1)进入施工现场的所有人员必须正确佩戴安全帽,施工现场严禁吸烟、严禁随地大小便、严禁酒后参加施工作业。

(2)参加附着式脚手架施工作业人员必须持有效特种作业人员上岗证,经过三级安全生产知识培训教育和考核,且考核合格后方可参加施工作业。未经过安全生产知识培训和考核以及未持有合格有效架子工上岗证的一律不得参加附着式脚手架施工作业。

(3)附着式脚手架的搭设必须严格按照《建筑施工扣件式钢管脚手架安全技术规范》、《建筑施工附着升降脚手架管理暂行规定》、《附着式升降脚手架施工方案》及安全技术交底施工，严禁“三违”施工，野蛮作业，违者发生安全生产事故一切法律及经济赔偿责任均由脚手架承包单位承担。

(4)附着式升降脚手架施工时，必须有专人负责指挥，并有专职的安全员负责安全监督及配备专职的信号工，临时用电作业必须有专职电工完成。临时用电施工必须符合JGJ 46—2005规范标准。

(5)提升架安装操作平台从标准层首楼底板面处开始搭设，提升架从操作平台上开始，随主体施工进度向上搭设，架体覆盖4层半楼(约13.5 m，八步架)后开始提升。

(6)预埋孔自搭设层以上第二层的梁及墙壁上开始每层设置，每个机位水平埋设2～4个预留孔，高度在楼板面下20 cm，孔径为$\phi 40 \sim \phi 50$。

(7)提升前，先认真检查各个葫芦是否正常，认真检查各提升梁、螺丝等是否均匀紧到位，销子是否齐全。

(8)提升架在爬升作业运行时，架体上不得有钢筋、模板、木方等任何杂物，任何人员不得在架体内操作或走动。架体与主体加强连接杆件必须全部拆除，主体模板体系的脚手架水平杆不得超过架体。用于支模的钢管、木方等不得伸入架体内，更不能用外架支撑模板。

(9)当爬架提升至有连墙件的构造点时(爬升到位)，应立即设置连墙件。连墙件设置必须按方案要求执行，严禁超规范漏设。

(10)在风力达到四级时，不允许升降操作，风力达到六级及大雨天气中应停止作业并加固好连墙和受力件。

(11)整体升降脚手架必须有合格的防坠、防倾装置。

(12)架体及提升设备的金属外壳必须做保护接地。

(13)严禁擅自改动和变更施工方案施工，如因现场实际因素需要改动方案的，必须经过技术部门负责人的书面同意。

(14)附着式脚手架初次及每次分段搭设完成后，必须经监理、技术、安全、搭设班组共同验收合格后，方可投入使用。

(15)投入使用中应经常对架子进行检查，发现隐患及异常情况的必须及时整改，确保项目安全生产工作的顺利进行。

5.6.5 高空作业安全技术要求

(1)坠落基面2 m以上即为高空作业。从事高空作业人员，要定期进行体检，经医生诊断，凡患有心脏病、高血压、贫血病、癫痫病以及其他不适于高空作业的人员，不得从事高空作业。

(2)从事高空作业衣着要灵便，禁止穿硬底和带钉易滑的鞋。

(3)高空作业所用的材料要堆放整齐，工具应随手放入工具袋，上下传递物件，禁止抛掷。

(4)遇有恶劣气候(如风力在六级以上)影响施工安全时，禁止进行露天、临边高空作业。

(5)梯子不得缺档，不得垫高使用，梯子横档间距以30 cm为宜，使用时上端要扎牢，下端应采取防滑措施,单面梯与地面的夹角以60°~70°为宜,应绑扎牢固。人字梯底脚要拉牢,在通道处使用梯子,应有人监护或设置围栏。

(6)没有安全防护设施的高处作业,必须系挂安全带,在排架的排梁和未固定的构件上行走或作业,高空与地面的联系应设通信装置,并派专人负责。

5.6.6 外墙作业安全技术要求

(1)进入施工现场的所有人员必须正确佩戴安全帽,系好下颏带。严禁酒后参加施工作业。

(2)所有人员参加施工作业前必须经过三级安全生产知识培训教育和考核,未经过安全生产知识培训教育考核或考核不合格的,一律不得参加施工作业。

(3)外墙作业人员必须年满18周岁,55周岁以下,严禁患有高血压、癫痫病、恐高症等不适宜高空作业的人员参加外墙施工作业。

(4)外墙施工作业人员严禁拆除临边防护和架子上的任何杆件和架子上的水平兜网及外密目网。如果因施工需要确实要拆除的,必须通知施工队长和专职安全员当场采取其他防护措施后施工(包括个人自身防护)。施工完成或中途离开时,必须恢复好原先的安全防护设施。严禁擅自改动架子、安全网、临边安全防护,违者发生事故的,一律追究责任分包单位及责任人的法律、经济责任。

(5)外墙施工作业人员上架进行施工作业前,必须认真检查架子的稳固性,作业面的小横杆应按规范要求每75 cm设置一道。作业面铺设50 mm(厚)×200 mm(宽)的杉木脚手板,严禁留有探头板。架子上严禁集中堆放大量的建筑材料。

(6)外墙作业人员上架作业的必须正确系挂安全带,安全带做到高挂低用,且挂点设置在上步架子的横杆上。安全带必须是经过验收合格持有合格证的产品,严禁擅自接长或改变安全带的原结构使用。

(7)外墙作业人员在架子上作业的,任何时间不得取掉安全帽,头顶上方一步架子横杆处应用废多层板、竹胶板的硬性材料设置防砸隔离,严防上方掉落物料伤人。

(8)外墙作业人员作业时,严禁向下抛掷(尤其是防护网外)任何物件和垃圾(如瓷砖、砂浆、混凝土块等)。

(9)外墙作业人员上架作业人员使用临时用电工具的必须符合JGJ 46—2005规范要求,手持电动工具应达到二类电器标准,严禁有破皮、老化现象出现,电动工具必须设置三级配电箱,设置合格有效的漏电保护器。严禁私自接长电器工具的电源线。

(10)作业人员下班作业前,应清理好施工作业面的材料和垃圾,恢复好安全防护设施。确保文明施工顺利进行。

5.6.7 垂直交叉作业安全技术要求

(1)进入施工现场的所有人员必须正确佩戴安全帽,系好下颏带,包括距离主楼10 m范围内的位置也必须正确佩戴安全帽。

(2)进入施工现场作业前必须经过安全生产培训教育和考核,未经过安全生产培训教育或考核不合格人员一律不得参加施工作业,违者肇事一律由直接派工者及所在的分包队承担所有法律及经济责任。

(3)施工现场严禁在无防护措施的情况下上下垂直交叉作业,交叉作业时,必须严格按照《建筑施工高处作业安全技术规范》要求施工作业,严禁"三违"作业。

(4)高处作业时,严禁向下或向上抛掷任何物件、材料、垃圾等。尤其是施工垃圾,严禁从楼内随意抛掷、乱扔。

(5)在高处临边作业无安全防护措施或安全防护设施不到位情况下,必须正确系挂安全带。安全带应做到高挂低用(尤其是在外临边作业、外墙作业及在架子上作业)。

(6)在外架上清理、修补及外墙作业或在距离楼层周边作业时,必须在头顶上方做好临时的硬性防砸棚,严防上方掉落任何物件、垃圾伤人。

(7)在临边顶板拆除作业时,必须在窗口挂设大眼网(安全网);拆除杆件时,严禁猛敲、猛打,拆除下来的钢管、木方、油托、扣件等材料必须放置结构边沿1 m范围内。

(8)吊装作业时,信号指挥工和挂钩人员必须严格按照"十不吊"的安全操作规程作业,严禁"三违"作业,尤其是卸料平台物料吊运、大模板吊运。

(9)多单位交叉作业时,如因防护不到位或者职工违章肇事发生安全生产事故,或防护不到位要求整改的,一律由主体施工单位负责(判定主体结构单位标准:依据双方的安全防护交接书及实际施工范围)。

(10)因为垂直交叉作业造成安全生产事故的,伤者所在队(班组)必须第一时间将伤者送往医院救治,严禁以任何理由拖延伤者救治时间,包括严禁擅自停工或与临队(事故责任队)人员发生冲突,造成打架斗殴事件的发生,遇事必须按级汇报处理。违者发生一切后果的一律追究相关责任单位的法律及经济赔偿责任。

5.6.8 外脚手架拆除安全技术要求

(1)外脚手架的拆除必须有技术部门和安全部门的书面同意资料,方可进行拆除作业。

(2)所有参加外脚手架拆除的作业人员,必须经相关安全技术监督部门培训教育,并经考试合格后持有效证件上岗,无证人员不得参加外脚手架拆除工作。

(3)所有参加外脚手架拆除的作业人员,进入施工现场必须正确佩戴安全帽,高处作业必须系挂安全带,严禁酒后参加施工作业。作业时,严禁开玩笑。

(4)必须根据墙体拉结逐步拆除,严禁一次性拆除大面积的架体,包括连墙拉接。

(5)外脚手架拆除时,地面设监护人员,划出警戒线,严禁闲杂人员进入警戒区,严防意外事故的发生。

(6)所有作业人员严禁高处抛掷物体和工具,严防落物伤人。

(7)拆下的材料及时清理,做到工完、场地清,确保安全文明施工顺利进行。

5.6.9 施工电梯作业安全技术要求

(1)电梯应按规定单独安装接地保护和避雷装置。

(2)电梯底笼周围2.5 m范围内,必须设置稳固的防护栏杆,各停靠层的过桥和运输通道应平整牢固,出入口的栏杆应安全可靠。

(3)限速器、制动器等安全装置必须有专人管理,并按规定进行调试检查,保持灵敏可靠。每月25日前报一次安全运行检查的月检表到项目安全部,并有租赁单位加盖的公章。

(4)施工电梯司机必须经专门安全部门技术培训,考试合格,持有效证件上岗作业。严禁无证人员从事本作业,严禁酒后作业。

(5)施工电梯每班首次运行前,应空载或满载试运行,将梯笼升至离地面1 m左右停车,检查制动器的灵敏性,确认正常后方可投入使用。

(6)梯笼乘人、载物时,应使负荷均匀分布,严禁超载使用。其运送物料长度不得超过护网。

(7)应严格控制载重量,在无平衡重时(如安装和拆除时),其载重量应折减为50%。

(8)电梯运行至最上层或最下层时,仍要操作按钮,严禁以行程限位开关自动碰撞的方法停车。督促施工作业人员关好安全防护门,未关好安全防护门的一律不得上下升降。

(9)当电梯未切断总电源开关前,司机不能离开操作岗位,作业后,将电梯降到底层,各控制开关扳到零位,切断电源,锁好闸箱和梯笼门。

(10)风力达六级及六级以上应停止使用,并将梯笼降到底层。

(11)多层施工交叉作业时,同时使用电梯,要有明确的联络信号。

(12)各停靠层的通道口处应安装防护栏杆或防护门,其他周边各处应用栏杆和立网等材料封闭,并在各楼层设置楼层标示牌,夜间施工必须有足够的安全照明灯。

(13)暴风雨后外用电梯的基座、电源接地、暂设支撑等,要进行全面的安全检查。

(14)司机开车时思想集中,随时注意信号,遇危险时立即停车,记好当班记录,发现问题及时报告,机械不得带病使用。

5.6.10 临边洞口安全防护搭设安全技术要求

(1)临边洞口的安全防护材料采用ϕ48 mm的钢管、钢筋柱筋不小于18 mm,上杆筋不小于16 mm,下杆筋不小于14 mm,可采用焊接或镀锌铁丝绑扎固定。

(2)防护栏应有上下两道栏杆和栏杆柱组成,上杆离地高度为1.0~1.2 m,下栏离地高度为0.5~0.6 m。

(3)栏杆柱的固定及其与横杆的连接,其整体的构造应使防护栏杆在上杆任何处,能经受任何方向的1 000 N外力。

(4)防护栏杆必须自上而下用安全立网封闭,栏杆下口设置固定高度不低于18 cm挡脚板。

(5)接料平台的两侧栏杆,必须自上而下,加挂安全网(防护栏杆高度不低于150 cm)。

(6)楼板和平台等面上短边尺寸小于25 cm,但大于25 cm的孔口,必须用坚实的盖板盖严,盖板应有防止挪动和移位的措施。

(7)楼板面等处边长为25~50 cm的洞口,应用木板盖住,盖板须能保持四周搁置均衡,并有固定其位置的措施。

(8)边长为50~150 cm的洞口,必须设置扣件,扣接钢管,或用钢筋构成防护网,钢筋的间格不得大于10 cm。

(9)边长在150 cm以上的洞口四周设防护栏杆,洞口下设安全平网。防护栏杆挂密目式安全网。

(10)各种防护必须及时跟上确保作业人员的安全。

(11)临边洞口防护搭设人员必须经常性地进行检查,发现防护被改动或移位的必须及时恢复,直至移交或者完工(移交必须有书面移交手续)。

5.6.11 木工顶板拆模安全技术要求

(1)正确使用个人防护用品和安全防护措施,进入施工现场必须戴好安全帽,禁止穿拖鞋或光脚进入施工现场。严禁酒后参加施工作业。施工现场严禁吸烟,严禁随地大小便。

(2)必须在技术部门验收合格批准拆模后,方可拆模,严禁擅自拆模。

(3)操作时,应按顺序分段进行,严禁猛撬、硬砸或大面积撬落和拉倒。在完工前,不得留下松动和悬挂的模板。拆下的模板应及时送到指定的地点集中堆放,防止钉子扎脚。

(4)拆模后需要局部支撑的,支撑杆必须顶牢,不得松动,防止支撑倒下伤人。高处作业严禁投掷材料。

(5)每人应有足够的工作面,数人同时操作时应科学分工,统一信号和行动。

(6)高处、复杂结构模板拆除时,应有专人指挥和切实的安全措施,并在下面标出工作区,严禁非操作人员进入作业区。

(7)夜间施工作业(包括室内光线不足时)必须有足够的照明(专用安全灯具)。

(8)拆顶板模前,必须割除地面原先支模的地埋钢筋。避免地埋钢筋绊到作业人员。包括室内的洞口防护必须完善到位。

(9)拆模的顺序应从里向外分段拆除。休息时,不得留有松动、悬挂的模板。拆下的材料做到随拆随清、码放成堆。

(10)拆除阳台、门窗顶板模板时,必须使用安全网进行严实的封闭,作业人员系挂安全带。

5.6.12 防水工程安全技术要求

(1)所有参加防水作业的人员进入施工现场必须接受现场安全管理人员的安全监督和管理。

(2)所有参加防水作业的人员进入施工现场必须正确佩戴安全帽,配备各种安全防护用品。

(3)所有作业人员严禁酒后参加施工作业,施工现场严禁吸烟,严禁随地大小便。

(4)违章作业造成事故的责任一律由施工队自负。

5.6.13 钢筋绑扎存放安全技术要求

(1)所有参加钢筋绑扎的施工现场作业人员均必须正确佩戴安全帽,严禁酒后参加施工作业,施工现场严禁吸烟,严禁随地大小便,施工现场严禁打闹、开玩笑,严禁打架斗殴。

(2)堆放钢筋和钢筋骨架的场地必须平整,下垫木方,并有良好的排水措施。堆放有弯钩的半成品,最上层的钢筋弯钩不应朝上,不得损伤成型的钢筋,楼层内不得集中堆放钢筋,脚手架不得作为钢筋的堆放架,更不得钢筋在外挂架直接起落堆放,脚手架上的钢筋材料必须及时清理。

(3)绑扎立柱、墙体钢筋,不得站在钢筋骨架上和攀登钢筋骨架上下,严禁利用钢筋网格做架体,木方做操作架,严防坠落事故的发生,绑扎3 m以上的钢筋必须搭设操作架,架体必须稳固。作业层的脚手板必须满铺。

(4)绑扎较长的钢筋时,做到二人搭配,一人扶钢筋,一人进行钢筋绑扎,严防钢筋倾倒伤人。

(5)所有作业人员施工作业前,必须先检查作业区周围的安全状况,确认安全后方可施工,严禁违章冒险作业,严禁高处抛掷材料和工具,严防高处坠落伤人。

(6)工作完成一个地段都要随时把剩余的钢筋材料清理出来,吊回钢筋场地,按规格码放,准备下一段再用,做到工完、料净、场地清。确保安全文明施工的正常进行。

(7)夜间施工作业,现场必须有足够的夜间照明,照明灯具的安装高度必须符合当地电业部门的规定,线路严禁随地乱拉乱拖,确保施工用电安全。

5.6.14 装修工程安全施工要求

(1)所有职工进入施工现场施工作业前,必须接受安全知识教育和专业的安全生产知识考试,并经考试合格,不合格的不得安排上岗作业。

(2)认真填写好职工的三级安全教育卡片,签订劳动合同书,迎接政府部门的抽查。

(3)进入施工现场的所有作业人员必须正确佩戴安全帽,外墙及临边作业无安全防护措施的必须系挂安全带。

(4)施工现场严禁吸烟,严禁随地大小便,严禁酒后参加施工作业。

(5)施工现场严禁打闹、开玩笑,严禁打架斗殴。

(6)各种施工作业前,工长必须进行针对性的安全技术交底,各班组展开班前活动制度,并认真做好安全活动的书面资料。

5.6.15 电工安全技术要求

(1)电工必须经相关部门进行安全技术培训教育和安全技术知识考试合格,并取得特种操作资格证书后,方可单独上岗作业。

(2)进入施工现场参加施工现场作业的人员必须正确佩戴安全帽和正确配备安全防护用品,施工现场严禁吸烟,严禁随地大小便,严禁酒后参加施工作业。

(3)所用的绝缘工具,应妥善保管,严禁他用,并定期进行绝缘检测。

(4)配电箱应整洁完整,箱门齐全,漏电控制开关动作灵敏,并有定期检测记录。

(5)电工严禁带电作业,特殊情况必须报机电负责人批准同意后,二人以上进行,并指派有经验的同志进行监护,严防触电事故的发生。

(6)施工现场所有的导线架设必须符合规范,严禁直接绑在金属架体上,严禁导线随地拖拉,严禁导线破皮老化,严禁使用塑料平行线或塑料双铰线做照明线,照明灯具的安装高度室内不得低于2.5 m,所有金属器具包括电动设备的金属外壳必须有安全可靠的保护接地,接地体及导线必须符合规范要求,严禁使用螺纹钢和不合格的导线。

(7)加强生活区职工宿舍和职工食堂的用电管理,严禁私拉乱接,确保用电安全。

(8)一旦施工现场发生电气火灾事故,必须首先切断电源,并用干粉灭火器进行扑救,严禁用水直接扑救。

(9)加强施工现场用电线路和设备的巡回检查,确保施工用电的安全。

(10)严格按照《施工临时用电规范》(JGJ 46—2012)要求进行施工作业。

5.6.16 钢筋工安全技术要求

(1)进入施工现场的所有作业人员必须正确佩戴安全帽,作业人员必须参加安全教育培训,未经培训或考试不合格的人员不得上岗作业。

(2)严禁酒后参加施工作业,施工现场严禁随地大小便,施工现场严禁打闹、开玩笑,严禁打架斗殴。施工现场严禁吸烟。

(3)人力抬运钢筋时动作要一致,在起落、停止或下坡道及拐弯时要前后互相呼应,垂直运送钢筋应预先搭设马道,并加护身栏杆。

(4)堆放钢筋及钢筋骨架的场地应平整,下垫木楞,并有良好的排水措施,堆放带有弯钩的半成品,最上层的钢筋弯钩均不应朝上,不得损伤成型的钢筋及其他成品。

(5)塔机吊运钢筋应有专业的信号指挥工负责指挥,被吊运的钢筋应捆绑牢固,吊点的数目和位置应符合要求,严格控制吊装的重量,不准超载;在吊运和安装钢筋时,防止碰人撞物,现场的钢筋不准随地堆放。

(6)平台钢筋绑扎时,应设马道墙体;钢筋绑扎应搭设操作架,铺设脚手板,严禁利用墙体钢筋做脚手架。钢筋绑扎完毕至混凝土浇筑完前,不准在成品钢筋上行车走人,对于各种原因引起的钢筋移位,要及时修整。

(7)夜间施工作业需要有足够的照明,最好选用安全电源,严禁电源线在钢筋上随便乱放、乱拉,严防刮破,严防触电事故的发生。钢筋场严禁使用无防护罩的灯具。

(8)作业人员不得在被吊的钢筋下方作业和停留。

(9)脚手架和外挂架上严禁随意放钢筋短料,架体上严禁集中超负荷堆放钢筋材料。做到工完、料净、场地清,确保安全文明施工顺利进行。

5.6.17 架子工安全技术要求

(1)架子工必须持有效证件方可上岗作业。

(2)脚手架搭设所用构件必须符合国家规范。

(3)钢管脚手架应达到外径48 ~51 cm,壁厚3 ~3.5 mm,无严重锈蚀,弯曲、压扁或有裂纹的钢管,结构脚手架立杆间距不得大于1.5 m,纵向水平(大横杆)间距不得大于1.5 m,小横杆的间距不得大于1.5 m。作业面为75 cm,并要求设置在主节点位置。

(4)脚手架的基础必须坚实平整,设有排水措施,满足架体支搭要求,确保不沉陷、不积水,其架体必须支搭在底座(托)或通长脚手板上。

(5)脚手架施工操作面必须满铺脚手板,离墙不应大于 12~15 cm,不得有空隙,和探头板、飞跳板、操作面外侧应设一道 18 cm 高的挡脚板。脚手架操作面下方净空距离超过 3 m 时,必须设置一道水平安全网。双排架与外墙之间水平网无法防护时,可铺设脚手板,架体必须用密目安全网沿外架内侧进行封闭,安全网之间必须连接牢固,封闭严密,并与架体固定。

(6)脚手架必须按楼层与结构拉结牢固,拉结点的垂直距离不得超过 4 m,水平距离不得超过 6 m,连接必须使用钢性材料(钢管)。

(7)脚手架必须设置连接剪力墙,保证整体结构不变形,宽度不得超过 7 根立杆,斜杆与水平管夹角应为 45°~60°。

(8)结构用的里外承重脚手架使用的负载不得超过 2 646 N/m^2(270 kg/m^2),装修用的里外脚手架,使用荷载不得超过 1 960 N/m^2(200 kg/m^2)(落地脚手架)。

(9)人行马道的宽度不小于 1 m,斜道的坡度不大于 1:3,运料马道宽度不小于 1.5 m,斜道的坡度不大于 1:6,拐弯处设平台,楼临边防护要求设置防护栏杆及挡脚板,防滑条间距不大于 30 cm。

5.6.18 抹灰工和刮腻子工安全技术要求

(1)进入施工现场必须正确佩戴安全帽,施工现场严禁吸烟,严禁随地大小便。

(2)室内抹灰使用的木凳、金属支架应搭设平稳牢固,脚手板的跨度不得大于 1.5 m,架上的材料不得过于集中,在同一跨度上不应超过 2 人。

(3)不准在门、窗、暖气片、洗脸池等器物上搭设脚手架,阳台部分粉刷,外侧作业必须系挂安全带或外侧张挂安全网,严禁脚踩踏在架体的防护栏杆和阳台栏杆上进行操作。

(4)下班时,整理施工现场。做到工完、料净、脚下清,杜绝材料浪费。

(5)调腻子使用电动工具时,必须首先检查电动工具的接线是否正确,导线是否破皮老化,漏电开关的动作是否灵敏,确认安全后方可使用。下班时,收好设备,并放于干燥处,严防受潮,确保安全使用。

(6)在需要使用临时照明的区域施工,照明灯具、电线必须完好无损,必须使用插头,不用插头的接线必须由专职电工按规范要求作业。

(7)施工现场严禁打闹、开玩笑,严禁打架,严禁酒后上班。

5.6.19 大模工安全技术要求

(1)进入施工现场作业人员必须正确佩戴安全帽,严禁酒后参加施工作业,施工现场严禁吸烟,严禁随地大小便。

(2)模板必须按规定分区存放,各区间距保持一定的安全距离,存放的场地必须夯实,平整大模板不得存放在松土和坑洼不平的地方。大模区必须设置安全通道,围挡必须符合规范要求。

(3)各种类型的大模板均应搭设操作平台、上下梯道、防护栏杆及存放小型工具、螺栓的工具箱。

(4)大模板的存放必须将地脚螺栓提上去,使其自稳角度成为 70°~80°。下部应垫通长方木,长期存放的大模板应用拉杆连接套牢,存放在楼层时须在大模板横梁上挂钢丝绳或把花篮螺栓钩在模板钓钩或墙体钢筋上。

(5)没有支撑和自稳脚不足的大模板要存放在专用的堆放架内,不得靠在其他模板或构件上。

(6)无支腿模板应存放在专门设计的模板插放架内,下端应平整夯实,两侧用木楔楔紧,插放架的高度应为构件高度的2/3,上面四周及中间搭30 cm宽的走道和上下梯道便于挂钩。脚手板探头不小于15 cm,不大于25 cm。

(7)现场搭设的模板插放架立杆埋入地下50 cm,立杆中间要绑扎剪刀架,上下水平拉杆支撑和方垫木必须绑扎成整体稳定、牢固。

(8)安装拆除大模板时,吊车司机、信号指挥员和安装人员必须经常检查工具,做到密切配合,做到稳起、稳落、稳就位,防止大模板大幅度摆动碰撞其他物体造成倒塌事故。

(9)模板安装和拆除时,指挥挂钩和安装人员应检查吊环螺栓的松动情况,发现松动时应及时拧紧,对筒模要预先调整好重心。起吊时,应用吊环和安全吊钩,不得斜牵起吊,严禁操作人员随模板起落。

(10)大模板安装时,应先内后外对号就位,单面模板就位后,用钢筋三角支架插入板面螺栓眼中上支撑牢固,双面板就位后,用拉杆和螺栓固定,未就位固定前不得摘钩。

(11)吊装大模板时,禁止隔着墙同时吊一面一块,有平台的大模板起吊时,平台上禁止存放任何物体,里外角模和临时摘挂的板面与大模板必须连接牢固,防止脱开和断裂坠落。

(12)分开浇筑纵、横墙混凝土时,可在两道横墙的模板平台上,搭设临时走道或其他安全措施,禁止操作人员在外墙上行走。

(13)拆模时,先挂好吊钩,绷紧钢丝绳,再拆除穿墙螺栓和铁件等,并使模板与墙面脱离后,方可慢速起吊。

(14)清扫模板和脱模剂时,必须先将模板支撑牢固,两板中间保持不小于60 cm的走道。

(15)大模板就位固定不得撬动,需要撬动调整时,应重新挂钩,墙板安装过程中禁止移动支撑和拉杆。

5.6.20 木工安全技术要求

(1)所有参加作业的人员进入施工现场必须正确佩戴安全帽。参加高处作业时,必须系挂安全带,作业人员严禁酒后参加施工作业。

(2)模板支撑不得使用腐朽、扭裂、劈裂的材料。顶撑要垂直,底端平整坚实,并加垫木。木楔要钉牢,并有横顺拉杆和剪刀撑拉牢。

(3)采用钢管架支撑应严格检查,发现严重变形、螺栓松动等应及时修复。

(4)支模应按工序进行,模板没有固定前,不得进行下道工序,禁止利用拉杆、支撑攀登上下。支设4 m以上的立柱模板,四周必须钉牢。操作时,要搭设操作架;不足3 m的,可使用马凳操作。

(5)支设独立梁模应设临时工作台,不得站在柱模上操作和在梁底上行走。

(6)支设立柱模板和梁模板时,在操作平台上绑扎钢筋,要求不准站在梁柱模板上操作和梁底板上行走,更不允许利用拉杆支撑攀登上下。

(7)支模应按工序进行,模板在没有固定好之前不得进行下道工序,否则模板受外界影响容易倒塌伤人。

(8)高空临边作业时,有高空坠落和掉下材料的危险,支模人员上下应走通道,严禁利用模板、拉杆、支撑上下,站在活动平台上支模要系好安全带,工具要随手放置工具袋内,禁止抛掷任何物体。

(9)拆除模板应经施工技术人员同意。操作时,应按所需顺序分段进行,严禁猛撬、硬砸或大面积撬落和拉倒。工完前,不得留下松动和悬挂的模板。拆动的模板因及时运送到指定地点集中堆放,防止钉子扎脚。拆除阳台、门窗洞口的模板时,必须用安全网进行封严,严防材料飘落伤人。

(10)拆模后需要局部支撑的支撑杆必须顶牢,不得松动,防止支撑倒下伤人,高处作业严禁抛掷材料。

(11)严格按照安全操作规程使用木工机械。

5.6.21 电、气焊工安全技术要求

(1)所有参加电、气焊的作业人员,必须经过安全技术培训和专业的安全技术知识考试,考试合格并取得特种操作资格证书后,方可进行施焊作业。

(2)参加施焊的作业人员,作业前,必须首先开具用火证,施焊场所必须配备有效的消防器材,指派专人看火,清理施焊现场的易燃易爆物。

(3)施焊作业前,必须认真检查施焊器具的安全状况,焊机的接零或接地是否牢固,接线是否正确,导线有无破皮老化现象,确认安全后方可施焊作业。乙炔必须装设回火阀。

(4)施焊作业人员必须配备安全防护用品,穿绝缘鞋,戴工作手套。

(5)墙体外侧(包括外墙)焊墙体拉筋,割墙体螺栓时,由于墙体的防水材料属易燃材料,看火人员必须加强责任感,一旦引燃必须及时扑灭,严格控制火情的发展。割墙体钢筋时,应注意防止混凝土崩裂伤人。必须戴好防护面罩。

(6)在基础下方施焊作业:①注意观察土质的松动,严防土方坍塌。②认真检查上方架体的材料码放,严防落物伤害。③采取有效措施进行隔离,严防火灾事故的发生。

(7)施焊作业完成和下班时,清理施焊现场的一切可能引起燃烧的物体,确认安全后,方可离开施焊现场。

(8)电焊机必须使用专用二次防触电保护器。

5.6.22 塔吊安全技术要求

(1)塔吊司机必须经过专业的安全知识培训考试,经考试合格后持有效证件方可上岗作业。

(2)司机必须听清指挥信号,才能进行操作。各种操作动作前应鸣铃示意。操作时应注意力集中,不得与他人进行闲谈或做其他动作。

(3)起吊作业前，要先了解被吊物的重量，不得超载起吊，不得斜拉、斜吊，被吊物件确认绑扎牢固，起吊后移动重物时，吊物应高出其跨越的障碍物 0.5 m。不准抽吊交错挤压物品。

(4)物品悬挂在空中时，司机不得离开工作岗位。

(5)司机严禁酒后上岗作业。上、下塔时，必须集中精力，严禁穿硬底鞋上下塔，尤其是雨天上下塔作业。严禁带病参加作业。

(6)司机必须认真做好塔机的使用和维修、保养及交接班的记录工作。每月 25 号必须报一次塔机的安全自检记录给项目安全科。

(7)司机在正常工作中，应只服从带有标志的信号指挥人员的指挥信号，对其他人员发布的任何信号，严禁盲从。

(8)工程为群塔施工作业，塔机在施工运转过程中，司机必须集中精力，避免塔机前臂和友邻塔机的钢丝绳相互碰撞。

(9)遇六级(包括六级)以上大风，应停止起重作业，停机时应将重物放下，不得悬挂在空中，收回小车和钢丝绳。

(10)工作完毕后，应将起动臂转到顺风方向，并松开回转制动器，将钓钩升到吊臂杆顶端 2～3 m 处。

(11)杜绝“三违”作业，确保安全施工。

5.6.23 卷扬机安全技术要求

(1)卷扬机应安装在坚实平整、视线良好的地方，机座下应用方木垫起，搭设防砸防雨工作棚。

(2)卷扬机的地锚必须单设，不得利用树木、电线杆、建筑物代替地锚，固定好的卷扬机应在机座两侧各打下两根钢管，防止使用时机座左右滑动。

(3)导向滑轮不得使用开口滑轮，钢丝绳的型号应根据载重量计算选用，钢丝绳在使用中不得拖地打弯，不得使用油芯外露和压扁的钢丝绳，在卷筒上保持三圈以上的安全圈，并排列整齐。卷筒钢丝绳缠乱时，必须由两人配合缠，一人操作，一人在 5 m 以外用手引导，严禁一人用手或脚引导缠，防止把手或脚绞进去发生事故。

(4)使用前，检查刹车制动是否灵敏，卷扬机、井架、吊盘有无异常，机身、井架是否牢固可靠，传动部位防护是否齐全有效，各部位连接紧固件是否完好可靠。经检查试运转合格后，方准操作。机手必须持证上岗操作，吊盘前后应设防护门。提升架天轮下 4 处设超高限位器，防止吊盘冲顶拉倒提升架。

(5)工作中遇到停电，机手将吊盘放到地面上，不得悬挂在半空。工作完毕，拉闸断电，锁好闸箱。

(6)每天检查钢丝绳、天轮、地滑子的运转情况，每周加一次油。

(7)司机必须听清联络信号后方准开动卷扬机。吊笼无安全门、卸料平台无安全门不准开车。

(8)必须持有效证件上岗，无证人员严禁使用。

5.6.24 搅拌机安全操作技术要求

(1)搅拌机应由专人操作,严格遵守安全操作规程,其他无关人员禁止动用。

(2)固定式机械要有可靠的基础,移动式机械应在平坦坚硬的地坪上用方木或撑架架牢,并保持水平。

(3)作业后,应及时将机内、水箱内、管道内的存料、积水放尽,并清洁保养机械,清理工作场地,切断电源,锁好电匣箱。

(4)固定式搅拌机的操纵台应使操作人员能看到各部工作情况,仪表、指示信号准确可靠,电动搅拌机的操纵台应垫上橡胶板或干燥木板。

(5)传动机构、工作装置、制动器等,均应紧固可靠,保证正常工作。

(6)骨料规格应与搅拌机的性能相符,超出许可范围的不得使用。

(7)空车运转,检查搅拌筒或搅拌叶的转动方向,各工作装置的操作、制动、确认正常,方可作业。

(8)进料时,严禁将头或手伸入料斗与机架之间察看或探摸进料情况,运转中不得用手、脚或工具等物伸入搅拌筒内扒料出料。

(9)料斗升起时,严禁在其下方工作或穿行。料坑底部要设料斗的枕垫,清理料坑时必须将料斗用链条扣牢。

(10)向搅拌筒内加料应在运转中进行;添加新料必须先将搅拌机内原有的混凝土全部卸出后才能进行,不得中途停机或在满载荷时启动搅拌机,反转出料者除外。

(11)作业中,如发生故障不能继续运转时,应立即切断电源,将搅拌筒内的混凝土清除干净,由专业机修人员进行维修。操作人员如需进入筒内清洗、维修的,必须切断电源并设专人在外监护。

(12)作业后,切断电源,锁好电箱门。将料斗降落到料斗坑,如须升起,则应用链条扣牢。

5.6.25 混凝土泵操作安全技术要求

(1)机械操作人员必须经过专业的安全技术培训和教育,熟悉其中的安全技术规程,严禁违章作业。

(2)作业人员进入施工现场必须正确佩戴安全帽,严禁酒后参加施工作业,施工现场严禁吸烟,严禁随地大小便,服从施工现场的安全监督人员正确的安全管理。

(3)混凝土运输车进入施工现场靠近混凝土泵车时,必须进行正确的指挥,指挥时严禁作业人员站在运输车和泵车的中间位置,严防挤压和碰撞。

(4)混凝土泵应安放在坚实平整的地面上,周围不得有障碍物。泵道作业时,料斗中的混凝土平面应保持在搅拌轴轴线以上料斗的网格上。不得堆积混凝土,应控制供量流量,及时清除超径的骨料及异物。

(5)作业中应对泵道设备和管路进行观察,发现隐患及时处理,对磨损超过规定的管卡箍、密封圈等应及时更换,在管道出口前端10 m内严禁站人。

(6)搞好施工现场的文明施工管理,及时清理作业区周围的杂物,严禁控制现场的常流水。

5.7 现场应急救援

5.7.1 应急领导机构

项目部应成立应急领导小组。由安全、保卫、工程技术、材料设备、后勤等部门组成，有调整时应及时修订。

5.7.2 应急计划(预案)及演练

工程项目应制订应急准备和响应计划。其内容包括:潜在事态发生的物质、场所、原因及预防措施;应急对策、应急设施和装备;职责和信息传递,应急准备和响应计划应及时让所有相关岗位人员掌握,并对应急计划(预案)的有效性适时进行演练,并做好记录。

工程开工或阶段性施工开始前,项目经理部根据活动、项目特点、管理水平、资源配置、技术装备能力、外部条件等识别潜在事故和应急情况,控制潜在事故和可能引起人员、材料、装备、设施破坏的紧急情况。如火灾、坍塌、高处坠落、物体打击、起重伤害、机械伤害及自然灾害等。

5.7.3 应急响应

(1)发生事故或紧急情况时,现场负责人立即按应急计划(预案)处理,保护现场,迅速逐级上报企业有关部门,企业有关部门报同级应急领导小组。应急领导小组和企业有关部门接到事态信息后,须马上了解情况判断后果,决定处理方法。必要时,应采取避让、疏散、报警、救护、封闭、铣削、切断和隔离危险源等措施,防止损害扩大。

(2)发生事故后,在最短时间内寻求第三方(如消防队、抢险队、119、120)援助和救护,并按法定程序报政府主管部门进行事故处理。应急小组负责在紧急情况发生时,协调处理紧急事态,组织事故善后工作。小组负责人负责召集应急和事故处理工作会议,确定对策,统一对外联络,调配所需各项资源,确保应急工作有序高效。

(3)企业有关部门对应急准备和响应计划(预案)每年至少进行一次有效性评价,提出修改意见。当活动、产品、服务或外部条件变化时,应及时修订应急计划(预案)。

5.7.4 善后处置

应急领导小组应安排专人会同相关部门负责组织事故的善后处置工作,包括人员安置、补偿,征用物资补偿等事项。尽快消除事故影响,妥善安置和慰问受害及受影响人员,维护社会稳定,尽快恢复正常施工。

5.7.5 保障措施

应急领导小组应做好通信与信息保障、现场救援和工程抢险设备保障、后勤保障及资金保障等保障工作。

5.8 劳动保护及职业病预防

施工现场应根据具体情况编制职业病预防的措施，如电气焊、油漆、水泥操作工等。严格按照劳动保护用品的发放标准和范围为相关人员配备符合国家或行业标准要求的口罩、防护镜、绝缘手套、绝缘鞋等劳动保护用品，尤其是一线工人的特殊劳动保护用品和必要的劳动保护用品。要加强施工现场的劳动保护用品的采购、保管、发放和报废管理，严格掌握标准和质量要求。所采购的劳动保护用品必须有相关证件和资料，必要时应对其安全性能进行抽样检测和试验，严禁不合格的劳保用品进入施工现场。对于二次使用的劳动保护用品应按照其相关标准进行检测试验，破损严重、失去防护功能、不能有效保证安全的劳动防护用品必须及时更换。

5.9 施工现场必备的安全资料

(1)各建设工程施工现场安全资料管理应执行各地市《建设工程施工现场安全资料管理规程》和《建设工程安全监理工程》。施工现场应保存施工企业的安全生产许可证，项目部专职安全员等安全管理人员的考核合格证，建设工程施工许可证等复印件，及施工现场安全监督备案登记表，地上、地下管线及建(构)筑物资料移交单，安全防护、文明施工措施费用支付统计，工程概况表，项目重大危险源控制措施，项目重大危险源识别汇总表，危险性较大的分部分项工程专家论证表和危险性较大的分部分项工程汇总表，施工现场检查表，安全技术交底汇总表，作业人员安全教育记录表，安全资金投入记录，特种作业人员登记表，生产安全事故应急预案，违章处理记录等相关资料。

(2)建设、施工、监理等单位应将施工现场安全资料的形成和积累纳入工程建设管理的各个环节，逐级建立健全工程施工现场安全资料岗位责任制，对施工现场安全资料的真实性、完整性和有效性负责。施工现场安全资料应随工程进度同步收集、整理，并保存到工程竣工。施工现场安全工作的负责人应负责本单位施工现场安全资料的全过程管理工作。

(3)施工过程中施工现场安全资料的收集、整理工作应有专人负责。

第6章 资料员岗位指导

6.1 资料员岗位职责认识

6.1.1 资料员岗位职责

（1）在项目部经理的领导下，负责接收、发放及保管工程部的书函文件、合同、招投标文件、设计图纸与设计变更，以及书籍等资料的收集、借阅和管理；签发、分发的工作要做到及时、到位，并注明收发时间。

（2）管理施工现场的各种文件、资料、设计图纸等，建立项目施工图纸和设计变更的工程档案；负责与总包公司、监理方及有关部门的资料收发、借阅，并办理签收手续。

（3）及时处理工程往来的报告、函件，并按工程项目与类别进行整理归档、列清目录；对资料、文件往来做好编号登记，经项目经理阅批后归档。

（4）收集、建立与工程建设有关的标准、文件、建筑材料与设备等资料。

（5）负责工程部档案归类管理，认真做好合同编号、归档、分发，统计工程付款情况。

（6）负责工程部工程预算、决算、结算、工程量计算清单等资料，以及招投标档案、技术、经济方面的签证资料的保管。

（7）按建筑主管部门和城建档案馆的有关规定，收集、检查、核对建设工程竣工资料；会同公司其他部门将项目立项依据性批文、批复、合同、竣工验收文件、现场声像等档案资料进行汇总整理。

（8）负责打字、复印及接听电话，接待来访人员并做好记录。

（9）参加有关工程会议并做好记录工作。

（10）对部门电子文档进行重点备案，避免出现因计算机问题造成重要文档丢失。

（11）负责工程部的日常内务、文案工作。

（12）完成公司及项目部领导交办的其他工作。

6.1.2 资料员工作要求

（1）资料员必须认识到建设工程竣工档案资料是建设工程建设活动中直接形成的对国家和社会具有保存价值的文字、图纸、图表、声像等各种载体的文件材料。

（2）资料员外业必须了解施工顺序，熟悉施工工艺，掌握施工进度和施工质量状况；内业必须熟练掌握建设工程施工质量验收统一标准和各有关专业工程施工质量验收规范。

（3）资料员必须具备一定的实践经验。对施工操作面以及实物质量具备“目测口估”能力，有些分项工程质量要求不能用“靠、吊、量、套”，只能用“看、模、敲、照”了解其质量状况;如《屋面工程质量验收规范》(GB 50207)的验收条款。

(4)掌握《建设工程施工质量验收统一标准》(GB 50300—2013)标准的验收要求。该标准规定单位工程验收合格应符合以下内容:各个分部均应合格、质量控制资料完整、安全功能检测合格、主要功能符合规范、观感质量符合要求。

(5)资料员编制资料要与时俱进,不断适应工程建设事业发展的需要。

(6)资料员编制住宅工程资料,必须围绕资料的四大目标。第一是备案工程城市建设档案,第二是竣工规划验收的报审资料,第三是工程验收备案,第四是申领工程使用许可证,要分阶段重点收集、整理和编制。

(7)编制工程资料,必须牢记基本信息,如物业代码,报建编号,审图通过证书,"一书四证"(用地批准书、用地规划许可证、工程规划许可证、工程许可证和施工许可证),报监日期和编号,有关申请报告的受理日期和编号,有关合同的日期和编号。

6.1.3 资料员应具备的有关业务知识

(1)熟悉掌握国家、地区、上级单位有关档案、资料管理的法规、条例、规定等。

(2)资料的收集归档。

(3)报送建设单位(业主)归档资料:参照建设工程文件归档范围和保管期限表的建设单位部分。

(4)施工单位归档资料:参照建设工程文件归档范围和保管期限表施工单位部分。

(5)报送城建档案室归档资料:交给城建档案管理部门的归档资料。

6.2 常用规范手册及基本知识

(1)资料员常用规范手册:

①《建设工程文件归档整理规范》(GB/T 50328—2001)。

②《建筑工程施工质量验收统一标准》(GB 50300—2013)。

③《普通混凝土用砂、石质量及检验方法标准》(JGJ 52—2006)。

④《蒸压加气混凝土砌块》(GB/T 11968—2006)。

⑤《钢筋混凝土用钢　第2部分:热轧带肋钢筋》(GB 1499.2—2013)。

⑥《建筑节能工程施工质量验收规范》(GB 50411—2007)。

⑦《预拌砂浆》(JG/T 230—2007)。

⑧《钢筋焊接及验收规程》(JGJ 18—2012)。

⑨《建筑砂浆基本性能试验方法标准》(JGJ/T 70—2009)。

⑩《混凝土强度检验评定标准》(GB/T 50107—2010)。

⑪《混凝土质量控制标准》(GB 50164—2011)。

⑫《混凝土结构工程施工质量验收规范》(GB 50204—2015)。

⑬《屋面工程施工质量验收规范》(GB 50207—2012)。

⑭《砌体结构工程施工质量验收规范》(GB 50203—2011)。

⑮《地下防水工程质量验收规范》(GB 50208—2011)。

⑯《建筑地面工程施工质量验收规范》(GB 50209—2010)。

⑰《普通混凝土小型空心砌块》(GB 8239—1997)。

⑱《轻集料混凝土小型空心砌块》(GB/T 15229—2011)。

⑲《烧结普通砖》(GB/T 5101—2003)。

⑳《混凝土多孔砖》(JC 943—2004)。

㉑《烧结空心砖和空心砌块》(GB 13545—2014)。

㉒《蒸压灰砂砖》(GB 11954—1999)。

(2)建筑工程:指为新建、改建或扩建房屋建筑物和附属构筑物所进行的规划、勘察、设计和施工、竣工等各项技术工作和完成的工程实体。

(3)施工文件:指在施工过程中,施工单位执行工程建设强制性标准和国家、地方有关规定而填写、收集、整理的文字记录、图纸、表格、音像材料等必须归档保存的文件。

(4)立卷:按照一定原则和方法,将具有保存价值的文件分门别类整理成案卷,也称组卷。

(5)归档:文件形成单位完成其工作任务后,将形成的文件整理立卷后,按规定移交档案管理机构。

(6)工程资料是指在整个建设项目从酝酿、决策到建成投产(使用)的全过程中形成的、应当归档保存的文件,包括建设项目的调研、可行性研究、评估、决策、计划、勘察、设计、施工、调试、生产准备、竣工等活动中形成的文字资料、图纸、图表、计算资料、声像资料等形式与载体的文件资料。

(7)工程各参建单位填写、整理的工程资料应以审批文件、施工质量验收规范、承包合同、设计文件等为依据。

(8)工程资料应实行分级管理,各单位技术负责人负责本单位的工程技术资料的全过程管理工作,工程资料的收集、整理工作各单位应设专人负责。

(9)涉及结构安全的试块、试件以及有关材料应按有关规定见证取样检测的,试验委托单中取样见证人应签字,试验报告单"备注"栏应填写取样见证人姓名。

(10)建筑工程资料的分类是按照文件资料的来源、类别、形成的先后顺序以及收集和整理单位的不同,来进行分类的,以便于资料的收集、整理、组卷。从整体上把全部的资料划分为4大类,即分为建设单位的文件资料、监理单位的文件资料、施工单位的文件资料、竣工图资料。

(11)建设单位的文件资料又划分为立项文件、建设规划用地文件、勘察设计文件、工程招投标及合同文件、工程开工文件、商务文件、工程竣工验收及备案文件、其他文件等8小类。

(12)监理单位的文件资料划分为监理管理资料、监理质量控制资料、监理进度控制资料、监理造价控制资料等4小类。

(13)施工单位的文件资料划分为施工管理资料、施工技术资料、施工物资资料、施工测量记录、施工记录、隐蔽工程检查验收记录、施工检测资料、施工质量验收记录、单位

(子单位)工程竣工验收资料等9小类。

(14)竣工图资料划分为综合竣工图、室外专业竣工图、专业竣工图等3小类;在每一小类中,再细分为若干种文件、资料或表格。

(15)建设工程实行总承包的,总承包单位负责收集、整理、汇总各分包单位形成的工程档案,各分包单位按本规程规定,将本单位形成的工程文件整理、立卷后及时移交总承包单位。建设工程由建设单位自行发包给几个单位承包的,各承包单位负责收集、整理、立卷其承包项目的工程文件,并应及时向监理(建设)单位移交。

(16)建设、勘察、设计、监理等单位应按要求做好相关工作,并积极协助施工单位完成工程施工文件的归档整理工作。

(17)施工资料的分类应根据类别和专业系统来划分。参见《建设工程文件归档整理规范》(GB/T 50328—2001)、《建筑工程施工质量验收统一标准》(GB 50300—2013)等。

(18)资料收集过程中应遵守的三项原则:

①参与的原则。资料管理必须纳入项目管理的程序中,资料员应参加生产协调会、项目管理人员工作会等,及时掌握施工管理信息,以便于对资料的管理监控。

②同步的原则。资料的收集必须与实际施工进度同步。

③否定的原则。对分包单位必须提供的施工技术资料,从项目经理、技术主管到资料员应严格把关,对所提供的资料不符合规定要求的不予结算工程款(包括对供货单位)。

(19)资料的保管:

①分类整理。按归档对象划分即资料内容划分,也就是按A、B、C、D(质量验收记录、工程质量控制资料核查记录、施工技术管理资料、工程安全功能检验资料核查和主要功能检查资料)四册要求划分,同类资料按产生时间的先后排列。

②固定存放。根据实际条件,配备必要的存放资料的箱柜存放资料,并注意做到防火、防蛀、防霉。

③借阅有手续。必须建立一定的资料借阅制度,并按制度办理借阅手续。

④按规定移交、归档。项目通过竣工验收后,按时移交给公司、建设单位和城建档案部。

(20)施工技术资料编制的质量要求:

①施工技术资料必须真实地反映工程竣工后的实际情况。具有永久和长期保存价值的文件材料必须完整、准确、系统,各种程序责任者的签章手续必须齐全。

②施工技术资料必须使用原件。如有特殊原因不能使用原件的,应在复印件或抄件上加盖公章并注明原件存放处。

③施工技术资料的签字必须使用档案规定用笔。工程资料应采用打印的形式并手工签字。

④工程档案的编制和填写必须适应档案缩微管理和计算机输入的要求。凡采用施工蓝图改绘竣工图的,必须使用新蓝图并反差明显,修改后的竣工图必须图面整洁,文字材料字迹工整、清楚。

⑤工程档案的缩微制品,必须按国家缩微标准进行制作,主要技术指标(解像力、密度、海波残留量等)要符合国家标准,保证质量。

(21)建筑工程资料员工作步骤及工作流程见表6-1。

表 6-1　建筑工程资料员工作流程表

施工阶段划分	项目名称	工作步骤	工作管理内容
施工前准备阶段	工程文件管理	资料标准	按资料规程进行填写，收集、管理、归档，确保资料的完整、准确、真实有效
		收集管理项目建设文件	自主开发项目需收集、整理项目决策性文件和可行性报告
			自主开发项目需收集、整理项目建设用地、征地和拆迁文件
			收集、整理地质勘探、测绘规划资料文件和通过审查的施工设计图纸
			收集、整理工程的招投标文件、承包意向书和承包合同文件
			收集、整理《建设规划许可证》、《建设施工许可证》、《工程质量监督备案》等开工文件
			收集、整理其他国家及地方性规划文件，红线内市政公用工程布设文件或图纸
	工程资料归类管理	资料建类建档	建立 A 类基建文件资料档案库，收集、整理完整
			建立 C 类施工资料档案库，收集、整理完整
施工阶段	台账管理	建立建筑材料检测台账	协同材料员建立材料进场台账记录，便于检验批划分
			收集进场材料出厂合格证、生产许可证、检测报告，并建册存档
			根据施工组织设计、检验批划分，填写“见证取样记录”送检后计入检测台账
		建立试块检测台账	建立混凝土试块台账，并及时填写相关台账内容
			建立砂浆试块台账，并及时填写相关台账内容
	工程施工资料管理	工程技术资料整理	收集完整的施工图纸、图纸会审记录
			收集整理设计变更通知单和技术人员出具的工程洽商（技术核定单）
			填写施工组织设计报审表和专项方案报审表报请总监审核
			联同技术人员做施工组织专项施工方案分项工程施工设计变更等技术交底并签发
			联同技术、安全人员做施工安全技术、施工安全措施技术交底并签发存档
	施工测量放线资料管理	测量放线报告申请	填写放线依据、工程部位名称、测量放线水准点引测、测量方案等相关内容报请项目经理、总监进行签字
		工程定位测量记录	依据测绘部门提供的放线成果填写《工程定位测量记录》，报请监理审核签字
			收集由建设部门牵头验线的《建设工程验线申请表》，进行整理存档
		工程验槽记录	协同技术人员依据工程特点及相关要求填制《基槽验线记录》，报请总监审核签字并收集归档

续表 6-1

施工阶段划分	项目名称	工作步骤	工作管理内容
施工阶段	施工测量放线资料管理	工程层间放线记录	协同技术人员依据施工技术特点及要求，详细、准确填制《层间放线记录》报请监理审核签字并收集归档
		工程层间标高抄测	协同技术人员依据图纸设计标高及引测高程填制《层间标高抄测记录》，报请监理审核签字并收集归档
		建筑物垂直度观测	协同技术人员对建筑物垂直度进行观测，填制《垂直度观测记录》，报请监理审核签字并收集归档
		建筑物沉降观测	协同技术人员依据观测方案设置的观测点的实测结果填制《沉降观察记录》，报请监理审核签字并收集归档
	工程材料资料管理	土建材料资料	建立土建材料设备报审表、进场检验记录及各种材料检测报告，并装订归档
		水暖材料资料	建立水暖材料设备报审表、进场检验记录及各种材料检测报告，并装订归档
		电气材料资料	建立电气材料设备报审表、进场检验记录及各种材料检测报告，并装订归档
		消防材料资料	建立消防材料设备进场检验记录、设备附件记录及检测报告，并装订归档
		通风材料资料	建立通风空调材料进场检验记录、设备开箱记录附件记录，并装订归档
		电梯材料资料	建立电梯进场开箱检验记录，收集附件合格证说明书及安装文件，并装订归档
	施工记录管理	土建施工	按规定填制隐蔽工程检查记录表、交接检查记录表、地基基础检查记录表、地基处理记录表、地基钎探记录表，报请监理签字存档
			协同技术人员根据要求填写《混凝土申请书》，报请混凝土供应商并连同混凝土供应商提供的《开盘鉴定》资料，并整理归档
			协同技术人员在拆模之前填写《混凝土拆模申请》，并根据检测中心回复报告结果，报请总监审核签字存档
		土建施工	协同技术人员填制焊接材料记录、防水工程记录及其他工程相关记录报请监理签字，并进行整理归档工作
		给排水工程	按规定填制隐蔽工程检查记录表、交接检查记录表，报请监理签字存档
		电气施工	按规定填制隐蔽工程记录表、交接检查记录表、施工检查记录表，报请监理签字存档
		通风、空调施工	按规定填制隐蔽工程记录表、交接检查记录表、施工检查记录表，报请监理签字存档

续表 6-1

施工阶段划分	项目名称		工作步骤	工作管理内容
施工阶段	施工记录管理		电梯施工	按规定填制电梯承重梁、起重吊环埋设隐蔽工程检查记录、电梯导轨层间门支架螺栓埋设隐蔽工程检查记录、电梯电气质量安装检查记录、电梯机房检查记录及安装质量检查记录，报请总监签字存档
			施工日志	收集技术人员的施工日志，并由计算机录入，打印、装订、造册
	工程施工检测		见证取样	进场材料或试件按施工段或检查批划分规则连同监理进行见证取样
			填写委托单	填制送检委托单，监理签字后，报送检测中心进行材料物理性能检验
			检测结果	检验批报验结果连同附件随检验批资料进入审批程序，并装订归档
			配比通知	配合比通知单及时交由技术人员进行施工配比计算后，资料存档
			复检报告	检验批初检不合格进入复检的材料及时进行复检，试验结果存档
	工程质量验收	土建工程检验批质量验收记录	土方开挖工程检验批质量验收记录表	主控项目、一般项目填写完整，检查评定记录符合标准或要求 附有施工单位评定结果及监理或建设单位验收结论并签字
			土方回填工程检验批质量验收记录表	主控项目、一般项目内容填写完整，检查评定记录，并符合标准或要求 附有施工单位、监理单位或建设单位验收结论并签字
			地基工程检验批质量验收记录表	主控项目、一般项目内容填写完整，检查评定记录符合标准或要求 附有施工单位、监理单位或建设单位验收结论并签字
			模板安装工程检验批质量验收记录表	主控项目、一般项目内容填写完整，检查评定记录符合标准或要求 附有施工单位、监理单位或建设单位验收结论并签字
			模板拆除工程检验批质量验收记录表	主控项目、一般项目内容填写完整，混凝土强度或报告编号填写齐全，并符合标准要求 附有施工单位、监理单位或建设单位验收结论并签字
			钢筋加工工程检验批质量评定记录表	主控项目、一般项目内容填写完整，试件检测附件编号填写齐全，并符合标准或要求 附有施工单位、监理单位或建设单位验收结论并签字
			钢筋安装工程检验批质量评定记录表	主控项目、一般项目内容填写完整，安装符合规范及标准要求 附有施工单位、监理单位或建设单位验收结论并签字

续表 6-1

施工阶段划分	项目名称		工作步骤		工作管理内容
施工阶段	工程质量验收	土建工程检验批质量验收记录	混凝土施工检验批质量评定记录表		主控项目、一般项目内容填写完整，施工检查评定记录结论翔实
					附有施工单位、监理单位或建设单位验收结论并签字
			砌体工程检验批质量验收评定记录表		主控项目、一般项目内容填写完整，施工检查评定记录结论翔实
					附有施工单位、监理单位或建设单位验收结论并签字
			其他安装工程检验批质量评定记录表		电气工程、水暖工程、通风空调工程、智能建筑工程的填写同土建资料标准
					附有施工单位监理单位或建设单位验收结论并签字
竣工阶段	资料编制	质量要求			保证完整性、准确性和系统性，资料必须使用原件，保证字迹清晰，签字、盖章手续齐全。工程资料的图片及录像资料需图像清晰、文字内容准确
		卷组要求	卷组质量		保证基建文件资料、施工资料齐全完整并符合要求，竣工图线条清晰、字迹清楚，文字材料满足要求
					基建文件资料、施工资料竣工图分类组卷且排序符合要求，案卷内资料不得重复
					以独立卷为单位进行整编排序并书写页面码页，编写位置符合规定，施工图纸折叠后的页码需编写在右下角的明显处
	资料竣工移交管理		资料封面与目录		工程资料封面与目录按《工程资料目录表》翔实填写相关内容
					工程档案封面与目录按《工程档案目录表》翔实填写相关内容
			资料案卷归档装订		依据档案规定幅面进行装订
					资料案卷盒的采用符合一般要求和特殊要求规定
					装订成册的资料应遵循规整、清晰、排序等原则
			资料验收及移交	验收	整理汇总完整资料，由相关主管部门人员进行审查确认
					填写《单位工程竣工预验报验表》，报请总监签字
					单位工程初验后如对工程无异议，填制《单位工程质量竣工验收表》
				移交	填写《工程资料移交书》，并向建设单位办理资料移交手续
					填写《建设档案移交书》，并向相关单位办理资料移交手续

6.3 建筑施工技术资料编制

(1)施工资料(施工技术资料)分为四类,包括施工技术管理资料、工程质量资料(工程质量控制资料)、工程验收资料和工程安全与功能检验资料、单位工程(子单位)工程竣工验收资料。

(2)在工程开工前,应办理的报审有工程开工申报表,工程开工报告,工程开工通知书,施工组织设计(施工方案)报审表,分包单位资格报审表,工程材料,构配件、设备报审表,首批建筑材料、施工机具的报审资料,工程测量定位内容、施工测量放线报验表等。

(3)工程开工报审表是项目监理机构对承包单位施工的工程经自查已满足开工条件后,提出申请开工且经项目监理机构审核确已具备开工条件后的批复文件。承包单位提请开工报审时,提供的附件应满足以下条件:

①施工许可证已获政府主管部门批准,并已签发《建设工程施工许可证》;

②征地拆迁工作能够满足工程施工进度的需要;

③施工图纸及有关设计文件已齐备;

④施工组织设计(施工方案)已经监理机构审定,总监理工程师已经批准;

⑤施工现场的场地、道路、水、电、通信和临时设施已满足开工要求,地下障碍物已清除或查明;

⑥测量控制桩已经项目监理机构复查合格;

⑦施工、管理人员已按计划到位,相应的组织机构和制度已经建立,施工设备、料具已按需要到场,主要材料供应已落实。

(4)施工组织设计(施工方案)是施工单位根据承接工程特点编制的实施施工的方法和措施,提请项目监理机构批复的文件资料。承包单位提请施工组织设计(施工方案)报审时,应满足以下条件:

①承包单位提送报审的施工组织设计(施工方案),文件内容必须具有全面性、针对性和可操作性,编制人、单位技术负责人必须签字,报送单位必须加盖公章;

②施工组织设计(施工方案)报审表承包单位必须加盖公章,项目经理必须签字;

③施工组织设计(施工方案)报审时间必须在工程项目开工前完成;

④施工组织设计(施工方案)报审表由施工单位填报,项目监理机构的专业监理工程师审核,总监理工程师签发。需经建设单位同意时,应经建设单位同意后签发。

(5)分包单位资格报审是总承包施工单位实施分包时,提请项目监理机构对其分包单位资质提请报审的批复。分包单位资格报审表由总承包单位填报,加盖公章,项目经理签字,经项目监理机构专业监理工程师初审符合要求后签字,由总监理工程师最终审核加盖项目监理机构章,经总监理工程师签字后作为有效资料。

(6)主要机械设备报审是项目监理机构对承包单位按施工组织设计(方案)要求配备进场的设备,经自检合格后,报审确认和批复。

①凡直接影响工程质量的施工设备,应填写《主要施工机械设备报审表》,并附上有关技术说明、调试结果等资料,报项目监理机构审核。

②检查的计量设备主要是指直接影响工程质量的衡器、量具、计量装置等。

③主要施工机械设备报审表由承包单位填报加盖公章，项目经理签字，经专业监理工程师初审同意，报总监理工程师审查同意后签发。

④施工用的衡器、量具、计量装置等设备，承包单位还应向项目监理机构上报有关法定检测部门的检定证明。

⑤报审表填写说明：

设备名称、规格型号、数量：指本次所报验的施工机械、计量设备的名称、规格、型号和数量。

进场日期：指施工机械、计量设备的实际进场时间（需现场安装调试的施工机械指其安装调试完毕的时间）。

技术状况：指施工机械、计量设备的技术性能、运作状态的完好程度。

（7）工程原材料报验是指原材料、构配件进场后施工单位向监理单位进行的报验。进场的原材料、构配件等施工单位首先要组织自检自验，并按有关规定进行抽样测试，确认合格后填写工程材料、构配件报验单，连同出厂合格证、质量保证书、复试报告等一并报驻地监理工程师进行质量认证。

（8）工程材料、配件、设备报审表是承包单位向项目监理机构提请工程项目用材料、构配件、设备的审查、确认和批复。

①该报审表由承包单位填报，加盖公章，项目经理签字，经专业监理工程师审查符合要求后签字有效。

②承包单位提请工程材料、构配件、设备报验时必须提供的附件：数量清单、质量证明文件及自检结果。如无附件资料或对不符合附件要求的资料，承包单位不得提请报审，监理单位不得签发报审表。

③凡需要测试的工程材料有见证取样要求的，质量证明文件必须有见证取样证明。

④工程原材料、构配件报验单由施工方提出、监理方审查，未经报验不得用于工程。

⑤有的材料、构配件在进场前，虽经建设单位和监理单位看过样品或进行过生产现场调研，但这个过程不能代替进场后使用前的报验，仍然必须申办报审手续。

⑥原材料、构配件报验附件应齐全，如材料出厂合格证、复试报告、构配件出厂合格证明等。附件资料不齐全不予以报验。

⑦工程原材料、构配件报验应由施工单位的工程技术负责人提出。

⑧报验应每一材料品种、每一批填报一表，不得多品种、多批量表混填。

（9）工程材料报验的基本要求。

①施工单位对所有进场的原材料、构配件必须报验，工程竣工后，材料报验要和设计的材料、构配件的品种、数量相一致。

②进场原材料、构配件报验应及时，监理单位可以和施工单位、材料供应单位协商确定进场材料、构配件进场后的报验方法。

③预制构件厂必须对成品、半成品进行严格检查后，签发出厂合格证，不合格的产品不得出厂。

（10）工程材料、构配件、设备报审表填写方法。

①拟用于下述部位：是指工程材料、构配件、设备拟用于工程的具体部位。

②数量清单（名称、产地、规格、数量）：按括号内内容填写清楚。

③质量证明文件：指生产单位出具的质量证明资料，如合格证、性能检测报告、准用证（如无原件而用复印件时，必须在复印件上注明原件存放地点、复印人、复印时间并加盖公章）。

④自检结果：是指承包单位的进场验收记录、复试报告和项目监理机构见证取样证明。

⑤审查意见：专业监理工程师经过所报资料审查，与进场实物核对和观感质量验收，如全部符合要求的，可将"不符合"、"不准许"、"不同意"用横线划掉；否则，将"符合"、"准许"、"同意"用横线划掉，并指出不符合要求之处。

（11）工程测量与复测记录包括平面位置定位、标高定位、测设点位和提供竣工技术资料。

①工程平面位置定位：根据场地上建筑物主轴线控制点或其他控制点，将房屋外墙轴线的交点，用经纬仪投测至地面木桩顶面为标志的小钉上。

②工程的标高定位：根据施工现场水准控制点标高（或从附近引测的大地水准点标高），推算 ±0.000 标高，或根据 ±0.000 标高与某建筑物、某处标高的相对关系，用水准仪和水准尺（或刨光的直木杆）在供放线用的龙门桩上标出标高的定位工作。

③测设点位：是将已经设计好的各种不同的建（构）筑物的几何尺寸和位置，按照设计要求，运用测量仪器和工具标定到地面及楼层上，并设置相应的标志，作为施工的依据。

④提供竣工资料：工程竣工后，将施工中各项测量数据及建筑物的实际位置、尺寸和地下设施位置等资料，按规定格式，整理或编绘成技术资料。

（12）工程测量定位放线记录及建（构）筑物工程测量复核表填写方法。

①工程编号：施工企业按顺序编号或按设计图注的编号填写。

②总平面图编号：填写建设单位提供的总平面图编号。

③施测部位：照实际施测部位填写。

④使用仪器：如经纬仪、水平仪等的规格、型号及仪器编号。

⑤室外温度：无测温记录时，可按当日天气预报填写；有测温记录时，照实测温度填写。

⑥施测日期：填写实际施测日期的年、月、日。

⑦施测人：填写施测人姓名，签字可不盖章。

⑧测量依据：位置与标高按城建或建设单位提供的水准点位置与标高、高程或桩号填写。不准简单地填写以马路牙石或散水为准等。

⑨实测情况：位置与标高按实测位置与实际测定的标高值填写。

⑩复测意见：当复测与初测相同或偏差较小可以不必改正时，填"初测无误同意施工"；当复测与初测偏差较大需要纠正时，注明偏差方向、数据后，填"按复测后有关数据施工"。

⑪项目技术负责人：指施工单位的项目经理部的项目技术负责人，签字有效。

⑫质检员:指施工单位的工程项目经理部的专职质量检查员,签字有效。

⑬初测人:一般为工长以上技术人员,签字有效。

⑭复测人:一般为工程项目经理部的技术人员,签字有效。

⑮附图:注明原水准点的方向、距离、标高;注明建筑物的位置和邻界关系。

(13)隐蔽工程验收记录的填写方法:

①单位工程名称:必须填写工程名称的全称,并与工程合同或招投标文件中的工程名称相一致。

②建设单位:填写工程合同文件中的甲方的全称。

③施工单位:填写工程合同文件中的乙方的全称。

④监理单位:填写监理单位的全称,并应与监理合同或协议书中的名称相一致。

⑤隐蔽工程检查验收的报验应在隐蔽前两天,在施工单位自检合格后,由施工单位项目技术负责人提交项目监理机构,每次检查隐蔽工程项目,如符合设计要求,参加检查有关人员应及时认可,并由主验单位(建设单位或监理单位)在“意见”栏内填上“符合设计要求,同意验收”,检查“意见”栏内不得使用“基本符合”或“大部符合”等不肯定用语,也不能无检查意见。在检查验收中发现有不符合设计要求之处,应立即进行纠正,并在纠正后再进行验收,仍不合格者,不得进行下道工序施工并采取其他措施。

⑥隐蔽工程检查验收应由建设单位项目技术负责人或监理单位总监理工程师组织,施工单位技监员及现场监理参加,对重要部分的隐蔽工程验收应邀请设计人员参加,对地基(基槽)验收还应邀请勘察单位参加验收。

6.4　建筑工程质量控制资料

6.4.1　图纸会审、设计变更、工程洽商记录

6.4.1.1　图纸会审要求和内容

(1)图纸会审由建设(监理)单位组织,设计单位交底,勘察、施工等单位参加(含分包)。

(2)图纸会审前,各单位应做好图纸自审,形成自审记录,报建设(监理)单位并由其转交设计单位进行设计交底准备。

(3)图纸会审纪要由施工单位按建筑、结构、安装等顺序整理、汇总,各单位技术负责人会签并加盖公章,形成正式文件。

(4)图纸会审纪要是正式文件,不得在纪要上涂改或变更。

(5)对图纸会审提出的问题,凡涉及设计变更的,均应由设计单位按规定程序发出设计变更单(图),重要设计变更应由原施工图审查机构审核后方可实施。

(6)图纸会审的主要内容:设计是否符合国家现行规范标准和施工技术装备条件;特殊技术措施在技术上是否有困难、能否保证施工安全;特殊材料的品种、规格、数量等是否满足需要;建筑、结构、水卫、电气、设备等之间有无矛盾;图纸尺寸、坐标、标高及管线、道

路交叉连接是否正确;图纸及说明是否齐全、清楚、明确;施工图审查机构的意见是否已反馈并通过其认可。

6.4.1.2　**设计变更要求和内容**

(1)施工单位必须按照工程设计图纸和施工技术标准施工,不得擅自修改工程设计;施工过程中如发现设计文件和图纸有差错、不合理,或因施工条件、材料规格、品种、质量不能够完全符合设计要求需进行施工图修改时,应由设计单位修改设计并由建设(监理)单位签认。

(2)建设(监理)单位对建筑工程提出的修改意见,须设计单位同意并由其修改设计。

(3)涉及工程规模、规划、环境、消防、人防等政府监管内容的修改,须相关行政主管部门同意后,方可进行设计变更。

(4)设计变更应及时办理,内容必须明确具体,变更应注明原图号,必要时应附图。

(5)设计变更应严格执行变更签证制度,重要设计变更应由原施工图审查机构审核后方可实施。

(6)分包工程的设计变更应通过工程总包单位确认后,方可办理设计变更。

(7)所有设计变更应汇总于设计变更汇总记录,见质控(建)表。

6.4.1.3　**工程洽商记录要求和内容**

(1)工程洽商是有关单位就技术或其他事务交换意见的记录文件,其内容涉及设计变更的,应由建设(监理)单位、设计单位、施工单位各方签认并满足设计变更记录的有关规定。不涉及设计变更的,由洽商涉及各方签认。

(2)工程洽商记录按日期先后顺序编号,填写质控(建)表。

(3)工程洽商经签认后不得随意涂改或删除。

(4)工程洽商记录原件存档于提出单位,其他单位可复印(复印件应注明原件存放处)。

6.4.1.4　**核查办法**

(1)核查图纸会审、设计变更、工程洽商程序是否正确,各方人员是否按规定要求到位,相关的主要负责人签字是否完整。

(2)核查重要设计变更是否有经过原施工图审查机构审查。

(3)核查涉及工程规模、规划、环境、消防、人防等政府监管内容的修改及设计变更,是否有相关行政主管部门同意。

(4)核查是否在图纸会审、设计变更、工程洽商记录上涂改。

6.4.1.5　**核定原则**

凡出现下列情况之一,本项目核定为“不符合要求”。

(1)文件签章不完整或由不具备资格人员签字。

(2)重要设计变更未经原施工图审查机构审核。

(3)涉及政府监管内容的修改及设计变更,未获得相关行政主管部门同意。

(4)文件有涂改和删除且未按程序要求重新核定。

(5)图纸会审、设计变更、工程洽商中应变更的未有变更通知单。

单位(子单位)工程质量控制资料核查记录如表6-2所示。

表6-2 单位(子单位)工程质量控制资料核查记录

工程名称: 施工单位:

序号	项目	资料名称	份数	核查意见	核查人
1	建筑与结构	图纸会审、设计变更、洽商记录			
2		工程定位测量、放线记录			
3		原材料出厂合格证书及进场检(试)验报告			
4		施工试验报告及见证检测报告			
5		隐蔽工程验收记录			
6		施工记录			
7		预制构件、预拌混凝土合格证			
8		地基基础、主体结构检验及抽样检测资料			
9		检验批、分项、分部(子分部)工程质量验收记录			
10		工程质量事故及事故调查处理资料			
11		新材料、新工艺施工记录			
12					
1	给排水与采暖	图纸会审、设计变更、洽商记录			
2		材料、配件出厂合格证书及进场检(试)验报告			
3		管道、设备强度试验、严密性试验记录			
4		隐蔽工程验收记录			
5		系统清洗、灌水、通水、通球试验记录			
6		施工记录			
7		检验批、分项、分部(子分部)工程质量验收记录			
8					
1	建筑电气	图纸会审、设计变更、洽商记录			
2		材料、设备出厂合格证书及进场检(试)验报告			
3		设备调试记录			
4		接地、绝缘电阻测试记录			
5		隐蔽工程验收记录			
6		施工记录			
7		检验批、分项、分部(子分部)工程质量验收记录			
8					
1	智能建筑	图纸会审、设计变更、洽商记录、竣工图及设计说明			
2		材料、设备出厂合格证和技术文件及进场检(试)验报告			
3		隐蔽工程验收记录			
4		系统功能测定及设备调试记录			
5		系统技术、操作和维护手册			
6		系统管理、操作人员培训记录			
7		系统检测报告			
8		分项、分部(子分部)工程质量验收记录			
9					

续表 6-2

工程名称：　　　　　　　　　　　　　施工单位：

序号	项目	资料名称	份数	核查意见	核查人
1	通风与空调	图纸会审、设计变更、洽商记录			
2		材料、设备出厂合格证书及进场检(试)验报告			
3		制冷、空调、水管道强度试验、严密性试验记录			
4		隐蔽工程验收记录			
5		制冷设备运行调试记录			
6		通风、空调系统调试记录			
7		施工记录			
8		检验批、分项、分部(子分部)工程质量验收记录			
9					
1	电梯	土建布置图纸会审、设计变更、洽商记录			
2		设备出厂合格证书及开箱检验记录			
3		隐蔽工程验收记录			
4		施工记录			
5		接地、绝缘电阻测试记录			
6		负荷试验、安全装置检查记录			
7		分项、分部(子分部)工程质量验收记录			
8					

结论：

总监理工程师：

施工单位项目经理：　　　　　　　　　　　　（建设单位项目负责人）

年　月　日　　　　　　　　　　　　　　年　月　日

6.4.2 工程定位测量、放线记录基本内容和要求

(1)测量工作开始前,应熟悉设计图纸及有关技术资料,根据设计图纸要求,结合现场实际情况,制订测量技术方案。

(2)在建筑物定位测量、桩基定位测量、轴线及标高放线测量工作中,应注意内外业等复核检查,防止发生差错。测量工作结束后,应及时整理原始资料,并应进行验收。

(3)根据施工场地控制点、水准点、城市规划部门确定的建筑红线桩等和有关设计图纸、技术资料,进行测量。

(4)当建筑区域范围较大、单位工程较多时,可根据设计总平面布置图和现场实际情况,在施工场地内布设平面控制网(点)和高程控制点,作为施工定位测量的依据。

(5)桩基应根据设计图纸进行定位测量,其桩位的放样允许偏差应符合国家现行标准《建筑地基基础工程施工质量验收规范》(GB 50202—2013)的规定。

(6)测量工具和测量人员应固定,测量前应严格校验仪器。测量所使用的仪器应定期进行检定,并在检定有效期内使用。

(7)建筑物定位测量、桩基定位测量,可根据施工现场实际情况,分段进行验收。轴线及标高放线测量每一楼(层)段均应进行验收。

(8)建筑物定位测量、桩基定位测量复核情况应以简图形式记录在验收表中,简图中应标明轴线控制桩的位置及标高、桩位偏差、轴线位置及偏差、轴线投测点、标高投测点等位置。

(9)建筑物轴线及标高放线测量复核情况应以简图形式记录在验收表中,简图中应标明轴线位置及偏差、轴线投测点、标高投测点的位置。

6.4.3 工程定位测量、放线记录材料核查办法

(1)根据现场的具体条件,核查施工场地控制点、水准点、城市规划部门确定的建筑红线桩、平面控制网(点)和高程控制点的布设是否稳定可靠。

(2)根据建筑物形式,核查轴线控制桩、轴线投测点、标高投测点布置是否合理,位置、数量是否能满足测量的要求。

(3)核查记录是否完整、准确。建筑物定位测量、桩基定位测量复核情况简图中是否标明轴线控制桩的位置及标高、桩位偏差、轴线位置及偏差、轴线投测点、标高投测点等位置。轴线及标高放线测量复核情况简图中是否标明轴线位置及偏差、轴线投测点、标高投测点等位置。

(4)核查测量仪器的精度是否符合规定,测量工具和人员是否固定,仪器是否校验。

(5)核查参加验收各方人员资格是否符合要求,验收记录上是否签字。

6.4.4 工程定位测量、放线记录材料核定原则

凡出现下列情况之一,本项目核定为“不符合要求”。

(1)无建筑物定位测量验收记录(见表6-3)、桩基定位测量验收记录、轴线及标高测量放线验收记录(见表6-4)。

(2)上述各项验收记录中验收意见不明确,签证不齐全。

表 6-3　建筑物定位测量验收记录

第　　页共　　页

工程名称		施工单位	
施测部位		施测日期	
测量仪器及编号		检定日期	
施测人		复核人	
测量复核情况（简图）			
检查结论	项目专业技术负责人： 年　月　日	验收结论	监理工程师： （建设单位项目专业技术负责人） 年　月　日

表 6-4　轴线及标高测量放线验收记录

第　　页共　　页

工程名称		施工单位	
施测部位		施测日期	
测量仪器及编号		检定日期	
施测人		复核人	
测量复核情况（简图）			
检查结论	项目专业技术负责人： 年　月　日	验收结论	总监理工程师： （建设单位项目专业技术负责人） 年　月　日

6.4.5 钢材检验材料基本要求和内容

(1)凡结构设计施工图所配各种受力钢筋应有钢筋出厂合格证及力学性能现场抽样检验报告单,出厂合格证备注栏中应由施工单位注明单位工程名称、使用部位和进场数量。

(2)钢筋在加工过程中,如发现脆断、焊接性能不良或力学性能显著不正常现象,应进行化学成分检验或其他专项检验,并做出鉴定处理结论。

(3)使用进口钢筋应有商检证及主要技术性能指标。进场后,应严格遵守先检验后使用的原则进行力学性能及化学成分检验,其各项指标符合国产相应级别钢筋的技术标准及有关规定后,方可根据其应用范围用于工程。当进口钢筋的国别及强度级别不明时,可根据检验结果确定钢筋级别,但不应用在主要承重结构的重要部位。

(4)冷拉钢筋、冷拔钢筋、冷轧扭钢筋、冷轧带肋钢筋除应有母材的出厂合格证及力学性能检验报告外,还应有冷拉、冷拔、冷轧后的钢筋出厂合格证及力学性能现场抽样检验报告。

(5)预应力混凝土工程所用的热处理钢筋、钢绞线、碳素钢丝、冷拔钢丝等材料应有出厂合格证及力学性能现场抽样检验报告,其技术性能和指标应符合设计要求及有关标准规范的规定。

(6)无黏结预应力筋(指带有专用防腐油脂涂料层和外包层的无黏结预应力筋)现场抽样检验的力学性能技术指标应符合《钢绞线、钢丝束无粘结预应力筋》(JG 3006)的要求。防腐润滑脂应提供合格证,其有关指标必须符合《无粘结预应力筋专用防腐润滑脂》(JG 3007)标准的规定。

(7)预应力筋用锚具、夹具和连接器应有出厂合格证,进场后应按批抽样检验并提供检验报告,其指标应符合标准后方可用于工程。无合格证时,应按国家标准进行质量检验。预应力筋用锚具系统的质量检验和合格验收应符合国家现行标准《预应力筋用锚具、夹具和连接器应用技术规程》(JGJ 85—2002)和《预应力筋用锚具、夹具和连接器》(GB/T 14370—2007)的规定。

(8)预应力混凝土用金属螺旋管应有出厂合格证,进场后应按批抽样检验,并提供检验报告,其指标应符合国家现行行业标准《预应力混凝土用金属螺旋管》(JG/T 3013—1994)后方可用于工程。

(9)钢材检验报告应根据有关规定按质控(建)表格式内容填写,检验方法应符合国家有关标准。

(10)钢材力学性能检验时,如某一项检验结果不符合标准要求,则应根据不同种类钢材的抽样方法从同批钢材中再取双倍数量的试件重做该项目的检验,如仍不合格,则该批钢材即为不合格,不得用于工程,不合格品的钢材必须有处理情况说明,并应归档备查。

6.4.6 钢材进场后抽样检验的批量应符合的规定

(1)钢筋混凝土用热轧带肋钢筋、热轧光圆钢筋、余热处理钢筋、低碳钢热轧圆盘条以同一牌号、同一规格不大于60 t 为一批。

(2)钢结构工程用碳素结构钢、低合金高强度结构钢以同一牌号、同一等级、同一品种、同一尺寸、同一交货状态的钢材不大于 60 t 为一批。

(3)预应力混凝土用钢丝及预应力混凝土用钢绞线以同一牌号、同一规格、同一生产工艺不大于 60 t 为一批。

(4)钢绞线、钢丝束无黏结预应力筋以同一钢号、同一规格、同一生产工艺生产的钢绞线、钢丝束不大于 30 t 为一批。

(5)预应力筋用锚具、夹具和连接器以同一类产品、同一批原材料、用同一种工艺一次投料生产不超过 1 000 套组为一验收批。外观检查抽取 10%,且不少于 10 套。对其中有硬度要求的零件,硬度检验抽取 5%,且不少于 5 套。静载锚固能力检验抽取 3 套试件的锚具、夹具或连接器。

(6)冷轧带肋钢筋以同一牌号、同一规格、同一外形、同一生产工艺和交货状态的钢筋为一验收批,每批不大于 60 t。取样数量:弯曲试验每批 2 个,拉伸试验每盘 1 个。

(7)预应力混凝土用金属螺旋管每批抽检 9 件圆管试样(12 件扁管试样)。

(8)其他建筑用钢材按现行国家标准或行业标准的规定进行组批检验。

6.4.7　纵向受力钢筋强度要求

对有抗震设防要求的框架结构,其纵向受力钢筋的强度应满足设计要求;当设计无具体要求时,对一、二级抗震等级的框架结构,纵向受力钢筋检验所得的强度实测值应符合下列规定:

(1)钢筋的抗拉强度实测值与屈服强度实测值的比值不应小于 1.25;

(2)钢筋的屈服强度实测值与钢筋的屈服强度标准值的比值不应大于 1.3。

6.4.8　钢材检验材料核查办法

(1)按照单位工程结构设计、变更设计文件和单位工程材料用料汇总表,核查钢材出厂合格证(商检证)与进场检验报告是否一致,有否按批取样,取样所代表的批量之和是否与实际用量相符。

(2)核查预应力筋用锚具、夹具和连接器是否按批取样检验,检验结果是否符合标准、规范和规程要求。

(3)核查合格证、检验报告中各项技术数据、信息量是否符合标准规定,检验方法及计算结论是否正确,检验项目是否齐全,是否符合先检验后使用、先鉴定后隐蔽的原则。

(4)核查钢筋代换使用是否有设计签证。

6.4.9　钢材检验材料核定原则

凡出现下列情况之一,钢材检验材料核定为“不符合要求”。

(1)承重构件的受力钢筋(含预应力筋用锚具、夹具和连接器)无出厂合格证或进场检验报告。

(2)应见证的钢材检验未按规定见证取样送检;见证取样送检的材料种类、数量与规定不符。

(3)当钢材的品种、规格与设计文件不一致时,无钢材代换设计签证书。

(4)钢材力学性能检验项目不齐全、力学性能指标不合格,且未按规定进行复验。

(5)进口钢材技术指标经检验不符合国产相应级别的钢材技术标准,又未作技术鉴定。

钢筋力学性能检验报告见表6-5,钢筋化学成分检验报告见表6-6。

6.4.10 水泥检验资料基本要求和内容

(1)凡建设工程用的水泥均应按厂别、品种提供水泥出厂合格证,合格证"备注"栏中由施工单位填明单位工程名称及使用部位、进场数量,散装水泥还应提供出厂卡片。

(2)水泥进场使用前必须进行强度、凝结时间和安定性检验。

(3)水泥检验应按批进行,按同一生产厂家、同一强度等级、同一品种、同一批号且连续进场的水泥,袋装水泥不超过200 t为一批,散装水泥不超过500 t为一批,每批水泥抽样不少于1次,散装水泥取样必须在散装车上,以一辆次为一取样点,每点取样不少于1 kg,累计留样不得少于12 kg,袋装水泥可以20个以上不同部位取等量样品,总量至少12 kg。

(4)水泥检验报告按质控表填写,并在混凝土配合比设计之前提供,检验结论要明确。

(5)当水泥质量合格证或检验报告中的初凝时间或安定性指标不符合有关标准时均为废品,不得用于工程。终凝时间、细度不符合标准规定或强度低于商品强度等级规定的指标为不合格品,不合格品经鉴定可由企业技术负责人签章处理。

(6)钢筋混凝土结构、预应力混凝土结构中,严禁使用含氯化物的水泥。

(7)进口水泥除须按国产水泥检验标准做检验外,尚应对水泥有害成分含量(氧化镁、三氧化硫)做检验,符合规范标准要求后方可使用。

(8)特种水泥(白色硅酸盐水泥、低热水泥、膨胀水泥)也应提供合格证或按(2)条的要求提供检验报告,其性能指标应符合相应标准的规定。

(9)水泥检验报告上注明的水泥品种、出厂日期、强度等级、出厂编号等应与水泥合格证相一致。

6.4.11 必须进行水泥物理力学性能检验的情况

凡属下列情况之一者,必须进行水泥物理力学性能检验,并提供水泥检验报告单:

(1)水泥出厂时间超过3个月(快硬硅酸盐水泥超过1个月);

(2)在使用中对水泥质量有怀疑;

(3)水泥因运输或存放条件不良,有受潮结块等异常现象;

(4)使用进口水泥;

(5)设计中有特殊要求的水泥。

6.4.12 水泥检验材料核查办法

(1)核查水泥出厂合格证或检验报告的项目(如水泥品种、各项技术性能、编号、出厂

表 6-5　钢筋力学性能检验报告

第　　页 共　　页

工程名称										报告编号		
委托单位										委托编号		委托日期
施工单位										钢材种类		检验日期
结构部位										牌号		报告日期
见证单位					见证人					证书编号		检验性质
样品编号	公称直径（mm）	屈服强度 R_{el}（MPa）	抗拉强度 R_m（MPa）	伸长率（%）	冷弯 弯心直径（mm）	冷弯 弯曲角度（°）	冷弯 结果	实测强度比值 R_m/R_{el}	实测强度比值 R_{el}/σ_{sk}	生产厂别	代表数量（t）	出厂合格证编号
检验依据										检验仪器	仪器名称：	
结论	编号：				试样：						检定证书编号：	
	编号：				试样：							
备注												

批准：　　　　审核：　　　　校核：　　　　检验：

表 6-6 钢筋化学成分检验报告

第 页共 页

工程名称						报告编号		
施工单位		钢筋厂别		种类、级别		送检日期		试验日期
委托单位		委托编号		牌号		合格证编号		报告日期
见证单位		见证人				见证人证书编号		
结构部位						代表数量		
样品编号	规格(mm)	化学成分含量实测值(%)						备注
		C	S	P	Mn	Si	CH = (C + Mn/6)	
标准值								
检验依据						检验仪器	仪器名称： 检定证书编号：	
结论								
备注								

批准： 审核： 校核： 检验：

日期等）是否填写齐全，检验项目是否完整，数据指标是否符合要求。

（2）对照单位工程材料用料汇总表，核对水泥出厂合格证与进场检验报告、混凝土配合比试配报告的水泥品种、强度等级、厂别、编号是否一致；核对出厂日期和实际使用日期是否超期而未做抽样检验；各批量水泥之和是否与单位工程的需用量基本一致。

6.4.13　水泥检验材料核定原则

凡出现下列情况之一，水泥检验材料核定为“不符合要求”。

（1）无水泥出厂合格证和出厂检验报告。

（2）应见证的水泥检验未按规定见证取样送检；见证取样送检的材料种类、数量与规定不符。

（3）主要的检验项目（凝结时间、安定性、强度等）缺项或检验结果不符合要求。

（4）实际使用的水泥与出厂合格证或检验报告上的水泥品种、强度等级、厂家不相一致。

水泥强度、物理性能检验报告如表 6-7 所示。

表 6-7　水泥强度、物理性能检验报告

第　　页共　　页

工程名称				报告编号	
委托单位		委托日期		委托编号	
施工单位		检验日期		样品编号	
使用部位		报告日期		代表数量(t)	
厂别		出厂日期		出厂编号	
品种		商标		强度等级	
合格证编号		包装形式		检验性质	
见证单位		见证人		证书编号	

检验项目	标准要求			试验结果
物理性能	细度		≤10%	
	凝结时间	初凝	≥45 min	
		终凝	≤10 h	
	安定性		合格	

抗折强度（MPa）	3 d							代表值	
	28 d								
抗压强度（MPa）	3 d								
	28 d								

检验仪器	检验仪器：	检定证书编号：
检验依据		
检验结论		
备注		

批准：　　　　审核：　　　　校核：　　　　检验：

6.4.14 砖、砌块检验材料基本要求和内容

(1)砌体工程所用砌墙砖应有出厂合格证,其外观检验、强度检验数据及结论均应满足设计要求,同时还要符合《烧结普通砖》(GB/T 5101)、《烧结多孔砖》(GB 13544)、《烧结空心砖和空心砌块》(GB 13545)和《普通混凝土小型空心砌块》(GB 8239)标准的要求。

(2)进场的砌墙砖应按规定取样检验,并提供强度检验报告。

(3)砖检验报告应按质控(建)表填写。检验方法应符合国家标准《砌墙砖试验方法》(GB/T 2542)规定,加气混凝土砌块检验方法应符合国家标准《加气混凝土性能试验方法总则》(GB/T 11969)规定。

(4)砌墙砖应以同厂家、同规格3.5万~15万块为一批,不足3.5万块的按一批计算,普通混凝土小型空心砌块1万块为一批,每批按标准规定抽取一定数量做有关项目的检验。

6.4.15 砖、砌块检验材料核查办法

(1)核查砖出厂合格证或检验报告的检验结果是否符合要求,砖的强度等级是否满足设计要求,检验项目是否齐全,检验结论是否正确。

(2)核查合格证或检验报告是否按批提供,批量总数是否和实际用量基本一致。

6.4.16 砖、砌块检验材料核定原则

凡出现下列情况之一,砖、砌块检验材料核定为"不符合要求"。

(1)无出厂合格证和检验报告。

(2)应见证的砖检验未按规定见证取样送检;见证取样送检的材料种类、数量与规定不符。

(3)检验项目缺项或检验结果不符合标准要求。

砌墙砖检验报告如表6-8所示。

6.4.17 砂、石检验基本要求和内容

(1)混凝土用砂、石及砂浆用砂应有出厂合格证或检验报告,同时混凝土用砂、石还要符合《普通混凝土用砂质量标准及检验方法》(JGJ 52)、《普通混凝土用碎石或卵石质量标准及检验方法》(JGJ 53)标准的要求。

(2)设计有特殊要求的必须按要求取样检验,并提供检验报告。

(3)砂、石检验报告应根据有关规定按质控(建)表填写,对一些主要的检验指标不得缺检,检验方法应符合《普通混凝土用砂质量标准及检验方法》(JGJ 52)和《普通混凝土用碎石或卵石质量标准及检验方法》(JGJ 53)标准的规定。

(4)砂、石应按同产地、同规格分批检验,用大型工具(如火车、货船、汽车)运输的,以400 m^3 或600 t为一批,用小型工具运输的,以200 m^3 或300 t为一批,不足上述数量以一批论。

表 6-8　砌墙砖检验报告

第　　页共　　页

<table>
<tr><td colspan="2">工程名称</td><td colspan="5"></td><td>报告编号</td><td></td></tr>
<tr><td colspan="2">委托单位</td><td colspan="3"></td><td>委托编号</td><td></td><td>委托日期</td><td></td></tr>
<tr><td colspan="2">施工单位</td><td colspan="3"></td><td>样品编号</td><td></td><td>检验日期</td><td></td></tr>
<tr><td colspan="2">结构部位</td><td colspan="3"></td><td>出厂合格证编号</td><td></td><td>报告日期</td><td></td></tr>
<tr><td colspan="2">厂别</td><td colspan="3"></td><td>检验性质</td><td></td><td>代表数量（万块）</td><td></td></tr>
<tr><td colspan="2">设计强度等级</td><td></td><td>出厂日期</td><td></td><td>种类</td><td></td><td>规格（mm × mm × mm）</td><td></td></tr>
<tr><td colspan="2">见证单位</td><td colspan="3"></td><td>见证人</td><td></td><td>证书编号</td><td></td></tr>
<tr><td colspan="3">检验项目</td><td colspan="6">检验结果</td></tr>
<tr><td rowspan="3">强度指标</td><td colspan="2">指标项目</td><td colspan="2">平均值</td><td colspan="2">标准值</td><td colspan="2">最小值</td></tr>
<tr><td colspan="2">抗压强度（MPa）</td><td colspan="2"></td><td colspan="2"></td><td colspan="2"></td></tr>
<tr><td colspan="2">变异系数</td><td colspan="2"></td><td colspan="2"></td><td colspan="2"></td></tr>
<tr><td rowspan="3">耐久性</td><td colspan="2">抗冻（融）循环</td><td colspan="6"></td></tr>
<tr><td colspan="2">泛霜</td><td colspan="6"></td></tr>
<tr><td colspan="2">石灰爆裂</td><td colspan="6"></td></tr>
<tr><td colspan="2">尺寸偏差</td><td colspan="7"></td></tr>
<tr><td colspan="2">外观质量</td><td colspan="7"></td></tr>
<tr><td colspan="2">检验仪器</td><td colspan="3">检验仪器：</td><td colspan="4">检定证书编号：</td></tr>
<tr><td colspan="2">检验依据</td><td colspan="7"></td></tr>
<tr><td colspan="2">检验结论</td><td colspan="7"></td></tr>
<tr><td colspan="2">备注</td><td colspan="7"></td></tr>
</table>

批准：　　　　　　　审核：　　　　　　　校核：　　　　　　　检验：

(5)每批砂应进行颗粒级配、含泥量、泥块含量检验，如为海砂还应检验其氯离子含量，对重要工程或特殊工程应根据工程要求，增加检测项目，如对其他指标合格性有怀疑时，应予以检验。使用新产源的砂时，应由供货单位按《普通混凝土用砂质量标准及检验方法》(JGJ 52)的质量要求进行全面检验。

(6)每批石子应进行颗粒级配、含泥量、泥块含量及针、片状含量检验，高强度等级混凝土石子应有压碎指标检验。对重要工程或特殊工程应根据工程要求增加检测项目，对其他指标合格性有怀疑时，应予以检验。用新产源的石子时，应由供货单位按《普通混凝土用碎石或卵石质量标准及检验方法》(JGJ 53)的质量要求进行全面检验。

6.4.18　砂、石检验材料核查方法

(1)核查砂、石出厂合格证或检验报告的检验结果是否符合要求，检验项目是否齐

全，检验结果是否正确。

(2)核查合格证或检验报告是否按批提供，批量总数是否和实际用量基本一致。

6.4.19 砂、石检验材料核定原则

凡出现下列情况之一，砂、石检验材料核定为“不符合要求”。

(1)无出厂合格证或检验报告。

(2)检验项目缺项或检验结果不符合标准要求。

碎石或卵石检验报告如表6-9所示。

表6-9 碎石或卵石检验报告

第 页共 页

<table>
<tr><td>工程名称</td><td colspan="8"></td><td colspan="2">报告编号</td><td colspan="2"></td></tr>
<tr><td>委托单位</td><td colspan="8"></td><td colspan="2">委托编号</td><td colspan="2"></td></tr>
<tr><td>施工单位</td><td colspan="8"></td><td colspan="2">样品编号</td><td colspan="2"></td></tr>
<tr><td>委托日期</td><td colspan="8"></td><td colspan="2">代表数量(m^3)</td><td colspan="2"></td></tr>
<tr><td>样品产地</td><td colspan="4"></td><td colspan="2">材料种类</td><td colspan="2"></td><td colspan="2">检验日期</td><td colspan="2"></td></tr>
<tr><td>使用部位</td><td colspan="12"></td></tr>
<tr><td>检验性质</td><td colspan="8"></td><td colspan="2">报告日期</td><td colspan="2"></td></tr>
<tr><td colspan="4">检测项目</td><td colspan="3">检验结果</td><td colspan="3">检测项目</td><td colspan="3">检验结果</td></tr>
<tr><td colspan="4">表观密度(kg/m^3)</td><td colspan="3"></td><td colspan="3">有机物含量(%)</td><td colspan="3"></td></tr>
<tr><td colspan="4">堆积密度(kg/m^3)</td><td colspan="3"></td><td colspan="3">坚固性</td><td colspan="3"></td></tr>
<tr><td colspan="4">紧密密度(kg/m^3)</td><td colspan="3"></td><td colspan="3">岩石强度(MPa)</td><td colspan="3"></td></tr>
<tr><td colspan="4">吸水率(%)</td><td colspan="3"></td><td colspan="3">压碎指标值(%)</td><td colspan="3"></td></tr>
<tr><td colspan="4">含水率(%)</td><td colspan="3"></td><td colspan="3">SO_3 含量(%)</td><td colspan="3"></td></tr>
<tr><td colspan="4">含泥量(%)</td><td colspan="3"></td><td colspan="3">泥块含量(%)</td><td colspan="3"></td></tr>
<tr><td colspan="4">针片状颗粒含量(%)</td><td colspan="3"></td><td colspan="3">碱活性</td><td colspan="3"></td></tr>
<tr><td colspan="13">颗粒级配</td></tr>
<tr><td>筛孔尺寸(mm)</td><td>100</td><td>80.0</td><td>63.0</td><td>50.0</td><td>40.0</td><td>31.5</td><td>25.0</td><td>20.0</td><td>16.0</td><td>10.0</td><td>5.0</td><td>2.50</td></tr>
<tr><td>标准颗粒级配范围累计筛余(%)</td><td></td><td></td><td></td><td></td><td></td><td></td><td></td><td></td><td></td><td></td><td></td><td></td></tr>
<tr><td>实际累计</td><td></td><td></td><td></td><td></td><td></td><td></td><td></td><td></td><td></td><td></td><td></td><td></td></tr>
<tr><td>检验仪器</td><td colspan="6">仪器名称：</td><td colspan="6">检定证书编号：</td></tr>
<tr><td>检验依据</td><td colspan="12"></td></tr>
<tr><td>检验结论</td><td colspan="12"></td></tr>
<tr><td>备注</td><td colspan="12"></td></tr>
</table>

批准： 审核： 校核： 检验：

6.5 工程竣工验收文件

(1)工程概况表,指建设单位在工程竣工验收后填写的对工程总体情况的概述,以及各参建单位的记录。

(2)工程竣工总结,指工程竣工验收后,由建设单位组织编制的工程竣工总结报告。

(3)单位(子单位)工程质量竣工验收记录一般规定:

①单位(子单位)工程质量竣工验收记录是建设单位组织工程竣工验收时对单位(子单位)工程质量是否符合设计和规范要求及总体质量水平做出的评价。

②表中验收记录由施工单位填写,验收结论由监理(建设)单位填写。

③综合验收结论由参加验收的各方共同商定,建设单位填写。

(4)单位(子单位)工程质量控制资料核查记录一般规定:

①单位(子单位)工程质量控制资料核查记录是对施工质量、控制资料进行的汇总,建设单位组织竣工验收时核查后填写。

②由总监理工程师组织核查,施工单位认可。

(5)单位(子单位)工程安全和功能检验资料核查及主要功能抽查记录一般规定:

①单位(子单位)工程安全和功能检验资料核查及主要功能抽查记录是对工程安全和功能施工记录及核查的抽查的汇总,是对工程质量的综合检验,建设单位组织竣工验收时核查和抽查后填写。

②由总监理工程师组织核查,施工单位认可。

(6)单位(子单位)工程观感质量检查记录一般规定:

①单位(子单位)工程观感质量检查记录的汇总,建设单位组织竣工验收时共同确定后填写。

②由总监理工程师组织检查,施工单位认可。

③表中抽查质量状况由施工单位填写。

(7)工程竣工专项验收鉴定书,指政府有关部门对规划、公安消防、环保等进行的专项验收认可(工程档案专项验收可先按预验认可文件),表式按有关部门规定用表。

①规划验收认可文件。

②公安消防验收意见书。

③环保验收合格证。

④其他专项验收认可证明。

(8)工程开工、施工、竣工录音、录像、照片资料,指工程开工、施工、竣工过程中录音、录像、照片、光盘等资料。按声像、缩微、电子档案整理归类存档。

(9)交付使用财产总表和财产明细表,指建设单位竣工验收后,经审查核实施工单位交付使用工程项目的财产总表和财产明细表资料。

6.6 工程安全和功能检验资料

(1)安全与功能项目应在施工过程中进行检验并在竣工验收时进行核查及抽查。对涉及安全和使用功能的地基与基础、主体结构和设备安装等分部工程应在施工过程中进行抽样检测。

(2)层面工程完成后均应进行淋水试验并记录。

(3)地下室防水效果检查记录一般规定:

①地下防水工程完成后,应对地下室外墙、底板部位有无渗漏等情况进行检查并记录。

②地下防水工程验收时,应对外墙防水做法、隐蔽验收等资料进行核查或抽查。

(4)有防水要求的地面蓄水试验在工程完成后均应进行试验。

(5)建筑物垂直度、标高、全高测量记录一般规定:

①建筑物垂直度、标高、全高测量记录是建筑工程施工过程中对垂直度、标高等实测的记录。

②应由施工单位专职人员进行。

③垂直度测量:指标准规定的垂直度允许偏差值和实际测量值。

④标高测量:指标准规定的标高允许偏差值和实际测量值。

⑤全高测量:指标准规定的全高的允许偏差值和实际测量值。

⑥评价与建议:指由施工、监理单位对测量结果与标准对照后做出评价。若测量结果不满足设计要求时,应提出处理建议,报建设单位转设计单位做出处理意见。

(6)抽气(风)道、垃圾道检查记录一般规定:

①抽气(风)道检查记录是建筑工程完成后对其通风效果检查的记录。

②抽气道、风道均应100%做通风检查。

(7)幕墙及外窗气密性、水密性、耐风压检测报告一般规定:

①幕墙及外窗气密性、水密性、耐风压检测报告是工程完成后对其安全与功能效果的检测记录。

②该试验应委托有相应资质的检测单位检测并提出报告。表式按检测单位现行用表。

(8)节能、保温测试记录一般规定:

①节能、保温标准按《民用建筑热工设计规范》(GB 50176—93)和《严寒和寒冷地区居住建筑节能设计标准》(JGJ 26—2010)或省工程建设有关标准执行。

②节能、保温测试主要内容为:居住建筑和公共建筑的外墙保温性能、居住建筑和公共建筑门窗的气密性、供热管道最小保温层厚度、每个独立建筑物入口供回水温度、流量等的检测。

③检测结果应符合标准和设计要求。

④该测试应委托有相应资质的检测单位检测并提供报告。表式按检测单位现行用表。

(9)室内环境检测报告一般规定:

①室内环境检测是建筑工程完成后对室内热工与节能、照明、隔声、饰面材料等进行的测试。表式按检测单位现行用表。

②该测试应委托有相应资质的检测单位检测并提供报告。

(10)照明全负荷试验记录一般规定:

①照明全负荷试验应在电气分部验收前进行。

②灯具、吊扇、配电箱(盘)安装完毕,且各支条路的绝缘电阻遥测合格后,方允许通电全负荷试验。

③测试、检验情况:指测试、检验过程中的基本情况,如检验子项的型号、规格、抽检数量,设备(器具)运行情况及存在的主要问题。

④测试、检验结果:指施工单位自检的结论。

⑤评定意见:指检验完成后,对检验结果的评价。

6.7 工程资料立卷与移交

(1)对与工程建设有关的重要活动、记载工程建设主要过程和现状、具有保存价值的各种载体的文件,均应收集齐全,整理立卷后归档。

(2)凡新建、改建、扩建投资额在20万元或建筑面积在500 m^2 及其以上的建筑工程资料均应归档。

(3)工程文件的内容必须真实、准确,与工程实际相符合。

(4)工程文件应采用耐久性强的书写材料,如碳素墨水、蓝黑墨水,不得使用易褪色的书写材料,如红色墨水、纯蓝墨水、圆珠笔、复写纸、铅笔等。

(5)立卷应遵循工程文件的自然形成规律,保持卷内文件的有机联系,便于档案的保管和利用。

(6)一个建设工程由多个单位工程组成时,工程文件应按单位工程组卷。

(7)立卷可采用如下方法:

①工程文件可按建设程序划分为工程准备的阶段文件、监理文件、施工文件、竣工图、竣工验收文件5部分。

②工程准备阶段文件可按建设程序、专业、形成单位等组卷。

③监理文件可按单位工程、分部工程、专业、阶段等组卷。

④施工文件可按单位工程、分部工程、专业、阶段等组卷。

⑤竣工图可按单位工程、专业等组卷。

⑥竣工验收文件按单位工程、专业等组卷。

(8)立卷过程中宜遵循下列要求:

①案卷不宜过厚,一般不超过40 mm;

②案卷内不应有重份文件;不是载体的文件一般应分别组卷。

(9)卷内文字材料按事项、专业顺序排列。同一事项的请示与批复、同一文件的印本与定稿、主件与附件不能分开,并按批复在前、请示在后,印本在前、定稿在后,主件在前、附件在后的顺序排列。图纸按专业排列，同专业图纸按图号顺序排列。既有文字材料又有图纸的案卷，文字材料排前，图纸排后。

(10)编制卷内文件页号应符合下列规定：

①卷内文件均按有书写内容的页面编号。每卷单独编号，页号从“1”开始。

②页号编写位置：单面书写的文件右下角；双面书写的文件，正面在右下角，背面在左下角。折叠后的图纸一律在右下角。

③成套图纸或印刷成册的科技文件材料，自成一卷的，原目录可代替卷内目录，不必重新编写页码。

④案卷封面、卷内目录、卷内备考表不编写页号。

⑤每个建设项目应设总目录卷，按卷顺序号登记排列。

(11)卷内目录的编制内容：

①序号：以一份文件为单位，用阿拉伯数字从1依次标注。

②责任者：填写文件的直接形成单位和个人。有多个责任者时，选择两个主要责任者，其余用“等”代替。

③文件编号：填写工程文件原有的文号或图号。

④文件题名：填写文件标题的全称。

⑤日期：填写文件形成的日期。

⑥页次：填写文件在卷内所排的起始页号，最后一份文件填写起止页号。

⑦卷内目录排列卷内文件首页之前。

(12)卷内备考的编制应符合下列规定：

①卷内备考表。

②卷内备考表主要标明卷内文件的总页数、各类文件页数(照片张数)，以及立卷单位对案卷情况的说明。

③卷内备考表排列在卷内文件的尾页之后。

(13)案卷封面内容的编制应符合下列规定：

①档号：应由分类号、项目号和案卷号组成。档号由档案保管单位填写。

②档案馆代号：应填写国家给定的本档案馆的编号。档案馆代号由档案馆填写。

③案卷题名：应简明、准确地揭示卷内文件的内容。案卷题名应包括工程名称、专业名称、卷内文件的内容。

④编制单位：应填写案卷内文件的形成单位或主要责任者。

⑤起止日期：应填写案卷内全部文件形成的起止日期。

⑥保管期限：分为永久(永久保存)、长期(同该工程的使用寿命)、短期(20年以下)三种期限。同一案卷内有不同保管期限的文件，该案卷保管期限应从长。

⑦密级：分为绝密、机密、秘密三种。同一案卷内有不同密级的文件，应以高密级为本卷密级。

⑧共几卷：工程文件的总卷数。

⑨第几卷：该卷的顺序号。

(14)案卷可采用装订与不装订两种形式。文字材料必须装订。既有文字材料，又有图纸的案卷应装订。装订应采用线绳三孔左侧装订法，要整齐、牢固，便于保管和使用。

（15）案卷装具一般采用卷盒、卷夹两种形式。

①卷盒的外表尺寸为 310 mm × 220 mm，厚度分别为 20 mm、30 mm、40 mm、50 mm。

②卷夹的外表尺寸为 310 mm × 220 mm，厚度一般为 20 ~ 30 mm。

③卷盒、卷夹应采用无酸纸制作。案卷脊背内容包括档号、案卷题分。

（16）归档应符合下列规定：

①归档文件必须完整、准确、系统，能够反映工程建设活动的全过程。

②归档的文件必须经过分类整理，并应组成符合要求的案卷。

（17）勘察、设计、施工、监理等单位向建设单位移交档案时，应编制移交清单，双方签字、盖章。

（18）列入城建档案馆（室）档案接收范围的工程，建设单位在组织工程竣工验收前，应提请城建档案管理机构对工程档案进行预验收，并填报省建设工程档案专项验收申请表，建设单位未取得城建档案管理机构出具的认可文件，不得组织工程竣工验收。

（19）城建档案管理部门在进行工程档案预验收时，应重点验收以下内容：

①工程档案齐全、系统、完整。

②工程档案的内容真实、准确地反映工程建设活动和工程实际状况。

③工程档案整理立卷，立卷符合规范的规定。

④竣工图绘制方法、图式及规格等符合专业技术要求，图面整洁，盖有竣工图章。

⑤文件的形成、来源符合实际，要求单位或个人签章的文件，其签章手续完备。

⑥文件材质、幅面、书写、绘图、用墨、托裱等符合要求。

（20）建设单位向城建档案馆（室）移交工程档案时，应办理移交手续，填写移交目录，双方签字、盖章后交接。城建档案馆（室）应签建设工程档案专项验收认可书。

第7章 造价员岗位指导

7.1 造价员岗位职责认识

(1)熟悉掌握国家的法律法规及有关工程造价的管理规定,掌握专业理论知识,熟悉工程图纸,掌握工程预算定额及有关政策规定。

(2)负责审查施工图纸,参加图纸会审和技术交底,依据其记录进行预算调整。

(3)协助做好工程项目的立项申报,组织招投标,开工前的报批及竣工后的验收工作。

(4)工程竣工验收后,及时完成竣工工程的决算工作。

(5)参与采购工程材料和设备,负责工程材料分析,复核材料价差,收集和掌握技术变更、材料代换记录,并随时做好造价测算,为决策提供科学依据。

(6)全面掌握施工合同条款,深入现场了解施工情况,为决算复核工作打好基础。

(7)工程决算后,将决算单送审计部门,以便进行审计。

(8)完成工程造价的经济分析,及时完成工程决算资料的归档。

(9)协助编制基本建设计划和调整计划,了解基建计划的执行情况。

(10)造价员的工作任务:

①建设项目投资估算的编制、审核及项目经济评价;

②工程概算、预算、竣工结(决)算、工程量清单、工程招标标底或招标控制价、投标报价的编制和审核;

③工程变更及合同价款的调整和索赔费用的计算;

④建设项目各阶段的工程造价控制;

⑤工程经济纠纷的鉴定;

⑥与工程造价业务有关的其他事项。

7.2 基本概念及一般规定

(1)造价员需要了解的法律、规范。

①《中华人民共和国建筑法》。

②《中华人民共和国合同法》。

③《中华人民共和国招标投标法实施条例》。

④《建设工程工程量清单计价规范》(GB 50500—2013)。

(2)工程量清单:载明建设工程分部分项工程项目、措施项目、其他项目的名称和相应数量以及规费、税金项目等内容的明细清单。

(3)分部分项工程:分部工程是单项或单位工程的组成部分,是按结构部位、路段长度及施工特点或施工任务将单项或单位工程划分为若干分部的工程；分项工程是分部工程的组成部分，是按不同施工方法、材料、工序及路段长度等将分部工程划分为若干个分项或项目的工程。

(4)综合单价：完成一个规定清单项目所需的人工费、材料和工程设备费、施工机具使用费和企业管理费、利润以及一定范围内的风险费用。

(5)风险费用：隐含于已标价工程量清单综合单价中，用于化解发承包双方在工程合同中约定内容和范围内的市场价格波动风险的费用。

(6)工程变更：合同工程实施过程中由发包人提出或由承包人提出经发包人批准的合同工程任何一项工作的增、减、取消或施工工艺、顺序、时间的改变；设计图纸的修改；施工条件的改变；招标工程量清单的错、漏，从而引起合同条件的改变或工程量的增减变化。

(7)索赔：在工程合同履行过程中，合同当事人一方因非己方的原因而遭受损失，按合同约定或法律法规规定承担责任，从而向对方提出补偿的要求。

(8)现场签证：发包人现场代表(或其授权的监理人、工程造价咨询人)与承包人现场代表就施工过程中涉及的责任事件所作的签认证明。

(9)提前竣工(赶工)费：承包人应发包人的要求而采取加快工程进度措施，使合同工程工期缩短，由此产生的应由发包人支付的费用。

(10)工程结算：发承包双方根据合同约定，对合同工程在实施中、终止时、已完工后进行的合同价款计算、调整和确认。包括期中结算、终止结算、竣工结算。

(11)招标控制价：招标人根据国家或省级、行业建设主管部门颁发的有关计价依据和办法，以及拟定的招标文件和招标工程量清单，结合工程具体情况编制的招标工程的最高投标限价。

(12)工程造价信息：工程造价管理机构根据调查和测算发布的建设工程人工、材料、工程设备、施工机械台班的价格信息，以及各类工程的造价指数、指标。

(13)工程造价指数：反映一定时期的工程造价相对于某一固定时期的工程造价变化程度的比值或比率。包括按单位或单项工程划分的造价指数，按工程造价构成要素划分的人工、材料、机械等价格指数。

(14)使用国有资金投资的建设工程发承包，必须采用工程量清单计价。使用国有资金投资项目的范围包括：

①使用各级财政预算资金的项目；

②使用纳入财政管理的各种政府性专项建设基金的项目；

③使用国有企事业单位自有资金，并且国有资产投资者实际拥有控股权的项目。

(15)分部分项工程项目清单应包括项目编码、项目名称、项目特征、计量单位和工程量。

(16)招标工程量清单必须作为招标文件的组成部分，其准确性和完整性由招标人负责。分部分项工程量清单必须根据相关工程现行国家计量规范规定的五项内容进行编制。

(17)措施项目中的安全文明施工费必须按国家或省级、行业建设主管部门的规定计算，不得作为竞争性费用。

(18)规费和税金必须按国家或省级、行业建设主管部门的规定计算,不得作为竞争性费用。

(19)凡出现以下情况之一者,发承包双方应当按照合同约定调整合同价款:

①法律法规变化;

②工程变更;

③项目特征描述不符;

④工程量清单缺项;

⑤工程量偏差;

⑥物价变化;

⑦暂估价;

⑧计日工;

⑨现场签证;

⑩不可抗力;

⑪提前竣工(赶工补偿);

⑫误期赔偿;

⑬索赔;

⑭暂列金额;

⑮发承包双方约定的其他调整事项。

(20)建设工程发承包,必须在招标文件、合同中明确计价中的风险内容及其范围,不得采用无限风险、所有风险或类似语句规定计价中的风险内容及其范围。计价风险是指工程建设施工阶段发、承包双方在招投标活动和合同履约及施工中所面临涉及工程计价方面的风险。

(21)在工程施工阶段,发、承包双方都面临许多风险,但不是所有的风险以及无限度的风险都应由承包人承担,而是应按风险共担的原则,对风险进行合理分摊。所以,应在招标文件或合同中对发、承包双方各自应承担的风险内容及其风险范围或幅度进行界定和明确,而不能要求承包人承担无限度风险、所有风险。

(22)招标工程量清单必须作为招标文件的组成部分,其准确性和完整性由招标人负责。采用工程量清单方式招标发包工程,招标工程量清单必须作为招标文件的组成部分。招标人应将工程量清单连同招标文件的其他内容一并发(或发售)给投标人;招标人对编制的招标工程量清单的准确性和完整性负责。作为投标人报价的共同平台,招标工程量清单准确性(数量不算错)、完整性(不缺项、漏项)均应由招标人负责。如招标人委托工程造价咨询人编制,责任仍应由招标人承担;投标人依据招标工程量清单进行投标报价,对工程量清单不负有核实的义务,更不具有修改和调整的权利。

(23)投标人必须按招标工程量清单填报价格。填写的项目编码、项目名称,项目特征、计量单位、工程量必须与招标工程量清单一致。实行工程量清单招标,招标人在招标文件中提供工程量清单,其目的是使各投标人在投标报价中具有共同的竞争平台。

(24) 造价员工作流程。

①投标阶段(编制投标报价文件)。依据施工图纸、招标文件、信息价等文件,了解项

目具体实施方案及施工情况，通过和项目经理、设计师、技术员、材料员沟通讨论并最终编制出投标文件。

②施工阶段（参加图纸会审，提出问题，提供工程量及材料价格明细表，协调资料员完善施工现场签证单及变更，根据变更资料及时调整预算，在施工阶段需要与项目经理、技术员、资料员等协调工作）。仔细阅读图纸，发现相关问题并做好记录，参加图纸会审，明确了解图纸会审纪要内容；配合其他部门（如施工部、劳务部），按时将施工楼层、施工节点、施工构件的工程量明细表提交项目部参考，同时将材料预算信息价格明细表提供项目部进行对比参考，并及时与管理人员、设计人员沟通，对于量、价实时对比分析，找出差距及原因，以利于及时办理签证单及变更，同时有利于项目部进行实时调整，改进管理办法；及时协调技术员、资料员完善施工现场签证单及变更单，履行签证盖章手续，及时进行预算工作调整；协助财务进行成本核算、审核分包、劳务层的工程进度预算。

③竣工结算阶段（进一步完善签证、变更，收集、整理竣工结算资料，编制完整的竣工结算文件，进行结算对审，参与劳务的结算对审）。首先要收集结算资料，收集完整的竣工图纸、施工过程中的签证及变更、价格的参考依据及认价资料；编制完整的竣工结算文件，认真、细心地做到不丢项、漏项，有明确的思路；进行结算对审，这是一项烦琐又必须细致的技术与经济相结合的工作，要求预算员必须了解实际施工工序及工艺、施工方案，具备良好的专业知识及业务沟通能力，灵活应付，合理把控；协助公司与劳务公司的工程量分析及劳务结算对审，填写劳务分项工程量结算对审表及结算对审后合价表。

7.3 工程量清单计价

（1）工程量清单计价法亦称综合单价法，是指建设工程招标投标中，招标人按照国家统一的《建设工程工程量清单计价规范》（GB 50500—2013），提供工程数量清单，由投标人依据工程量清单计算所需的全部费用，包括分部分项工程费、措施项目费、其他项目费、规费和税金，自主报价，并按照经评审合理低价中标的工程造价计价模式。简言之，工程量清单计价法是建设工程在招标投标中，招标人（或委托具有相应资质的造价公司）编制反映工程实体消耗和措施消耗的工程量清单，作为招标文件的一部分提供给投标人，由投标人依据工程量清单自主报价的计价方式。

（2）工程量清单应采用综合单价法计价。采用综合单价法进行工程量清单计价时，综合单价包括除规费和税金外的全部费用，即

综合单价 = 人工费 + 材料和工程设备费 + 施工机具使用费 + 企业管理费 + 利润 + 由投标人承担的风险费用 + 其他项目清单中的材料暂估单价

（3）工程量清单计价的基本过程为：在统一的工程量清单项目设置的基础上，制定工程量清单计量规则，根据具体工程的施工图纸计算出各个清单项目的工程量，再根据各种渠道所获得的工程造价信息和经验数据计算得到工程造价。

招标控制价工程量清单计价过程示意图如图 7-1 所示。

（4）工程量清单计价编制过程可分为两个阶段：工程量清单的编制和利用工程量清单来编制招标控制价。计算公式为

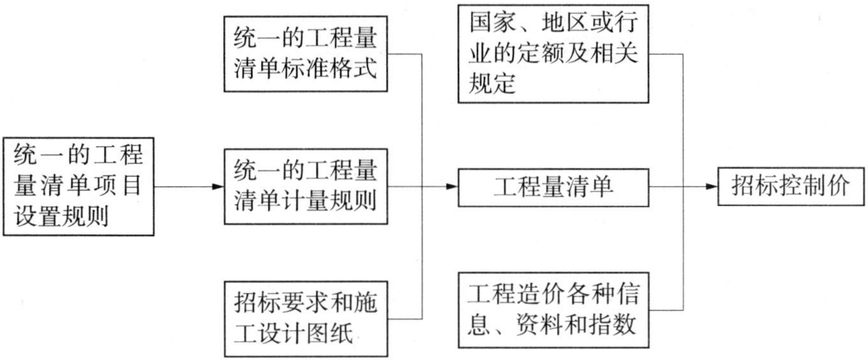

图 7-1　招标控制价工程量清单计价过程示意图

$$分部分项工程费 = \sum 分部分项工程量 \times 相应分部分项综合单价$$

$$措施项目费 = \sum 各措施项目费$$

$$其他项目费 = 暂列金额 + 暂估价 + 计日工 + 总承包服务费$$

$$单位工程报价 = 分部分项工程费 + 措施项目费 + 其他项目费 + 规费 + 税金$$

$$单项工程报价 = \sum 单位工程报价$$

$$建设项目总报价 = \sum 单项工程报价$$

(5)暂列金额是指招标人在工程量清单中暂定并包括在合同价款中的一笔款项。用于施工合同签订时尚未确定或者不可预见的所需材料、设备、服务的采购,施工中可能发生的工程变更、合同约定调整因素出现时的工程价款调整以及发生的索赔、现场签证确认等的费用。

(6)暂估价是指招标人在工程量清单中提供的用于支付必然发生但暂时不能确定价格的材料的单价以及专业工程的金额。

(7)计日工是指在施工过程中,完成发包人提出的施工图纸以外的零星项目或工作,按合同中约定的综合单价计价的一种计价方式。

(8)总承包服务费是指总承包人为配合协调发包人进行的工程分包,自行采购的设备、材料等进行管理、服务以及施工现场管理、竣工资料汇总整理等服务所需的费用。

(9)工程量清单计价成果形式。

①分部分项工程量清单与计价表(见表 7-1)。

表 7-1　分部分项工程量清单与计价表

工程名称:　　　　　　　　　　标段:　　　　　　　　　　第　　页 共　　页

序号	项目编码	项目名称	项目特征描述	计量单位	工程量	金额		
						综合单价	合价	其中:暂估价

②措施项目清单与计价表(见表7-2、表7-3)。

表7-2 措施项目清单与计价表(一)

工程名称: 标段: 第 页 共 页

序号	项目编码	项目名称	项目特征描述	计量单位	工程量	金额	
						综合单价	合价
1							
2							
3							
4							

注:本表适用于以“综合单价”形式计价的措施项目。

表7-3 措施项目清单与计价表(二)

工程名称: 标段: 第 页 共 页

序号	项目名称	计算基础	费率(%)	金额(元)
1				
2				
3				
4				

注:本表适用于以“项”计价的措施项目;计算基础可以为“直接费”、“人工费”或“人工费+机械费”。

③其他项目清单与计价汇总表(见表7-4)。

表7-4 其他项目清单与计价汇总表

序号	项目名称	计量单位	金额(元)	备注
1	暂列金额			
2	暂估价			
3	计日工			
4	总承包服务费			
合计				

④规费、税金项目清单与计价表(见表7-5)。

表7-5 规费、税金项目清单与计价表

工程名称: 标段: 第 页 共 页

序号	项目名称	计算基础	费率(%)	金额(元)
1	规费			
1.1	工程排污费			
1.2	社会保障费			
(1)	养老保险费			

续表 7-5

序号	项目名称	计算基础	费率(%)	金额(元)
(2)	失业保险费			
(3)	医疗保险费			
1.3	住房公积金			
1.4	危险作业意外伤害保险			
1.5	工程定额测定费			
2	税金	分部分项工程费＋措施项目费＋其他项目费＋规费		
合计				

7.4 工程量清单的编制

(1)招标工程量清单是工程量清单计价的基础,应作为编制招标控制价、投标报价、计算或调整工程量、索赔等的依据之一。

(2)招标工程量清单应以单位(项)工程为单位编制,应由分部分项工程项目清单、措施项目清单、其他项目清单、规费和税金项目清单组成。

(3)编制招标工程量清单应依据:

①规范和相关工程的国家计量规范;

②国家或省级、行业建设主管部门颁发的计价定额和办法;

③建设工程设计文件及相关资料;

④与建设工程有关的标准、规范、技术资料;

⑤拟定的招标文件;

⑥施工现场情况、地勘水文资料、工程特点及常规施工方案;

⑦其他相关资料。

(4)分部分项工程项目清单必须根据相关工程现行国家计量规范规定的项目编码、项目名称、项目特征、计量单位和工程量计算规则进行编制。

(5)措施项目清单必须根据相关工程现行国家计量规范的规定编制。措施项目清单应根据拟建工程的实际情况列项。

(6)其他项目清单应按照下列内容列项:

①暂列金额;

②暂估价,包括材料暂估单价、工程设备暂估单价、专业工程暂估价;

③计日工:应列出项目名称、计量单位和暂估数量;

④总承包服务费:应列出服务项目及其内容等。

(7)暂估价中的材料、工程设备暂估单价应根据工程造价信息或参照市场价格估算,列出明细表;专业工程暂估价应分不同专业,按有关计价规定估算,列出明细表。

(8)规费项目清单应按照下列内容列项:

①社会保险费:包括养老保险费、失业保险费、医疗保险费、工伤保险费、生育保险费;

②住房公积金;

③工程排污费。

(9)税金项目清单应包括下列内容:

①营业税;

②城市维护建设税;

③教育费附加;

④地方教育附加。

7.5 工程施工招标范围及招投标流程

7.5.1 招标范围

《中华人民共和国招标投标法》规定:在中华人民共和国境内进行下列工程建设项目包括项目的勘察、设计、施工、监理以及与工程建设有关的重要设备、材料等的采购,必须进行招标:

(1)大型基础设施、公用事业等关系社会公共利益、公众安全的项目;

(2)全部或者部分使用国有资金投资或者国家融资的项目;

(3)使用国际组织或者外国政府贷款、援助资金的项目。

前款所列项目的具体范围和规模标准,由国务院发展计划部门会同国务院有关部门制定,报国务院批准。

7.5.2 承包方式

承包方式指工程发包方(一般即招标方)与承包方(一般即投标中标方)二者之间经济关系的形式。承包方式多种多样,受承包内容和具体环境条件的制约。

(1)按承包范围(内容)划分承包方式。

按工程承包范围即承包内容划分的承包方式有建设全过程承包、阶段承包、专项承包和"建造-经营-转让"承包4种。

(2)按承包者所处地位划分承包方式。在工程承包中,一个建设项目上往往有不止一个承包单位。承包单位与建设单位之间,以及不同承包单位之间的关系不同、地位不同,也就形成不同的承包方式。常见有总承包、分承包、独立承包、联合承包、直接承包。

(3)根据承包单位获得任务的不同途径划分承包方式,有计划分配、投标竞争、委托承包、获得承包任务的其他途径。

(4)按合同类型和计价方法划分承包方式,有固定总价合同、按量计价合同、单价合同、成本加酬金合同等。

7.5.3 项目招标策划

(1)项目招标策划主要内容应包括:标段划分、合作单位的选择方式(公开招标、邀请招标、直接委托)、入围单位的选择标准(清单、单价、费率、优惠率)、确定招标后是否需要进行商务谈判。

(2)标段划分:应综合工程的复杂程度、技术要求、工期要求,结合承包商的实力以及自身的管理水平,合理划分标段。避免标段过小导致承包方不能发挥规模效益,而提高报价;也要防止标段划分过大导致不能按时竣工或者降低工程质量。

(3)计价方式的选择:各类施工工程招标应采用工程量清单的招标方式。工程技术科编制工程实施计划时,应给工程量清单招标安排合理的时间。因工期紧急而无法采用工程量清单招标时,可以采用模拟工程量清单(包干单价)的招标方式。

(4)下述工程项目应采用两阶段招标法:招标项目的技术含量高,产品质量差异程度大且难以量化,如幕墙、门窗、精装修;投标产品存在较大差异,比较的重点是性价比而不单纯是价格,如智能化、机电产品。两阶段招标法即先进行方案招标(可要求投标方初步报价),统一技术标准或设备型号后,再进行第二阶段招标。

7.5.4 招标文件

(1)施工招标文件分正文和附件两部分。正文一般包括招标内容、招标范围、项目简介、工期、质量要求、工程造价要求、投标截止日期、开标时间和地点、评标办法、违约责任、投标押金、相关规范、投标文件格式、特别约定等;附件包括技术标编制要求、经济标编制要求、工程量清单报价表、甲控材料表(含甲供、第三方供货、限价)、招标工程师认可的施工图、拟签的合同文本。

(2)招标文件应完整、系统,全文表述准确,对于涉及双方利益的经济条款,应在招标文件中表述清晰,避免事后发生纠纷。

(3)在开展施工类项目招标时,应已对拟招标项目的市场价格、主流供应商等有清晰的了解。各类招标应根据工程量清单、当地预算定额和通行的取费标准、市场行情编制评标参考价或拦标价,应力求准确、全面,不得漏项。

(4)招标文件中,应要求投标单位及时回标,并将技术标、商务标分开封装,以便评标。

(5)经批准采用费率招标的项目,须在招标文件和合同中明确计费依据,并规定在施工图预算编制完成后一段时间内,双方根据施工图预算和中标费率核对工程造价,确认合同总价,并就确定后的总价签署补充协议。

7.5.5 投标单位的选择

(1)招标工程师首先应到政府有关部门了解本行业全面情况,并根据政府主管部门所作的行业评比结果,经统计分析整理出各供应商及施工队伍的入围资格等。

(2)招标工程师应深入了解市场,包括能承接该招标工程的队伍数量、市场价格、供求现状,以及拟选入围单位的技术实力、管理水平、资信状况、历史工程,结合工程管理水平、招标工程项目的特点,选择入围投标单位。

(3)各项招标采用邀请招标的方式,必须有3家以上的投标单位参与竞标。多标段同时发标时,一个标段不得少于3家投标单位,同一单位不应参加2个以上的标段投标,总体中标率不得高于50%。

(4)参与投标的单位是通过资质审查或在“合格承包商名录”选择的单位。

(5)选择入围投标单位应注意保证相互之间有充分的竞争,避免相互之间有关联关系,并十分熟悉同类承包商参加同一项工程的竞标。总包工程招标必须保证每次招标均有新入围的投标单位参与;分包工程力求每次招标均有新入围的投标单位参与。

(6)优先选择具有良好合作记录的合格供应商参加投标,合作记录评价包括工程质量、现场管理、经济结算、历次投标记录等。

(7)招标工程师负责建立《合格承包商名录》,对承包商实行分级管理制度,级别高的合格承包商在同等条件下享有优先中标权。

(8)合格承包商应符合以下要求:证照齐全、守法经营、管理规范;技术力量和资金实力雄厚,满足相应投标工程的需求;重合同、守信用,信誉良好;近三年无重大质量、安全事故;近三年无诉讼,无舞弊、贿赂、串标等行为。

7.5.6 发标与招标答疑

(1)招标文件的发放由招标工程师直接发放给投标单位。为保证投标方履行其投标承诺,总公司应收取一定的投标保证金。

(2)招标答疑会由招标人组织,招标工程师、合同管理工程师参加;应注意把招标工程概况、技术要求、报价要求等向投标方进行交底,避免理解差异,使投标在回标分析时更具可比性。

(3)招标工程师负责做好招标答疑记录工作,整理好作为招标文件的附件发给所有投标单位,包括投标期间招标方认为需要回答的投标方的其他疑问。

(4)如有必要组织现场踏勘的,由招标人统一安排,招标工程师负责现场组织、回答投标方现场提出的疑问,并将书面记录统一发送至投标方。

7.5.7 开标

(1)投标方应在招标文件规定的时间前将投标文件送交指定地点,不按时回标视为废标,招标工程师应予以记录。

(2)开标时,招标人两人以上现场拆封,并由参加开标的监督人员和投标人在场签字确认。

(3)招标人负责在开标前联系确认政府有关部门人员和监督人员到场参加开标。

(4)开标程序:主持人宣布开标会议开始;介绍参加会议的单位及有关人员;由投标人或者其推选的代表检查投标文件的密封情况,也可以由招标人委托的公证机构检查并公证,检查人员对检查结果签字确认;经确认无误后,由有关工作人员当众拆封,宣读投标人名称、投标价格和投标文件的其他主要内容;开标会结束。

7.5.8 评标准备

(1)招标人向评标委员会成员发放招标文件和评标有关表格。

(2)评标委员会成员研究招标文件,了解和熟悉以下内容:工程概况;招标范围和性质;招标文件规定的主要技术要求、标准和商务条款;招标文件规定的评标方法和标准以及在评标过程中应考虑的相关因素。

(3)招标人向评标委员会提供评标所需的重要信息和数据。

7.5.9 初步评审

(1)评标委员会检查所有投标文件的有效性。

(2)根据招标文件规定,审查并逐项列出投标文件的全部投标偏差,属于重大偏差的,为未实质性响应招标文件,作废标处理;属于细微偏差的,评标委员会应当书面要求投标人在评标结束前予以补正。

(3)要求投标人对投标文件中含义不明确、对同类问题表述不一致或者有明显文字和计算错误的内容作必要的澄清、说明或者补正(如果有);如发现投标人的投标报价明显偏低,有可能低于其企业成本价的,要求该投标人作出书面说明并提供相关证明材料。

(4)按上述评审,评标委员会列出被否决的不合格投标或者界定为废标的,确定合格的投标文件。填写《初步评审结论一览表》。

7.5.10 详细评审

(1)经评审的最低投标价法:由评标委员会根据招标文件规定的价格调整方法和标准,对所有投标人的投标报价以及投标文件的商务部分作必要的价格调整,评审出最终投标价,同时对投标文件技术部分的可行性进行评审;拟定《经评审的价格一览表》。

(2)综合评估法(综合评分法):由评标委员会根据招标文件规定的价格调整方法和标准,对所有投标人的投标报价以及投标文件的商务部分作必要的价格调整,评审出最终投标价;根据招标文件规定的方法和标准,对投标文件的商务部分和技术部分进行逐项评分;对商务部分和技术部分的评分结果进行加权,计算出每一投标的综合评估分;拟定《综合计分评分比较一览表》。

7.5.11 提交评标报告

评标委员会全体成员签署书面评标报告,将投标人排序并推荐1~3名有排序的中标候选人。

7.5.12 澄清与商务谈判

(1)如发现投标人技术或商务标书内容表述不清、理解存在歧义,对评标结果会产生明显影响的,依据招标文件,可要求投标人对标书予以澄清,并用书面形式列明澄清内容送招标人作为评定标的补充依据。

(2)投标单位对标书的澄清不得对原投标文件构成实质性修改,否则应不予接受。

(3)评标过程中,如投标价皆高于招标人预期,但差距较小,仍属合理报价范围,不宜重新招标时,经申请报总公司主管领导同意后,与报价较低的投标单位就中标条件进行商务谈判。

7.5.13　定标

(1)定标参考按如下方法执行:

①最低价投标单位中标。适用范围:技术要求一般的工程,或技术要求较高但所有投标方的技术实力和配合态度相当。只要最低投标价不是明显低于成本,则应由其中标。

②按最低价另择技术实力与配合情况良好的投标方中标。适用范围:技术要求较高;投标方的技术实力和配合情况相差较大。满足以上两个条件时,可选择综合评分最高的单位进行谈判,要求对方调整报价到最低标或最低标以下。此类定标方法不应超过招标总量的30%(按招标金额计算)。

③选择技术实力与配合情况良好的单位在不超过最低价3%的范围内中标。适用范围:技术要求较高;技术实力与配合态度相差极为悬殊;综合评分最高的单位不同意调整至最低标价,或者认为不宜再行谈判,可以在不超过最低价3%的范围内选择综合评分最高的单位中标。此类定标方法不应超过招标总量的20%(按招标金额计算)。

(2)技术实力:指投标方资质、技术实力、工期及质量承诺;项目经理和主要技术人员水平;近期在建工程质量及获奖情况。

(3)配合情况:指施工和保修期配合的主动性和及时性,进度款申报的合理程度,预结算核对的配合情况等。

(4)中标单位应满足招标文件的实质性要求,对合同条件的细节问题在双方同意的情况下可以修改。

(5)招标工程师应在最终确认后的3日内向中标人发出中标通知书,并将中标结果以书面形式通知其他投标单位。

7.5.14　废标并重新招标

(1)投标单位相互串通投标;

(2)投标单位向招标小组成员行贿,废除该标后不足3家;

(3)投标单位以他人名义投标或以其他方式弄虚作假,废除该标后不足3家;

(4)开标后,发现所有投标皆不满意;如各标价皆高出预期,不在合理报价范围之内。

7.5.15　签约与后续工作

(1)在中标通知书规定的合同签订时间之内,招标工程师协助合同管理工程师按照招标文件中的合同条件和中标单位的最后承诺与中标单位签订承包合同。

(2)招标工程师应加强与政府有关部门的沟通,积极配合政府部门的工作,争取政府有关部门的支持。

(3)招标工程师在配合政府部门有关招标工作的同时,全面考虑各种不确定因素,注意规避各种风险,确保合同实际利益条款的有效执行。

7.6 招标控制价编制

7.6.1 招标控制价编制的工作内容

招标控制价编制的工作内容包括招标控制价编制前期准备、招标控制价编制、招标控制价成果审查及资料归档与总结等。

7.6.2 招标最高限价编制工作依据

(1)国家、行业和地方政府有关工程建设和造价管理的法律、法规和规定。如《建设工程工程量清单计价规范》、《价格法》、《合同法》、《招标投标法》、《建筑法》,《工程建设项目施工招标投标办法》、《建筑工程施工发包与承包计价管理办法》等。

(2)企业定额、现行建筑工程和安装工程预算定额及费用定额、单位估价表、有关费用规定等文件。

(3)施工组织设计或施工方案。

(4)批准的初步设计概算或修正概算。

(5)经过批准和会审的施工图设计文件及有关标准图集。

(6)工程承包合同。

(7)招标文件,包括商务条款、技术条款、图纸以及招标人对已发出的招标文件进行澄清、修改或补充的书面资料等。

(8)现场踏勘、图纸会审及答疑资料。

(9)工程地质勘察资料。

(10)现行的有关设备原价及运杂费率。

(11)人工、材料及施工机械台班市场价格、价格指数。

(12)其他有关资料。

7.6.3 招标控制价编制的工作程序

招标控制价编制工作程序见图7-2。招标控制价编制的工作程序分为分部分项工程费编制、措施项目费编制、其他项目费编制、规费和税金编制、编制资料汇总五个步骤,依据前期准备中收集到的相关资料,选定适当的方法,编制出价格水平适当的招标控制价。

7.6.4 工作思路

首先根据招标人提供的工程量清单编制分部分项工程量清单计价表、措施项目清单计价表、其他项目清单计价表、规费和税金项目清单计价表,计算完毕之后,汇总而得到单位工程投标报价汇总表,再层层汇总,分别得出单项工程投标报价汇总表和工程项目投标总价汇总表。在编制过程中,投标人应按招标人提供的工程量清单填报价格。填写的项目编码、项目名称、项目特征、计量单位、工程量必须与招标人提供的一致。

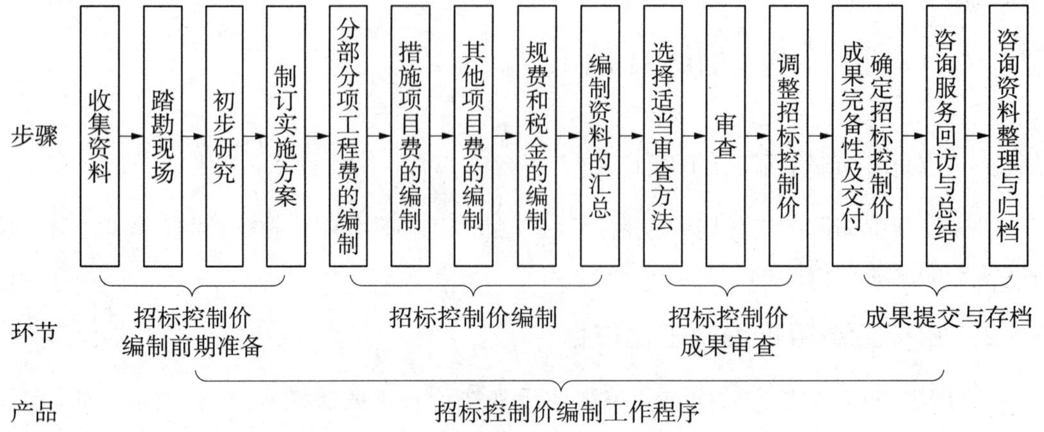

图 7-2　招标控制价编制工作程序

7.6.5　招标控制价编制划分步骤

7.6.5.1　分部分项工程量清单与计价表的编制

招标控制价中的分部分项工程费应按招标文件中分部分项工程量清单项目的特征描述确定综合单价计算。分部分项工程量清单综合单价，包括完成单位分部分项工程所需的人工费、材料费、机械使用费、管理费、利润，并考虑风险费用的分摊。分部分项工程综合单价公式为

$$\text{分部分项工程综合单价} = \text{人工费} + \text{材料费} + \text{机械使用费} + \text{管理费} + \text{利润}$$

计算方法如下：

(1)确定计算基础。计算基础主要包括消耗量的指标和生产要素的单价。应根据拟定的施工方案确定完成清单项目需要消耗的各种人工、材料、机械台班的数量。计算时，应采用国家、地区、行业定额，并通过调整来确定清单项目的人、材、机单位用量。各种人工、材料、机械台班的单价，则应根据询价的结果和市场行情综合确定。

(2)计算工程内容的工程数量与清单单位的含量。每一项工程内容都应根据所选定额的工程量计算规则计算其工程数量，当定额的工程量计算规则与清单的工程量计算规则相一致时，可直接以工程量清单中的工程量作为工程内容的工程数量。

当采用清单单位含量计算人工费、材料费、机械使用费时，还需要计算每一计量单位的清单项目所分摊的工程内容的工程数量，即清单单位含量。

清单单位含量计算公式为

$$\text{清单单位含量} = \frac{\text{某工程内容的定额工程量}}{\text{清单工程量}}$$

(3)分部分项工程人工、材料、机械费用的计算。以完成每一计量单位的清单项目所需的人工、材料、机械用量为基础计算。计算公式为

$$\begin{array}{c}\text{每一计量单位清单项目}\\ \text{某种资源的使用量}\end{array} = \begin{array}{c}\text{该种资源的}\\ \text{定额单位用量}\end{array} \times \begin{array}{c}\text{相应定额条目的}\\ \text{清单单位含量}\end{array}$$

再根据预先确定的各种生产要素的单位价格计算出每一计量单位清单项目的分部分

项工程的人工费、材料费与机械使用费。计算公式为

$$人工费=\frac{完成单位清单项目}{所需工人的工日数量}\times 每工日的人工日工资单价$$

$$材料费=\sum\frac{完成单位清单项目所需}{各种材料、半成品的数量}\times 各种材料、半成品单价$$

$$机械使用费=\sum\frac{完成单位清单项目所需}{各种机械的台班数量}\times 各种机械的台班单价$$

(4)计算综合单价。管理费和利润的计算可按照人工费、材料费、机械费之和及一定的费率取费计算。计算公式为

$$管理费=(人工费+材料费+机械使用费)\times 管理费费率$$

$$利润=(人工费+材料费+机械使用费+管理费)\times 利润率$$

将五项费用汇总,并在考虑合理的风险费用后,即可得到分部分项工程量清单综合单价。

根据计算出的综合单价,可编制分部分项工程量清单与计价分析表,如表7-6所示。

表7-6 分部分项工程量清单与计价表

工程名称:××中学教师住宅工程　　标段:　　第　页共　页

序号	项目编码	项目名称	项目特征描述	计量单位	工程量	金额(元)		
						综合单价	合价	其中:暂估价
		⋮						
		A.4 混凝土及钢筋混凝土工程						
6	010403001001	基础梁	C30混凝土基础梁,梁底标高-1.55 m,梁截面300 mm×600 mm,250 mm×500 mm	m^3	208	356.14	74 077	
7	010416001001	现浇混凝土钢筋	螺纹钢Q235,φ14	t	98	5 857.16	574 002	490 000
		⋮						
		分部小计					2 532 419	490 000
合计							3 758 977	1 000 000

7.6.5.2 措施项目费的编制

(1)按综合单价法计价。根据特征描述找到定额中与之相对应的项,单价汇总,计算管理费、风险费、利润,并进行单位换算。管理费、风险费、利润等费率参照国家或地区推荐费率。

(2)以"项"为单位计价。如:安全文明施工费、夜间施工费、二次搬运费、冬雨季施工都是以人工费为基数,乘以相应费率。措施费费率参照国家或地区推荐费率计取。

7.6.5.3 **其他项目费的编制**

(1)暂列金额。根据工程的复杂程度、设计深度、工程环境条件(包括地质、水文、气候条件等)进行估算,一般可以分部分项工程费的10% ~15%为参考。

(2)暂估价。暂估价中的材料单价按省级、行业建设主管部门或其授权的工程造价管理机构公布的信息价,工程造价信息未发布的材料单价,结合类似工程价格信息和市场询价进行估算。

(3)计日工。对计日工中的人工单价和施工机械台班单价,按省级、行业建设主管部门或其授权的工程造价管理机构公布的单价计算。

(4)总承包服务费。总承包服务费应按照省级或行业建设主管部门的规定计算,在计算时可参考以下标准:招标人仅要求对分包的专业工程进行总承包管理和协调时,按分包的专业工程估算造价的1.5%计算;招标人要求对分包的专业工程进行总承包管理和协调,并同时要求提供配合服务时,根据招标文件中列出的配合服务内容和提出的要求,按分包的专业工程估算造价的3% ~5%计算;招标人自行供应材料的,按招标人供应材料价值的1%计算。

7.6.5.4 **规费和税金的编制**

按国家或地区推荐费率。

7.6.5.5 **汇总编制资料**

汇总各专业造价文件,形成咨询初步成果,完善“编制说明”;征询有关各方的意见并汇总,根据意见对成果文件修正。

7.6.6 措施项目清单的编制依据

(1)拟建工程的施工组织设计。

(2)拟建工程的施工技术方案。

(3)与拟建工程相关的工程施工规范与工程验收规范。

(4)招标文件。

(5)设计文件。

7.7 投标方案及投标技巧

(1)投标方案通常包括下述内容:

①工程概况;

②投入工程施工的主要力量;

③施工部署;

④主要分部(项)工程施工方法;

⑤保证工程质量、安全的措施;

⑥施工进度计划及工期保证措施;

⑦施工总平面图及管理措施;

⑧施工准备工作;

⑨文明施工措施，与交通、环卫等部门的协调；

⑩对招标方的要求。

(2)工程概况除概述工程自身情况、地质情况、现场地貌、交通情况外，对高层建筑深基坑，尤其要对现场周围已有建(构)筑物情况，地上、地下管线情况进行较为详细的介绍，包括：已有建(构)筑物距基坑的距离，建(构)筑物高度，结构类型，基础型式、埋深、裂缝现状。当距离十分接近时，还要说明已有建(构)筑物基础施工时的挡土方法；地上电缆、电线的架设位置、高度；地下管线(煤气、自来水、下水道、各种电缆)的走向、埋置深度、基础做法、管径、管材质等。

此外，在工程概况中还应简述招标文件中对工程质量、工期等方面的要求。

(3)对投入拟建工程的主要施工力量作概括性论述，其目的是使招标方对本企业承建工程的组织安排、劳动力投入、机械、周转材料配置有一个清晰的了解，主要包括下述内容：

①工程管理模式及主要负责人职务、职称、主要工作实绩等；

②劳动力投入：分阶段(基础、主体、装饰)主要工种劳动力投入计划；

③机械设备：主要指塔吊、施工电梯、挖土、混凝土施工机械等大型机械配置打算；

④周转材料：主要有各种模板投入量、钢管支撑投入量、脚手材料投入量等。

(4)施工部署是工程施工的战略部署，要经过通盘考虑、运筹后确定，主要包括：施工流水的组织；各后续工种的插入时机；流水段的划分。

(5)主要分部(项)工程施工方法的编写原则是：重点突出、兼顾全面；结合实际、先进合理；语言简练、切忌繁复。

①高层建筑深基坑支护、大体积混凝土、主体结构模板体系、泵送混凝土、高层脚手架等，是体现方案水平的重点所在，必须详尽论述，所选择的方案必须是先进的、合理的。同时，对其他次要的分部(项)工程施工方法，也应概述，以避遗漏之嫌。

②充分利用现有的规范、规程和施工工法。工法制度的实施，为编制优秀施工方案提供了有力的保证。

(6)保证工程质量、安全的措施应切实可行。从组织上、技术上分别考虑，最好是针对不同的工程情况和易发生的质量通病，制定较为具体的预防对策。

(7)施工进度计划应以网络图的形式表示，同时制定工期保证措施。

(8)施工总平面图应分阶段(基础、主体、装饰)布置。

(9)施工准备工作包括技术准备，现场准备，机械、材料准备等，宜以表格的形式表示。

(10)对招标方的要求主要包括现场供水、供电量；设计图纸的交付日期；现场狭小时，另行提供的生产区面积等。

(11)建筑工程投标报价的策略。

①施工企业资格预审合格，取得招标文件后，要从本企业的主观条件，即各项自身的业务能力和能否适应投标工程的要求进行衡量，分析企业是否具备参与竞标的能力，以确定是否进行投标。主要考虑以下几个方面：工人和技术人员的操作技术水平；机械设备能力；对工程的熟悉程度和管理经验；竞争的激烈程度；器材设备的交货条件；得标承包后对

今后本企业的影响;以往类似工程的经验等。

②了解企业自身以外的各种因素,即客观因素,主要是招标工程项目施工的自然、经济和社会条件,这些条件都是工程施工的制约因素,必然影响工程施工成本。投标报价时,必须考虑,所以应在报价之前尽可能地了解清楚。主要有以下几点:

全面了解拟订施工方案的依据和条件的工程所有情况,吃透设计意图,包括施工设计图纸和设计说明书;施工现场地上、地下条件;当地的地理、气候、水文等条件。

建设单位及其代理人的基本情况。包括其资历、业务水平、工作能力、个人的性格和作风等。这些都是有关今后在施工承包结算中能否顺利进行的主要因素。

劳动力的来源情况。如当地能否招募到比较廉价的工人,以及当地工会对承包商在劳务问题上能否合作的态度。

建筑材料、机械设备等的供应来源、价格、条件以及市场预测等情况。

专业分包,如水电设备、空调、电气、电梯等专业安装力量情况。

银行贷款利率、担保收费、保险费率等与投标报价有关的因素。

当地各项法规,如企业法、合同法、劳动法、关税、外汇管理法、工程管理条例以及技术规范等。

竞争对手情况。包括对手企业的历史、信誉、经营能力、技术水平、设备能力、以往投标报价的价格情况和经常采用的投标策略等。

(12)常见的投标策略有以下几种:

①在技术标中显示高水平的企业经营管理水平,用高水平的施工组织设计牢牢抓住业主对本企业的信心,使本企业在技高一筹中取胜。

②靠改进设计和缩短工期取胜,即仔细研究原设计图纸,发现有不够合理之处,提出能降低造价的修改设计建议,以提高对业主的吸引力。另外,靠缩短工期取胜,即比规定的工期有所缩短,达到早投产、早收益,有时甚至标价稍高,对业主也是很有吸引力的。

③采用降低利润措施,吸引业主对本标函的注意力,提高中标概率。

当自身施工企业目前任务不足时,为了企业的生存,维持企业正常的各项运作,确保企业业绩,施工企业应采取低利润回报措施,以较低的利润先承揽工程,用以解决企业暂时的困境。此外,承包商初到一个地区,为了打入这个地区的承包市场,建立信誉,也往往采用这种方法,先站稳脚根,再寻找机会,不失为一个经营良策。

④先低价报价,中标后加强索赔管理,利用索赔以赚到经营利润。

利用此法应事先了解工程的全面情况(包括各种施工技术资料和合同文件等),认真分析产生施工索赔的所有概率,作出正确判断,决定是否采用此法。因为,在工程实施中,业主不让索赔,承包商不敢索赔和不懂索赔,监理工程师不会处理索赔的现象普遍存在,尽管着眼于施工索赔,能赚到高额利润,施工企业还是应事先对工程所处环境的各种因素作综合分析后谨慎采用,以尽量减少不必要的损失。

⑤用发展眼光来处理采用何种投标方案。

施工企业应充分分析所投工程的地理位置、建筑功能、结构体型,认清本工程对自身企业发展的重要性;若工程中标后能为企业创造良好的社会效益,能为企业争取创造竞争优势,宁愿目前少盈利,先将工程承揽到手,以便以该工程为企业树立一个永久的产品品牌广告。如某企业参加某市的一个标志性建筑的投标竞价,企业以发展的眼光深知该工程的重要性,在未盈利的情况下揽下了该工程;工程竣工后,该企业知名度大大提高,接踵而来的工程任务,令该企业尝到了施工活广告所带来的效益。

7.8 合同索赔管理

(1)实行招标的工程合同价款应在中标通知书发出之日起30天内,由发承包双方依据招标文件和中标人的投标文件在书面合同中约定。合同约定不得违背招标、投标文件中关于工期、造价、质量等方面的实质性内容。招标文件与中标人投标文件不一致的地方,应以投标文件为准。

(2)不实行招标的工程合同价款,应在发、承包双方认可的工程价款基础上,由发、承包双方在合同中约定。

(3)实行工程量清单计价的工程,应采用单价合同;建设规模较小,技术难度较低,工期较短,且施工图设计已审查批准的建设工程可采用总价合同;紧急抢险、救灾以及施工技术特别复杂的建设工程可采用成本加酬金合同。

(4)发、承包双方应在合同条款中对下列事项进行约定:

①预付工程款的数额、支付时间及抵扣方式;

②安全文明施工措施的支付计划,使用要求等;

③工程计量与支付工程进度款的方式、数额及时间;

④工程价款的调整因素、方法、程序、支付及时间;

⑤施工索赔与现场签证的程序、金额确认与支付时间;

⑥承担计价风险的内容、范围以及超出约定内容、范围的调整办法;

⑦工程竣工价款结算编制与核对、支付及时间;

⑧工程质量保证金的数额、预留方式及时间;

⑨违约责任以及发生合同价款争议的解决方法及时间;与履行合同、支付价款有关的其他事项等。

(5)施工中进行工程计量,当发现招标工程量清单中出现缺项、工程量偏差,或因工程变更引起工程量增减时,应按承包人在履行合同义务中完成的工程量计算。

(6)承包人应当按照合同约定的计量周期和时间向发包人提交当期已完工程量报告。发包人应在收到报告后7天内核实,并将核实计量结果通知承包人。发包人未在约定时间内进行核实的,承包人提交的计量报告中所列的工程量应视为承包人实际完成的工程量。

(7)发包人认为需要进行现场计量核实时,应在计量前24 h通知承包人,承包人应为计量提供便利条件并派人参加。当双方均同意核实结果时,双方应在上述记录上签字确认。承包人收到通知后不派人参加计量,视为认可发包人的计量核实结果。发包人不按照约定时间通知承包人,致使承包人未能派人参加计量,计量核实结果无效。

(8)当承包人认为发包人核实后的计量结果有误时,应在收到计量结果通知后的7天内向发包人提出书面意见,并应附上其认为正确的计量结果和详细的计算资料。发包人收到书面意见后，应在 7 天内对承包人的计量结果进行复核后通知承包人。承包人对复核计量结果仍有异议的，按照合同约定的争议解决办法处理。

(9)承包人完成已标价工程量清单中每个项目的工程量并经发包人核实无误后，发、承包双方应对每个项目的历次计量报表进行汇总，以核实最终结算工程量，并应在汇总表上签字确认。

(10)出现合同价款调增事项(不含工程量偏差、计日工、现场签证、索赔)后的 14 天内，承包人应向发包人提交合同价款调增报告并附上相关资料；承包人在 14 天内未提交合同价款调增报告的，应视为承包人对该事项不存在调整价款请求。

(11)出现合同价款调减事项(不含工程量偏差、索赔)后的 14 天内，发包人应向承包人提交合同价款调减报告并附相关资料；发包人在 14 天内未提交合同价款调减报告的，应视为发包人对该事项不存在调整价款请求。

(12)发(承)包人应在收到承(发)包人合同价款调增(减)报告及相关资料之日起 14 天内对其核实，予以确认的应书面通知承(发)包人。当有疑问时，应向承(发)包人提出协商意见。发(承)包人在收到合同价款调增(减)报告之日起 14 天内未确认也未提出协商意见的，应视为承(发)包人提交的合同价款调增(减)报告已被发(承)包人认可。发(承)包人提出协商意见的，承(发)包人应在收到协商意见后的 14 天内对其核实，予以确认的应书面通知发(承)包人。承(发)包人在收到发(承)包人的协商意见后 14 天内既不确认也未提出不同意见的，应视为发(承)包人提出的意见已被承(发)包人认可。

(13)发包人与承包人对合同价款调整的不同意见不能达成一致的，只要对发承包双方履约不产生实质影响，双方应继续履行合同义务，直到其按照合同约定的争议解决方式得到处理。

(14)经发、承包双方确认调整的合同价款，作为追加(减)合同价款，应与工程进度款或结算款同期支付。

(15)招标工程以投标截止日前 28 天、非招标工程以合同签订前 28 天为基准日，其后因国家的法律、法规、规章和政策发生变化引起工程造价增减变化的，发、承包双方应按照省级或行业建设主管部门或其授权的工程造价管理机构据此发布的规定调整合同价款。

(16)因承包人原因导致工期延误的，合同价款不予调整。

(17)因工程变更引起已标价工程量清单项目或其工程数量发生变化时，应按照下列规定调整：

①已标价工程量清单中有适用于变更工程项目的，应采用该项目的单价；但当工程变更导致该清单项目的工程数量发生变化，且工程量偏差超过 15% 时，该项目单价应按照《清单计价规范》规定调整。

②已标价工程量清单中没有适用但有类似于变更工程项目的，可在合理范围内参照类似项目的单价。

③已标价工程量清单中没有适用也没有类似于变更工程项目的，应由承包人根据变更工程资料、计量规则和计价办法、工程造价管理机构发布的信息价格和承包人报价浮动率提出变更工程项目的价格，并应报发包人确认后调整。承包人报价浮动率可按下列公

式计算：

招标工程：承包人报价浮动率 $L = (1 - 中标价 / 招标控制价) \times 100\%$

非招标工程：承包人报价浮动率 $L = (1 - 报价 / 施工图预算) \times 100\%$

④已标价工程量清单中没有适用也没有类似于变更工程项目，且工程造价管理机构发布的信息价格缺价的，应由承包人根据变更工程资料、计量规则、计价办法和通过市场调查等取得有合法依据的市场价格提出变更工程项目的单价，并应报发包人确认后调整。

(18)工程变更引起施工方案改变并使措施项目发生变化时，承包人提出调整措施项目费的，应事先将拟实施的方案提交发包人确认，并应详细说明与原方案措施项目相比的变化情况。拟实施的方案经发、承包双方确认后执行，并应按照下列规定调整措施项目费：

①安全文明施工费应按照实际发生变化的措施项目依据《清单计价规范》的规定计算。

②采用单价计算的措施项目费，应按照实际发生变化的措施项目，按《清单计价规范》的规定确定单价。

③按总价(或系数)计算的措施项目费，按照实际发生变化的措施项目调整，但应考虑承包人报价浮动因素，即调整金额按照实际调整金额乘以规范规定的承包人报价浮动率计算。如果承包人未事先将拟实施的方案提交给发包人确认，则应视为工程变更不引起措施项目费的调整或承包人放弃调整措施项目费的权利。

(19)当发包人提出的工程变更因非承包人原因删减了合同中的某项原定工作或工程，致使承包人发生的费用或(和)得到的收益不能被包括在其他已支付或应支付的项目中，也未被包含在任何替代的工作或工程中时，承包人有权提出并应得到合理的费用及利润补偿。

(20)当合同一方向另一方提出索赔时，应有正当的索赔理由和有效证据，并应符合合同的相关约定。

(21)根据合同约定，承包人认为非承包人原因发生的事件造成了承包人的损失，应按下列程序向发包人提出索赔：

①承包人应在知道或应当知道索赔事件发生后28天内，向发包人提交索赔意向通知书，说明发生索赔事件的事由。承包人逾期未发出索赔意向通知书的，丧失索赔的权利。

②承包人应在发出索赔意向通知书后28天内，向发包人正式提交索赔通知书。索赔通知书应详细说明索赔理由和要求，并应附必要的记录和证明材料。

③索赔事件具有连续影响的，承包人应继续提交延续索赔通知，说明连续影响的实际情况和记录。

④在索赔事件影响结束后的28天内，承包人应向发包人提交最终索赔通知书，说明最终索赔要求，并应附必要的记录和证明材料。

(22)承包人索赔应按下列程序处理：

①发包人收到承包人的索赔通知书后，应及时查验承包人的记录和证明材料。

②发包人应在收到索赔通知书或有关索赔的进一步证明材料后的28天内，将索赔处理结果答复承包人，如果发包人逾期未作出答复，视为承包人索赔要求已被发包人认可。

③承包人接受索赔处理结果的，索赔款项应作为增加合同价款，在当期进度款中进行支付；承包人不接受索赔处理结果的，应按合同约定的争议解决方式办理。

(23)承包人要求赔偿时，可以选择下列一项或几项方式获得赔偿：

①延长工期；

②发包人支付实际发生的额外费用；

③要求发包人支付合理的预期利润；

④要求发包人按合同的约定支付违约金。

(24)当承包人的费用索赔与工期索赔要求相关联时，发包人在作出费用索赔的批准决定时，应结合工程延期，综合作出费用赔偿和工程延期的决定。

(25)发承包双方在按合同约定办理了竣工结算后，应被认为承包人已无权再提出竣工结算前所发生的任何索赔。承包人在提交的最终结清申请中，只限于提出竣工结算后的索赔，提出索赔的期限应自发、承包双方最终结清时终止。

(26)根据合同约定，发包人认为由于承包人的原因造成发包人的损失，宜按承包人索赔的程序进行索赔。

(27)发包人要求赔偿时，可以选择下列一项或几项方式获得赔偿：

①延长质量缺陷修复期限；

②要求承包人支付实际发生的额外费用；

③要求承包人按合同的约定支付违约金。

(28)承包人应付给发包人的索赔金额可从拟支付给承包人的合同价款中扣除，或由承包人以其他方式支付给发包人。

(29)承包人应发包人要求完成合同以外的零星项目、非承包人责任事件等工作的，发包人应及时以书面形式向承包人发出指令，并应提供所需的相关资料；承包人在收到指令后，应及时向发包人提出现场签证要求。

(30)承包人应在收到发包人指令后的7天内向发包人提交现场签证报告，发包人应在收到现场签证报告后的48 h内对报告内容进行核实，予以确认或提出修改意见。发包人在收到承包人现场签证报告后的48 h内未确认也未提出修改意见的，应视为承包人提交的现场签证报告已被发包人认可。

(31)现场签证的工作如已有相应的计日工单价，现场签证中应列明完成该类项目所需的人工、材料、工程设备和施工机械台班的数量。如现场签证的工作没有相应的计日工单价，应在现场签证报告中列明完成该签证工作所需的人工、材料设备和施工机械台班的数量及单价。

(32)合同工程发生现场签证事项，未经发包人签证确认，承包人便擅自施工的，除非征得发包人书面同意，否则发生的费用应由承包人承担。

(33)现场签证工作完成后的7天内，承包人应按照现场签证内容计算价款，报送发包人确认后，作为增加合同价款，与进度款同期支付。

(34)在施工过程中，当发现合同工程内容因场地条件、地质水文、发包人要求等不一致时，承包人应提供所需的相关资料，并提交发包人签证认可，作为合同价款调整的依据。

7.9 单位工程竣工验收流程

7.9.1 单位工程竣工验收

单位工程竣工验收分为预验收(含分户验收)和竣工验收两个阶段。

(1)相关专项工程验收合格,施工单位单位工程完工,自检合格后,申请预验收。

(2)监理单位审核单位工程竣工资料(含工程技术资料、质量验收文件)是否齐全,预验收申请表的填写是否完整正确。

(3)工程项目部检查施工单位提交的竣工资料是否齐全。

(4)工程竣工资料检查合格后,施工单位填写工程竣工资料移交确认表。

(5)预验收由监理单位组织建设单位工程项目部、技术部、施工单位、物业公司共同进行。

(6)预验收(含分户验收)重点检查屋面、厨卫渗漏等工程质量问题,监理单位填写预验收报告。

(7)由监理公司会同建设单位工程项目部对预验收结果作出判断,不合格时,应立即开具质量整改通知单给施工单位,要求其限期整改,整改完毕后重新申报预验收。

(8)竣工验收由建设单位工程项目部组织建设单位技术部、监理单位、质检站、设计单位、勘察单位、物业公司、施工单位等共同进行。

(9)竣工验收时,监理单位会同相关单位做出竣工验收意见。

(10)竣工验收不合格要求施工单位限期整改,并重新申报竣工验收。

(11)根据预验收和竣工验收结果,由项目总监确定是否同意工程接收。

(12)总经理审批竣工验收结果。

(13)竣工验收后,监理单位作出质量评估报告,报告发出之前需经建设单位工程项目部确认。

(14)质量评估报告除送监理单位、建设单位存档外,还需上报市建委和质检站作为工程质量等级评定时的参考。

7.9.2 控制要点

(1)单位工程预验收由建设单位委托监理单位组织相关单位进行,竣工验收由建设单位工程项目部组织相关单位共同进行。

(2)验收过程中如发现质量问题,监理单位会同建设单位工程项目部立即开具质量整改通知单,监理单位督促施工单位限期整改,并将整改结果通知工程项目部。

7.9.3 使用表单

(1)工程竣工资料移交确认表;

(2)工程竣工预验收申请表;

(3)住宅工程质量分户验收记录;

(4)住宅工程分户验收汇总记录;

(5)分部工程验收报告;

(6)专项工程验收报告。

7.10 工程预结算管理

(1)工程竣工结算应由承包人或受其委托具有相应资质的工程造价咨询人编制,并应由发包人或受其委托具有相应资质的工程造价咨询人核对。

(2)预结算资料整理要求:施工图和竣工图(土建、给排水、强电、弱电安装)分开装订,有封面及目录和图纸编号,所有签字、盖章手续必须完善。预结算书土建、安装工程分开装订成册,分册资料内容应包含以下内容:①封面及目录。②编制说明。包括工程量计算依据、定额子目套价依据、取费、材料调价依据等。

(3)工程造价表包括:①含税大包干造价。②含税清单计价工程造价。③变更部分增减的造价。

(4)含税清单计价分项工程造价表及变更部分分项工程造价表(设计变更或工程经济技术签证单、该单项工程所发生的全部工作内容造价增(减)计算表),内容如下:

①分项工程造价汇总表。

②取费表。

③含税清单计价子目套价表、定额子目套价表,材料分析表。

④材料价差调整表。

⑤工程量计算表(分项工程计算式中应标明工程经济技术签证单及设计变更等资料的页码编号)。

⑥建设方签字转发的设计变更及工程经济技术签证单(含工程量与材料价格、计时工、小段包干费),必须有封面、目录及页码编号,及对应的设计变更、工程经济技术签证单和核定单编号。

(5)招标文件、招标答疑及补充招标答疑、施工合同、图纸会审交底纪要等有关资料分类装订成册,有封面及页码编号。

(6)下列事项(但不限于)发生,发、承包双方应当按照合同约定调整合同价款:法律法规变化;工程变更;项目特征不符;工程量清单缺项;工程量偏差;计日工;物价变化;暂估价;不可抗力;提前竣工(赶工补偿);误期赔偿;索赔;现场签证;暂列金额;发、承包双方约定的其他调整事项。

(7)出现合同价款调增事项(不含工程量偏差、计日工、现场签证、索赔)后的14天内,承包人应向发包人提交合同价款调增报告并附上相关资料;承包人在14天内未提交合同价款调增报告的,应视为承包人对该事项不存在调整价款请求。

(8)出现合同价款调减事项(不含工程量偏差、索赔)后的14天内,发包人应向承包人提交合同价款调减报告并附相关资料;发包人在14天内未提交合同价款调减报告的,应视为发包人对该事项不存在调整价款请求。

(9)发(承)包人应在收到承(发)包人合同价款调增(减)报告及相关资料之日起14

天内对其核实，予以确认的应书面通知承（发）包人。当有疑问时，应向承（发）包人提出协商意见。发（承）包人在收到合同价款调增（减）报告之日起14天内未确认也未提出协商意见的，应视为承（发）包人提交的合同价款调增（减）报告已被发（承）包人认可。发（承）包人提出协商意见的，承（发）包人应在收到协商意见后的14天内对其核实，予以确认的应书面通知发（承）包人。承（发）包人在收到发（承）包人的协商意见后14天内既不确认也未提出不同意见的，应视为发（承）包人提出的意见已被承（发）包人认可。

（10）发包人与承包人对合同价款调整的不同意见不能达成一致的，只要对发、承包双方履约不产生实质影响，双方应继续履行合同义务，直到其按照合同约定的争议解决方式得到处理。

（11）设计变更及工程经济技术签证单：

①设计单位的设计变更必须经总监及建设方工程部部长或总工签字认可后转发，施工设计单位的设计变更必须经总监及建设方工程部部长或总工签字认可后转发，施工完毕7日内应将设计变更转换为工程经济技术签证单（工程量，材料价格、计时工）一式三份，按申报程序申报签证。

②建设方下发的建设工程核定单或通知，施工方接到并实施后，7日内施工方将工程核定单或通知转换为工程经济技术签证单（工程量，材料价格、计时工）一式三份，按申报程序申报签证。

③所有工程经济技术签证单（工程量，材料价格、计时工等）先由监理工程师及总监签署意见后，报建设方现场工程师、现场负责人及工程部预结算负责人、资料负责人、部长核查签字，方能作为结算依据。

（12）主要材料及设备采购：

①主要材料及设备采购根据设计施工图和建设单位所选定的（见合同附件及内部招标文件附件）品牌、厂家、规格及型号，按建筑工程质量验收标准和要求进行采购。

②对于合同上规定可以调整价格的材料和设备，区分以下两种情况：

建设单位所选定的材料及设备（见合同附件及内部招标文件附件）品牌、厂家、规格及型号，以厂家或总经销、总代理签字盖章的销售单（或提货单），作为备查的依据，报工程部预结算组审查，由建设方2人以上调查核实后，签证材料价格作为按该合同条款结算的依据。进场材料数量以监理方、甲方现场工程师签证认可的数量结算。

如建设方变更材料及设备的品牌、厂家、规格及型号，则凭建设方（预算员、资料员、工程部部长签字）的变更通知和变更后的厂家或总经销、总代理签字盖章的销售单（或提货单），作为备查的依据，报工程部预结算组审查，由建设方2人以上调查核实后，签证材料价格作为按该合同条款结算的依据。材料数量按监理方、甲方现场工程师签证认可的数量结算。

（13）其他所有材料及设备的价格，在合同签订后均不作调整。

（14）未按合同约定（或建设方的变更通知）采购的主要材料，经预算负责人、资料负责人、部长调查核实后，工程结算中扣除该部分的主材造价，并追究施工方责任。

（15）预结算审查程序：

①施工方必须按该规定整理资料后上报建设方工程部。

②建设方工程部对报送资料进行审查，资料符合要求，由工程部资料负责人签字认可，不符合要求的资料退回乙方进行修改，修改后再报建设方审查。

③资料审查通过后，建设方工程部预结算组对工程量、定额子目、材料价格调整、取费、工程造价进行审查。预结算组审查完成，预结算负责人签字认可后上报工程部部长。

④建设方工程部部长审查完毕，将预结算资料提交建设方审计部门进行审计。

(16)预结算审计规定：

①建设方接受施工方合格结算资料后，2个月内审计完毕。

②审计部门不按规定进行审计，或与施工方串通，收受施工方礼物，一经发现，取消审计当事人资格并承担一切责任，同时对该施工方根据情节进行罚款处理。

(17)审计费的计算标准及支付办法：

①审计费的计算标准：

按照核减(增)金额进行审计费用计算。计取标准为：按工程造价核减额的3%收取。

②审计费的支付办法：施工方报送造价的核减(增)金额与报送的造价对比，核减(增)造价在5%以内(含5%)，审计费由建设方全额承担；超过±5%以上，按核减(增)金额的3%计算审计费，其费用由施工方承担，由建设方在结算工程款中代扣。

工程结算一般程序如图7-3所示。

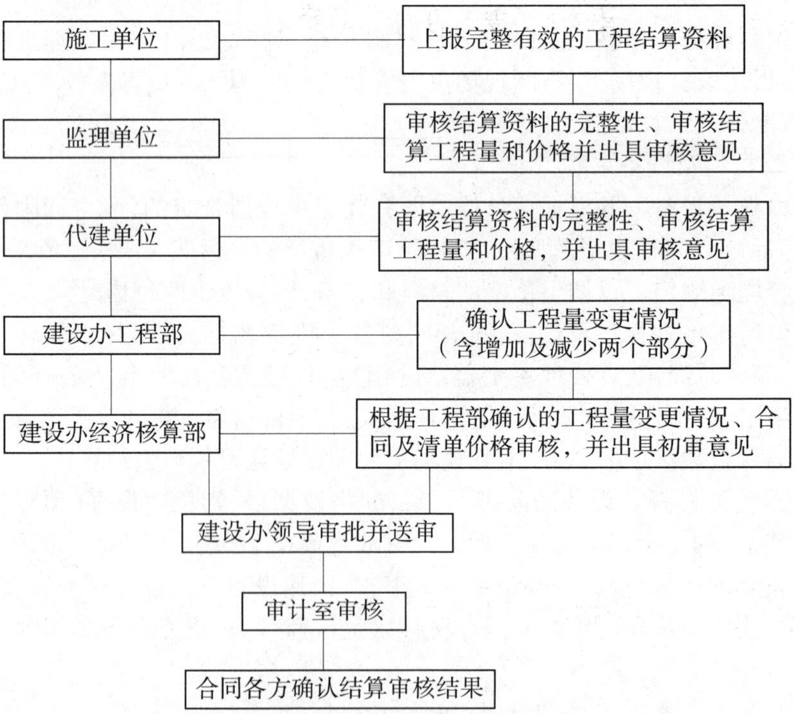

图7-3　工程结算一般程序

说明：施工单位上报的完整的结算资料一般包含施工合同、竣工验收证明、招投标、中标文件资料、设计变更情况及批准文件、建设单位的现场签证、竣工图、结算的总价及详细清单、工程量计算书、光盘。

7.11 工程造价控制

7.11.1 工程造价的控制

工程造价的控制主要在工程的设计阶段、招标阶段、施工管理阶段及工程的竣工结算阶段。

7.11.2 设计、招标阶段工程造价控制

(1)设计阶段是决定工程价值和使用价值的主要阶段,也是影响工程造价的关键阶段;

(2)优化设计方案,力求在技术先进的条件下经济合理,在经济合理的条件下技术先进,把控制工程造价的观念渗透到整个工作中去;

(3)组织专业顾问公司及监理单位进行方案的专家论证,对整个工程的设计方案进行技术经济分析的比较;

(4)在招标阶段,对招标范围进行合理的分解,力求招标的准确,以减少工程的实施过程中不合理洽商;

(5)组织对报标方案的综合分析,从中选出最佳方案。

7.11.3 施工阶段工程造价控制

(1)施工阶段的事前控制。

(2)深入研究现有阶段的制度及相关法律。

(3)了解本工程所采用的新工艺、新材料的特点及使用方法,研究与此相关的新规范及新工艺,及时掌握学习,便于更好地对工程进行监控。

(4)在进行设计交底与施工组织分析时,尽可能地找出工程造价最容易突破的部分和环节,以及容易发生费用索赔的因素和部位,并提出措施与对策,将工程变更的发生控制在施工之前。

(5)认真研究工程的造价清单,找出本工程的控制要点,确定工程的造价控制目标。

第 8 章　材料员岗位指导

8.1　材料员岗位职责认识

8.1.1　材料员的岗位职责

(1)在项目经理领导下,负责项目部材料管理工作。

(2)负责项目部材料计划、供方评价、材料供应、材料现场管理工作。

(3)负责上级主管部门授权的材料招(议)标采购 ,进行市场价格调查,掌握市场材料价格信息。

(4)负责项目部材料验收、搬运、储存、标识、发放及固定财产的管理。

(5)负责项目部材料成本管理,建立材料消耗台账,搞好材料成本分析工作。

(6)负责项目部能源、资源管理和可回收废弃物的回收、处置登记,易燃、易爆、危险化学品的收、发、存工作。做好仓库的消防安全管理工作。

(7)负责劳动保护用品的计划、申请、登记、发放、回收工作。

(8)负责检查施工现场材料的堆放、仓库封闭、粉料使用是否符合大气和水污染防治的要求。

(9)负责每月对两个以上供方的供货质量进行抽查和评价,每季度向材料管理部门反馈一次。

(10)负责项目部材料消耗报表、能源、资源季报、质量反馈季报、价格反馈季报的统计上报工作。

(11)负责项目部门产生的各种记录的填写、标识、保管、整理和保存工作。

(12)完成领导交办的其他工作。

8.1.2　材料员的工作程序

材料员应熟悉各种材料的型号、规格、特性、用途及各种材料的价格信息。在材料管理各阶段做好以下工作:

(1)熟悉建设工程项目的特点和施工合同的要点,参与施工组织设计的编制工作,规划材料存放场地和运输道路,做好材料预算汇总和编制材料分类需用计划,制订现场材料管理方案。

(2)根据材料使用计划的要求,做好材料采购的招标和采购合同的签订、管理工作。

(3)按施工进度计划的要求,组织材料分期、分批有序地进场。一方面,保证施工生产需要;另一方面,要防止形成大批剩余材料。

(4)按照各类材料的品种、规格、质量、数量要求,严格对进场材料进行检查和办理入库手续。

(5)按照现场平面布置要求,做到合理存放材料,在方便施工、保证道路畅通、安全可靠的原则下,尽量减少材料二次搬运。

(6)按照各类材料的自然属性,依据材料保管技术要求和现场客观条件,采取各种有效措施进行维护、保养,保证各类材料不降低使用价值。

(7)按照施工班组所承担的工作任务,依据定额及预算做好材料的发放工作。按照施工规范要求和用料要求,对施工班组领用的材料,在使用过程中进行检查,督促班组合理使用和节约材料。通过对材料消耗活动进行记录、计算、控制、分析、考核和比较,做好材料核算工作。

8.1.3 建设行业人员应具备的职业道德

一名合格的建设行业人员应具备以下几方面的职业道德:

(1)忠于职守,热爱本职。

①忠实履行岗位职责,认真做好本职工作。

②反对玩忽职守的渎职行为。

(2)质量第一,信誉至上。

①建筑工程的质量是建筑企业的生命。

②诚实守信,实践合同。

③遵纪守法,安全生产。

④文明施工,勤俭节约。

⑤钻研业务,提高技能。

材料员从事材料的采购、管理工作,责任重大。应热爱本职工作,爱岗敬业,工作认真,一丝不苟。遵纪守法,模范地遵守建设行业职业道德规范。

8.2 材料计划管理

8.2.1 建筑企业的材料管理

建筑企业的材料管理就是对施工过程中所需的各种材料,围绕采购、储备和消费所进行的一系列组织和管理工作。

8.2.2 建筑企业材料管理工作的特点

建筑企业的材料管理工作具有一定的特殊性、艰巨性和复杂性,表现在:建筑材料品种规格繁多;建筑材料耗用量多,重量大;建筑安装生产周期较长,占用的生产储备资金较多;建筑材料供应很不均衡;材料供应工作涉及面广;由于建筑产品即建筑物固定,施工场所不固定,决定了建筑生产的流动性;建筑材料的质量要求高。

8.2.3 材料管理的方针、原则

(1)“从施工生产出发,为施工生产服务”的方针;

(2)加强计划管理的原则;

(3)加强核算,坚持按质论价的原则;

(4)厉行节约的原则。

8.2.4　材料管理的要求

做好材料管理工作,需各有关方面的协作配合,以达到供好、管好、用好建筑材料,降低工程成本的目的。具体要求:

(1)落实资源,保证供应;

(2)抓好实物采购运输,加速周转,节约费用;

(3)抓好商情信息管理;

(4)降低材料单耗。

8.2.5　建筑企业材料管理工作的基本任务

建筑企业材料管理工作的基本任务是:本着"管物资必须全面管供、管用、管节约和管回收、修旧利费"的原则,把好供、管、用三个主要环节,以最低的材料成本,按质、按量、及时、配套供应施工生产所需的材料,并监督和促进材料的合理使用。

8.2.6　材料管理的业务工作内容

材料管理的业务工作内容包括供、管、用三个方面,具体有八项业务:材料计划、组织货源、运输供应、验收保管、现场材料管理、工程耗料核销、材料核算和统计分析。

8.2.7　物资分类管理

建筑企业对材料管理一般运用"ABC 法"的原则,实行分类管理。对工程质量有直接影响的,关系用户使用生命和效果的,占工程成本较大的物资一般为 A 类,对工程质量有间接影响,为工程实体消耗的可分为 B 类,辅助材料中占工程成本较小的为 C 类。

物资分类表见表 8-1。

表 8-1　物资分类表

类别	序号	材料名称	具体种类
A 类	1	钢材	各类钢筋,各类型钢
	2	水泥	各等级袋装水泥、散装水泥,装饰工程用水泥,特种水泥
	3	木材	各类板、方材,木、竹制模板,装饰、装修工程用各类木制品
	4	装饰材料	精装修所用各类材料,各类门窗及配件,高级五金
	5	机电材料	工程用电线、电缆,各类开关、阀门、安装设备等所有机电产品
	6	工程机械设备	公司自购各类加工设备,租赁用自升式塔吊,外用电梯

续表 8-1

类别	序号	材料名称	具体种类
B 类	1	防水材料	室内、外各类防水材料
	2	保温材料	内外墙保温材料，施工过程中的混凝土保温材料，工程中管道保温材料
	3	地方材料	砂石，各类砌筑材料
	4	安全防护用具	安全网、安全帽、安全带
	5	租赁设备	(1)中小型设备：钢筋加工设备，木材加工设备，电动工具； (2)钢模板； (3)架料、U 形托、井字架
	6	建材	各类建筑胶、PVC 管、各类腻子
	7	五金	火烧丝、电焊条、圆钉、钢丝、钢丝绳
	8	工具	单价 400 元以上使用的手用工具
C 类	1	油漆	临建用调和漆，机械维修用材料
	2	小五金	监建用五金
	3	杂品	
	4	工具	单价 400 元以下手用工具
	5	劳保用品	按公司行政人事部有关规定执行

8.2.8　项目物资管理流程图

项目物资管理流程图如图 8-1 所示。

8.2.9　材料计划管理

材料计划管理就是运用计划手段组织、指导、监督、调节材料的采购、供应、储备、使用等一系列工作的总称。

8.2.10　材料计划的分类

(1)材料计划按照材料的使用方向分为生产材料计划和基本建设材料计划。

(2)按照材料计划的用途分为材料需用计划、申请计划、供应计划、加工订货计划和采购计划。

(3)按照计划期限分为年度计划、季度计划、月计划、一次性用料计划及临时追加计划。

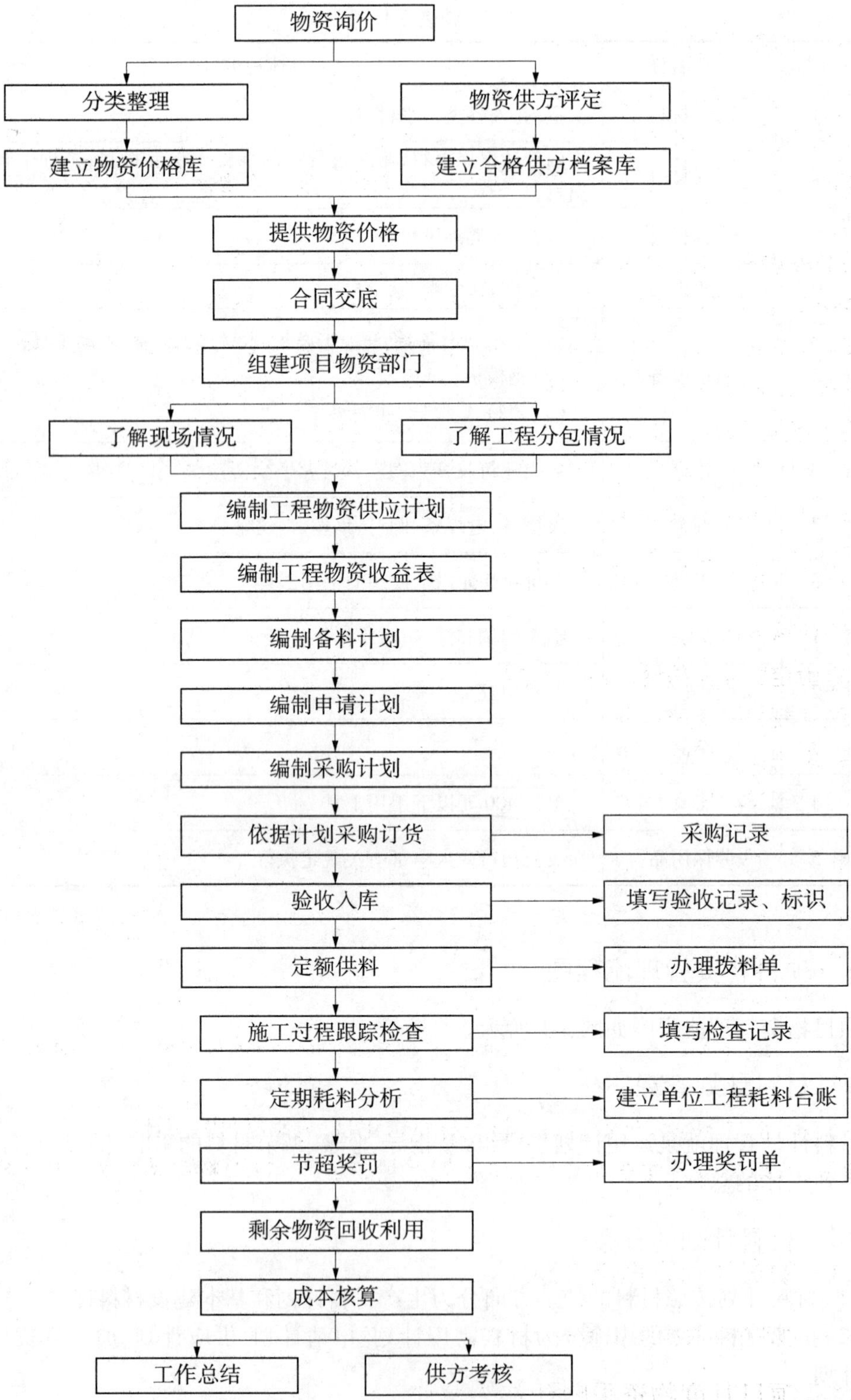

图 8-1　项目物资管理流程图

8.2.11 编制材料计划的步骤

施工企业在编制材料计划时,应遵循以下步骤:

(1)各建设项目及生产部门按照材料使用方向,分单位工程,作工程用料分析,根据计划期内应完成的生产任务量及下一步生产中需提前加工准备的材料数量,编制材料需用计划。

(2)根据项目或生产部门现有材料库存情况,结合材料需用计划,并适当考虑计划期末周转储备量,按照采购供应分工,编制项目材料申请计划,分报各供应部门。

(3)负责某项材料供应的部门,汇总各项目及生产部门提报的申请计划,结合供应部门现有资源,全面考虑企业周转储备,进行综合平衡,确定对各项目及生产部门的供应品种、规格、数量及时间,并具体落实供应措施,编制供应计划。

(4)按照供应计划所确定的措施,如采购、加工订货等,分别编制措施落实计划,即采购计划和加工订货计划,确保供应计划的实现。

8.2.12 材料计划的编制程序

(1)计算需用量。

(2)确定实际需用量,编制材料需用计划。

(3)编制材料申请计划。

(4)编制供应计划。

(5)编制供应措施计划。

8.2.13 项目材料需用计划和申请计划的编制程序

第一步,材料部门应与生产、技术部门积极配合,掌握施工工艺,了解施工技术组织方案,仔细阅读施工图纸。

第二步,根据生产作业计划下达的工作量。

第三步,查材料消耗定额,计算完成生产任务所需材料品种、规格、数量、质量,完成材料分析。

第四步,汇总各操作项目材料分析中材料需用量,编制材料需用计划。

第五步,结合项目库存量,计划周转储备量,提出项目用料申请计划,报材料供应部门。

8.2.14 物资计划管理流程图

物资计划管理流程图如图8-2所示。

8.2.15 项目月度物资采购计划的编制

项目月度物资采购计划的编制程序如图8-3所示。

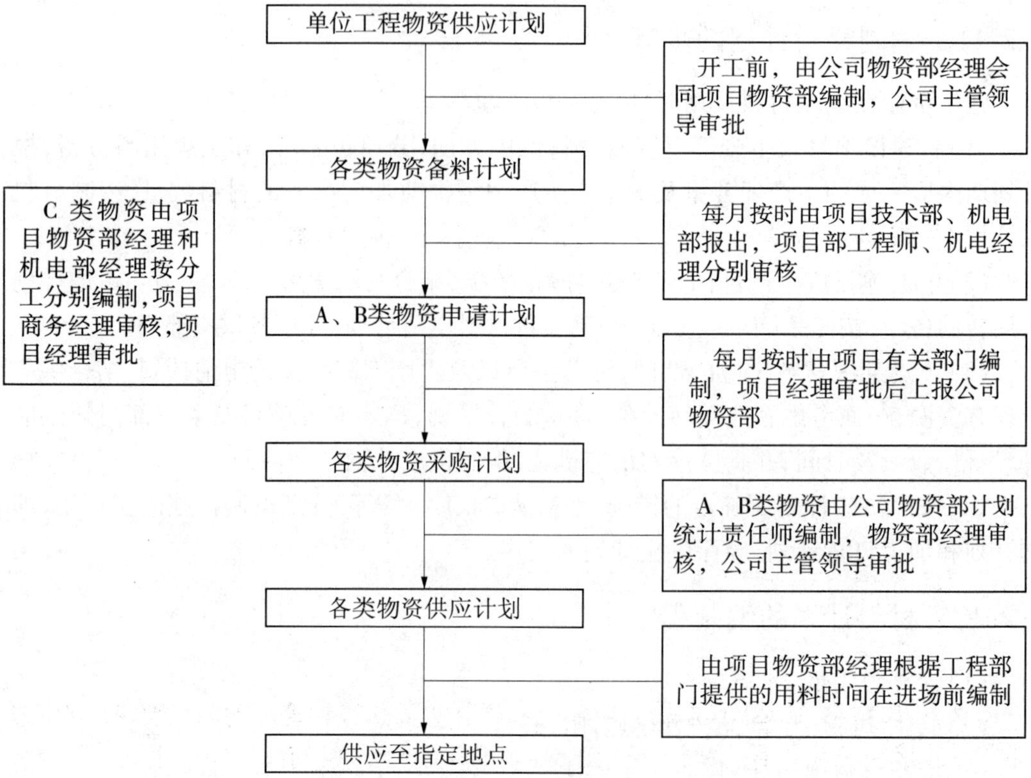

图 8-2　物资计划管理流程图

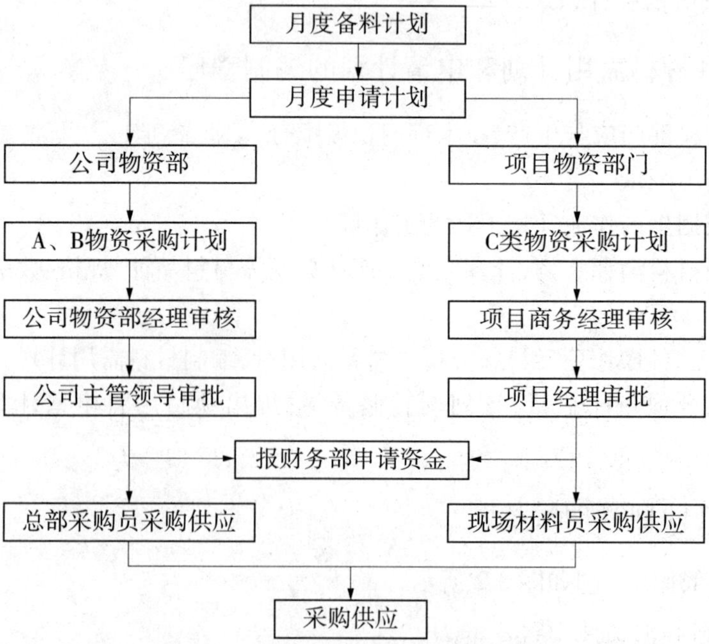

图 8-3　物资采购计划的编制程序

8.3 材料采购验收

8.3.1 材料采购的定义

材料采购就是通过各种渠道,把建设施工所需用的各种材料购买进来,保证施工生产的顺利进行。

8.3.2 材料采购应遵循的原则

(1)遵守法律法规的原则。

材料采购,必须遵守国家、地方有关法律和法规,以物资管理政策和经济管理法令指导采购。熟悉合同法、财会制度及工商行政管理部门的有关规定。

(2)按计划采购的原则。

采购计划的依据是施工生产需要,按照生产进度安排采购时间、品种、规格和数量,可以减少资金占用,避免盲目采购而造成积压,发挥资金最大效益。

(3)坚持"三比一算"的原则。

比质量、比价格、比运距,算成本是对采购环节加强核算和管理的基本要求。在满足工程质量要求经济条件下,选用价格低、距离近的采购对象,从而降低采购成本。

8.3.3 材料采购的内容

(1)确定采购材料的品种、规格、质量。

(2)确定计划期的采购总量。

(3)选择供应渠道及供应单位。

(4)选择采购的形式和方法。例如,期货或现货、同品种材料是向一家采购或多家采购,是定期、定量,还是随机采购等。

(5)决定采购批量。

(6)决定采购时间和进货时间。

8.3.4 建筑材料采购的范围

建筑材料采购的范围包括建设工程所需的大量建材、工具用具、机械设备和电气设备等,这些材料设备约占工程合同总价的60%以上,大致可以划分为以下几大点:

(1)工程用料。包括土建、水电设施及其他一切专业工程的用料。

(2)暂设工程用料。包括工地的活动房屋或固定房屋的材料、临时水电和道路工程及临时生产设施的用料。

(3)周转材料和消耗性用料。

(4)机电设备。包括工程本身的设备和施工机械设备。

(5)其他。如办公家具、仪器。

8. 3. 5　材料采购信息的种类

(1)资源信息。

(2)供应信息。

(3)价格信息。

(4)市场信息。

(5)新技术、新产品信息。

(6)政策信息。

8. 3. 6　信息的来源

材料采购信息,第一,应具有及时性;第二,应具有可靠性,有可靠的原始数据;第三,应具有一定的深度,反映或代表一定的倾向性,提出符合实际需要的建议。

(1)各报刊、网络等媒体和专业性商业情报刊载的资料。

(2)有关学术、技术交流会提供的资料。

(3)各种供货会、展销会、交流会提供的资料。

(4)广告资料。

(5)政府部门发布的计划、通报及情况报告。

(6)采购人员提供的资料及自行调查取得的信息资料等。

8. 3. 7　信息的整理

(1)运用统计报表的形式进行整理。

(2)对某些较重要的,经常变化的信息建立台账,做好动态记录,以反映该信息的发展状况。

(3)以调查报告的形式就某一类信息进行全面的调查、分析、预测,为企业经营决策提供依据。

8. 3. 8　信息的使用

搜集、整理信息是为了使用信息,为企业采购业务服务。信息经过整理后,应迅速反馈有关部门,以便进行比较分析和综合研究,制订合理的采购策略和方案。

8. 3. 9　材料采购和加工业务的准备

(1)按照材料分类,确定各种材料采购和加工的总数量计划。

(2)按照需要采购的材料(如一般的产需衔接材料),了解有关厂矿的供货资源,选定供应单位,提出采购矿点的要货计划。

(3)选择和确定采购与加工企业,这是做好采购和加工业务的基础。必须选择设备齐全、加工能力强、产品质量好和技术经验丰富的企业。此外,如企业的生产规模、经营信誉,在选择中均应摸清。在采购和加工大量材料时,还可采用招标和投标的方法,以便择优落实供应单位和承揽加工企业。

8.3.10 材料采购业务谈判的主要内容

(1)明确采购材料的名称、品种、规格和型号。

(2)确定采购材料的数量和价格。

(3)确定采购材料的质量标准(国家标准、部颁标准、企业专业标准和双方协商确定的质量标准)和验收方法。

(4)确定采购材料的交货地点、方式、办法、交货代送或供方送货等。

(5)确定采购计划的运输办法,如需方自理、供方代送或供方送货等。

8.3.11 材料加工业务谈判的主要内容

(1)明确加工品的名称、品种和规格。

(2)确定加工品的数量。

(3)确定供料方式,如由定作单位提供原材料的带料加工或承揽单位自筹材料的包工包料,以及所需原材料的品种、规格、质量、定额、数量和提供日期。

(4)确定加工品的技术性能和质量要求,以及技术鉴定和验收方法。

(5)确定定作单位提供加工样品的,承揽单位按样品复制;定作单位提供设计图纸资料的,承揽单位应按设计图纸加工;生产技术比较复杂的,应先试制,经鉴定合格后成批生产。

(6)确定加工品的加工费用和自筹材料的材料费用,以及结算办法。

(7)确定原材料的运输办法及其费用负担。

(8)确定加工品的交货地点、方式、办法,以及交货日期及其包装要求。

(9)确定加工品的运输办法。

(10)确定双方应承担的责任。

如承揽单位对定作单位提供原材料应负保管的责任,按规定质量、时间和数量完成加工品的责任;不得擅自更换定作单位提供的原材料的责任;不得把加工品任务转让给第三方的责任;定作单位按时、按质、按量提供原材料的责任;按规定期限付款的责任等。

8.3.12 材料采购和加工的成交与执行

材料采购和加工,经供需双方协商达成协议签订合同后,由供方交货,需方收货。这个交货和收货过程,就是采购和加工的执行过程。主要有以下几个方面:

(1)交货日期。

(2)材料验收。

(3)材料交货地点。

(4)材料交货方式。

(5)材料运输。

8.3.13 材料采购和加工的经济结算

经济结算,是建筑企业对采购的材料,用货币偿付给供货单位价款的清算,采购材料的价款称为货款;加工的费用称为加工费,除应付货款和加工费外,还有应付委托供货和加工单位代付的运输费、装卸费、保管费和其他杂费。经济结算有异地结算和同城结算两大类。

8.3.14 建设工程材料的采购方式

为工程项目采购材料、设备而选择供货商,并与其签订物资购销合同或加工订购合同,多采用以下三种方式之一:

(1)招标方式。

(2)询价方式。

(3)直接订购。

8.3.15 材料、设备采购的询价步骤

(1)根据“竞争择优”的原则,选择可能成交的供应商。

(2)向供应厂商询价。

(3)卖方的报价。

(4)还价、拒绝和接受。

8.3.16 材料、设备采购的询价方法和技巧

(1)为避免物价上涨,对于同类大宗物资最好一次将全工程的需用汇总提出,作为询价中的拟购数量。

(2)在向多家供应商询价时,应当相互保密,避免供应商相互串通,一起提高报价,但也可适当分别暗示各供应商,他可能会面临其他供应商竞争,应当以其优质、低价和良好的售后服务为原则作为发盘。

(3)多采用卖方的“销售报价”方式询价。

(4)对于有实力的材料设备制造厂商。承包商应当根据其对项目管理职责的分工,由总部、地区办事处和项目管理组分别对其物资管理范围内材料设备进行询价活动。

8.3.17 设备、材料招标的范围

设备、材料招标的范围大体包含以下3种情况:

(1)以政府投资为主的公益性、政策性项目需采购的设备、材料,应委托有资格的招标机构进行招标。

(2)国家规定必须招标的进口机电产品等货物,应委托国家指定的有资格的招标机构进行招标。

(3)竞争性项目等采购的设备、材料招标,其招标范围另行规定。

(4)属于下列情况之一者,可不进行招标:

①采购的设备、材料只能从唯一制造商处获得的。

②采购的设备、材料需方可自产的。

③采购活动涉及国家安全和秘密的。

④法律、法规另有规定的。

8.3.18 招标方式

招标方式有多种多样。招标的方式不同,其工作程序也随之不同,当前最常见的具体招标方式有国际竞争性招标、国际有限竞争性招标和国内竞争性招标3种。

8.3.19 招标程序

招标的一般程序如下:

(1)办理招标委托。

(2)确定招标类型和方式。

(3)编制实施计划,筹建项目评标委员会。

(4)编制招标文件。

(5)刊登招标公告或寄发投标邀请函。

(6)资格预审。

(7)发售招标文件。

(8)投标。

(9)公开开标。

(10)阅标、询标。

(11)评标、定标。

(12)发中标或落标通知书。

(13)组织签订合同。

(14)项目总结归档、标后跟踪服务。

8.3.20 招标前的分标工作

由于材料、设备的种类繁多,不可能有一个能够完全生产或供应工程所用材料、设备的制造商或供货商存在,所以不管是以询价、直接订购还是以公开招标方式采购材料设备,都不可避免地要遇到分标的问题。

分标的原则是:有利于吸引更多的投标者参加投标,以发挥各个供货商的专长,降低设备价格,保证供货时间和质量。同时,要考虑便于招标工作的管理。

8.3.21 投标单位编报投标书基本内容

(1)投标书。

(2)投标设备、材料数量及价目表。

(3)偏差说明书(对招标文件某些要求有不同意见的说明)。

(4)证明投标单位资格的有关文件。

(5)投标企业法人代表授权书。

(6)投标保证金(根据需要)。

(7)招标文件要求的其他需要说明的事项。

8.3.22　评标和定标

评标工作由招标单位组织的评标委员会秘密进行。评标委员会由 5 人以上的单数人员组成,其中的技术经济专家不得少于总人数的 2/3。评标主要考虑的因素:投标价、运输费、交付期、备件要求、支付要求、售后服务、其他与招标文件偏离或不符合的因素等。

8.3.23　评标方法

评标方法有低投标价法、综合评标价法、以寿命同期成本为基础的评标价法、打分法。

8.3.24　签订合同

中标单位从接到中标通知之日起,一般应在 30 日内,与需方签订设备、材料供货合同。如果中标单位拒签合同,则投标保证金不予退还;招标单位拒签合同,则按中标部价的 2% 的款额赔偿中标单位的经济损失。合同签订后 10 日内,由招标单位将一份合同副本报招投标管理部门备案,以便实施监督。

8.3.25　材料采购合同的主要条款

依据《合同法》规定,材料采购合同的主要条款如下:

(1)双方当事人的名称、地址,法定代表人的姓名,委托代理订立合同的,应有授权委托书并注明委托代理人的姓名、职务等。

(2)合同标的。它是供应合同的主要条款,主要包括购销材料的名称(注明牌号、商标)、品种、型号、规格、等级、花色、技术标准等,这些内容应符合施工合同的规定。

(3)技术标准和质量要求。质量条款应明确各类材料的技术要求、试验项目、试验方法、试验频率以及国家法律规定的国家强制性标准和行业强制性标准。

(4)材料数量及计量方法。

(5)材料的包装。

(6)材料的交付方式。

(7)材料的交货期限。

(8)材料的价格。

(9)结算。

(10)违约责任。

(11)特殊条款。

(12)争议的解决方式。

8.4　材料使用储存

8.4.1　材料供应方式

材料供应方式有直达供应方式和中转供应方式两种。中转供应方式是指材料由生产企业供给需用单位时,双方不直接发生经济往来,而由第三方衔接。

8.4.2 材料供应方式的选择

选择供应方式时,主要应考虑下列因素:

(1)需用单位的生产规模;

(2)需用单位的生产特点;

(3)材料的特性;

(4)运输条件;

(5)供销机构的情况;

(6)生产企业的订货限额和发货限额。

8.4.3 材料定额供应方法

采用较多的管理方法是定额供应,定额供应可促进材料使用部门合理用料,降低材料成本,提高材料使用效果的经济效益。限额领料的形式有:

(1)按分项工程实行限额领料。

以班组为对象,管理范围小,容易控制,便于管理,特别是对班级专用材料,见效快。但是,这种方式容易使各工种班组从自身利益出发,较少考虑工种之间的衔接和配合,易出现某分项工程节约较多,另外分项工程节约较少甚至超耗的现象。

(2)按工程部位实行限额领料。

它的优点是,以施工队为对象增强了整体观念,有利于工种的配合和工序衔接,有利于调动各方面积极性。但这种做法往往重视容易节约的结构部位,而对容易发生超耗的装修部位难以实施限额或影响限额效果。

(3)按单位工程实行限额领料。

这种做法的优点是:可以提高项目独立核算能力,有利于产品最终效果的实现。同时,各项费用捆在一起,从整体利益出发,有利于工程统筹安排,对缩短工期有明显效果。但是,这种做法在工程面大、工期长、变化多、技术较复杂的工程上使用,容易放松现场管理,造成混乱,因此必须加强组织领导,提高施工队的管理水平。

8.4.4 材料运输管理的基本任务

根据客观经济规律,对材料运输过程进行计划、组织、指挥、监督和调节,争取以最少的里程、最低的费用、最短的时间、最安全的措施,完成材料有空间的转移,保证工程需要。运输方式有:铁路运输、公路运输、水路运输、航空运输、管理运输、民间群运等。

8.4.5 材料验收工作程序

(1)验收准备。

(2)核对资料。

(3)检验实物:①质量检验;②数量检查。

(4)办理入库手续,验收单一式四联:①库房存(作收入依据);②财务(随发票报销);③材料部门(计划分配);④采购员(存查)。

8.4.6　材料验收中发现问题及处理

在材料验收中检查出数量不足、规格型号不符、质量不合格等问题,仓库应实事求是地办理材料验收记录,及时报送业务主管部门处理。

对下列问题应分别妥善处理:

(1)凡是证件不全的到库材料,应作待验收,临时保管,及时与有关部门联系催办,待证件齐全后再验收。

(2)供方提供的质量证明书或技术标准与订货合同规定不符,应及时反映业务主管部门处理;按规定应附质量证明而到货无质量证明者,在托收承付期内有权拒付款,并将产品妥善保存,立即向供方索要,供方应即时补送,超过合同交货期补交的,即作逾期交货处理。

(3)凡部分产品规格、质量不符要求,可先将合格部分验收,不合格的单独存放,妥善保存,并部分拒付货款,作出材料验收记录,交业务部门处理。

(4)产品错发到货地点,供方除应负责转运到合同指定地点外,还应承担逾期交货的违约金和需方因此多支付的一切实际费用,需方在收到借发货物时,应妥善保存,通知对方处理;由于需方错填到货地点,所造成的损失,由需方承担。

(5)数量不符,大于合同规定的数量,其超过部分可以拒收并拒付超过部分的货款,拒收的部分实物,应妥善保存。

(6)材料运输损耗,在规定损耗率以内的,仓库按数验收入库,不足数另填报运输损耗单冲销,达到账账相符。

(7)运输中发生损坏、变质、短少等情况,应在接运中办理运输部门的“普通记录”或“货运记录”。

8.4.7　仓库储存材料应做好的工作

仓库储存材料应在统一规划、分区分类、合理存放、划线定位、统一分类编号、定位保管的基础上,做好以下工作:

(1)合理堆码。

材料堆码要遵循“合理、牢固、定量、整齐、节约和方便”的原则。

①合理:不同的品种、规格、质量、等级、出厂批次的材料都应分开,按先后顺序准备,以便先进后出,占用面积、垛形、间隔均要合理。

②牢固:垛位必须有最大的稳定性,不偏不倒、不压坏变形、苫盖物不怕风雨。

③定量:每层、每堆力求成整数,过磅材料分层、分捆计重,做出标记,自下而上累计数量。

④整齐:纵横成行、标志朝外、长短不齐、大小不同的材料、配件,靠通道一头齐。

⑤节约:一次堆好,减少重复搬运、堆码,堆码紧凑,节约占用面积。爱护苫垫材料及包装,节省费用。

⑥方便:堆放位置要方便装卸搬运、收发保管,清仓盘点、消防安全。

(2)四号定位和五五化。

①四号定位:是在统一规划、合理布局的基础上,定位管理的一种方法。

四号定位就是定仓库号、货架号、架层号、货位号(简称库号、架号、层号、位号)。料场则是区号、点号、排号的安排,使整个仓库位置有条不紊,为科学管理打下基础。

四号定位编号方法:材料定位存放,将存放位置的四号联起来编号。

例如普通合页规格50 mm,放在2号库房、11号货架、2层、6号位,材料定位编号为2-11-2-06,由于这种编号一般仓库不超过个位数,货架不超过5层,为简化书写,只写1位数。但也可写成02-11-02-06。

②五五化:是材料保管的堆码方法。

这是根据人们计数习惯,喜欢以五为基数,如5、10、20、…、50、100、1 000等进行计数,将这种计数习惯用于材料堆码,使堆码与计数相结合,便于材料收发、盘点计数快速准确,这就是"五五摆放"。如果全部材料都按五五摆放,则仓库就达到了五五化。

五五化是在四号定位的基础上,即在固定货位,"对号入座"的货位上具体摆放的方法。

8.4.8 库存材料盘点的要求

对库存材料盘点的要求是:库存材料达到"三清",即数量清、质量清、账表清;"三有",即盈亏有原因、事故差错有报告、调整账表有依据;保证"四对口",即账、卡、物、资金对口(资金未下库者为账、卡、物三对口)。

8.4.9 材料盘点内容

(1)清点材料数量。

(2)检查材料质量。

(3)检查堆垛是否合理、稳固,下垫、上盖是否符合要求,有无漏雨、积水等情况。

(4)检查计量工具是否正确。

(5)检查四号定位、五五化是否符合要求,库容是否整齐、清洁。

(6)检查库房安全、卫生、消防是否符合要求;执行各项规章制度是否认真。

8.4.10 材料盘点方法

(1)定期盘点,指季末或年末对库房和料场保存的材料进行全面、彻底盘点。达到有物有账、账物相符、账账相符。

盘点步骤:按盘点规定的截止日期及划区分块范围、盘点范围,逐一认真盘点,数据要真实可靠;以实际库存量与账面结存量逐项核对,编报盘点表;结出盘盈或盘亏差异。

盘点中出现的盈亏等问题,按照"盘点中问题的处理原则"进行处理。

(2)永续盘点。对库房每日有变动的材料,当日复查1次,即当天对库房收入或发出的材料,核对账、卡、物是否对口;每月查库存材料的一半;年末全面盘点。

8.4.11 材料出库程序

材料出库的程序为:发放准备、核对凭证、备料、复核、点交、清理。

8.4.12　现场材料验收的步骤

现场材料验收的步骤如下：

(1)查看送料单,是否有误送。

(2)核对实物的品种、规格、数量和质量,是否与凭证一致。

(3)检查原始凭证是否齐全正确。

(4)做好原始记录,逐项详细填写收料日记,其中验收情况登记栏,必须将验收过程中发生的问题填写清楚。

8.4.13　现场材料发放的程序

(1)将施工预算或定额员签发的限额领料单下达到班组。工长对班组交代生产任务的同时,做好用料交底。

(2)班组料具员持限额领料单向材料员领料。材料员经核实工程量、材料品种、规格、数量等无误后,交给领料员和仓库保管员。

(3)班组凭限额领料单领用材料,仓库依此发放材料。发料时,应以限额领料单为依据,限量发放,可直接记载在限额领料单上,也可开领料小票,双方签字认证,见表 8-2。若一次开出的领料量较大需多次发放时,应在发放记录上逐日记载实领数量,由领料人签认,见表 8-3。

表 8-2　领料单

工程名称＿＿＿＿＿＿　　　　　　　　　　　　　　　　队组＿＿＿＿＿＿

工程项目＿＿＿＿＿＿　　　　年　　月　　日　　　　　用途＿＿＿＿＿＿

材料编号	材料名称	规格	单位	数量	单价	

材料保管员：　　　　　　　　　　领料员：　　　　　　　　　　材料核算员：

表 8-3　发放记录

栋号＿＿＿＿＿＿

班组＿＿＿＿＿＿　　　　年　　月　　日　　　　　计量单位：

任务书编号	日期	工程项目	发放量	领料人	任务书编号	日期	工程项目	发放量	领料人

主管：　　　　　　　　　　保管员：

(4)当领用数量达到或超过限额数量时,应立即向主管工长和材料部门主管人员说明情况,分析原因、采取措施。若限额领料单不能及时下达,应由工长填制并由项目经理审批的工程借用用料单,办理因超耗及其他原因造成多用材料的领用手续。

8.4.14 材料发放方法

(1)大堆材料:主要包括砖、瓦、灰、砂、石等材料,一般都是露天存放,多工程使用。根据有关规定,大堆材料的进出场及现场发放要进行计量检测。

(2)主要材料:包括水泥、钢材、木材等。一般是库发材料或是指定露天料场和大棚内保管存放,由专职人员办理领发手续。主要材料的发放要凭限额领料单(任务书)、有关的技术资料和使用方案发放。

(3)成品及半成品:主要包括混凝土构件、钢木门窗、铁件及成型钢管等材料。

8.4.15 降低材料消耗的管理措施

(1)加强基础管理是降低材料消耗的基本条件。

(2)合理供料、一次就位、减少二次搬运和堆基损失。

(3)开展文明施工和做到施工操作落手清,所谓"走进工地,脚踏钱币"就是对施工现场浪费材料的形象批评。

(4)回收利用、修旧利废。

(5)加速材料周转的途径。

①计划准确、及时,材料储备不能超越储备定额,注意缩短周转天数。

②周转材料必须按工程进度及时安排、及时拆除并迅速转移。

③少料具流通过程中的中间环节,简化手续和层次,选择合理的运输方式。

(6)定期进行经济活动分析和揭露浪费、堵塞漏洞的活动。

8.4.16 主要材料的节约措施

8.4.16.1 节约水泥的措施

(1)优化混凝土配合比;

(2)级配相同的情况下,选用骨料粒径最大的可用石料;

(3)掌握了合理的砂率;

(4)合理掺用外加剂;

(5)充分利用水泥活性及其富裕系数;

(6)掺加粉煤灰。

8.4.16.2 木材的节约措施

木材是一种自然资源,我国木材资源缺乏。近几年,木材价格不断上涨,节约木材尤为重要。

节约木材的措施:以钢代木、改进支模办法、优材不劣用、长料不短用、以旧料代新料、综合利用。

8.4.16.3　**钢材的节约措施**

(1)集中断料。

(2)钢筋加工成型时,应注意合理焊接或绑扎钢筋的搭接长度。

(3)充分利用短料、旧料。对建筑企业来说,需加工的品种、规格繁多。加工时,可以大量利用短料、边角料、旧料。

(4)尽可能不以大代小、以优代劣。

8.4.17　现场材料承包的形式

8.4.17.1　**单位工程材料承包**

对工期短、便于单一考核的单位工程,从开工到竣工的全部工程用料,实行一次性包死。各种承包既要反映材料实物量,也要反映材料金额,实行双控指标,向项目负责人发包,考核对象是项目承包者。这种承包可以反映单位工程的整体效益,堵塞材料消耗过程的漏洞,避免材料串、换、代造成的差额。项目负责人从整体考虑,注意各工种、工序之间的衔接,使材料消耗得到控制。

8.4.17.2　**按工程部位承包**

对工程长、参建人员多或操作单一、损耗量大的单位工程,按工程的基础、结构、装修、水电安装等施工阶段,分部位实行承包,由主要工种的承包作业队承包。实行定额考核、包干使用、节约有奖、超耗有罚的制度。这种承包的特点是:专业性强,不易串料,奖罚兑现快。

8.4.17.3　**特殊材料单项承包**

对消耗量大、价格昂贵、资源紧缺、容易损耗的特殊材料实行物量承包。这种材料一般用于建筑产品造价高,功能要求特殊,使用材料贵重,甚至从国外进口的材料。承包对象为专业队组。这种承包可以在大面积施工、多工种参建的条件下,是某项专用材料消耗过程的有效管理措施。

8.4.18　周转材料的分类

施工生产中常用的周转材料包括定型组合钢模板、大钢模板、滑升模板、飞模、酚醛复膜胶合板、木模板、杉槁架木、钢和木脚手板、门型脚手架以及安全网、挡土板等。

周转材料按其自然属性可分为钢制品和木制品两类;按使用对象可分为混凝土工程用周转材料、结构及装修工程用周转材料和安全防护用周转材料三类。

8.4.19　周转材料管理的内容

8.4.19.1　**使用**

周转材料的使用是指为了保证施工生产正常进行或有助于产品的形成而对周转材料进行拼装、支搭及拆除的作业过程。

8.4.19.2　**养护**

周转材料的养护是指例行养护,包括除却灰垢、涂刷防锈剂或隔离剂,使周转材料处于随时可投入使用的状态。

8.4.19.3 维修

周转材料的维修是指修复坏且不可修复的周转材料，按照使用和配套的要求进行大改小、长改短的作业。

8.4.19.4 改制

周转材料的改进是指改进制作周转料具以使其符合施工需要。

8.4.19.5 核算

周转材料的核算包括会计核算、统计核算和业务核算三种核算方式。会计核算主要反映周转材料投入和使用的经济效果及其摊销状况，它是资金（货币）的核算；统计核算主要反映数量规模、使用状况和使用趋势，它是数量的核算；业务核算是材料部门根据需要和业务特点而进行的核算，它既有资金的核算，也有数量的核算。

8.5 材料统计核算

8.5.1 材料核算的定义

材料核算是以货币或实物数量的形式，对建筑企业材料管理工作中的采购、供应、储备、消耗等项业务活动进行记录、计算、比较和分析，总结管理经验，找出存在问题，从而提高材料供应管理水平的活动。

8.5.2 成本分析的定义

成本分析就是利用成本数据按期间与目标成本进行比较，找出成本升降的原因，总结经营管理的经验，制定切实可行的措施，并加以改进，不断地提高企业经营管理水平和经济效益。成本分析可能在经济活动的事前、事中或事后进行。在经济活动开展之前，通过成本预测分析，可以选择达到最佳经济效益的成本水平，确定目标成本，为编制成本计划提供可靠依据。

8.5.3 材料成本分析

材料成本分析的方法通常采用的具体方法有技术经济分析法、比重分析法、因素分析法、成本分析会议等。

8.5.4 材料价格计算方法

材料采购实际成本是材料在采购和保管过程中发生的各项费用的总和。它由材料原价、供销部门手续费用、包装费、运杂费、采购保管费五方面因素构成。材料价格通常按实际成本计算，具体方法有先进先出法和加权平均法两种。

（1）先进先出法：是指同一种材料每批进货的实际成本中各有相同时，按各批不同的数量分别记入账册。在发生领用时，以先购入的材料数量及价格先计价核算工程成本，按先后程序依此类推。

（2）加权平均法：是指同一种材料在发生不同实际成本时，按加权平均法求得平均单价,当下一批进货时,又以余额(数量及价格)与新购入的数量、价格作新的加权平均计算,得出平均价格。

8.5.5　材料供应的核算

材料供应计划是组织材料供应的依据。它是根据施工生产进度计划、材料消耗定额等编制的。施工生产进度计划确定了一定时间内应完成的工程量,而材料供应量是根据工程按量、按时配套供应各种材料,是保证施工生产正常进行的基本条件之一。检查考核材料供应计划的执行情况,主要是检查材料的收入执行情况,它反映了材料对生产的保证程度。

检查材料收入的执行情况,就是将一定时期(旬、月、季、年)内的材料实际收入量与计划收入量作对比,以反映计划完成情况。

8.5.6　材料储备的核算

为了防止材料积压或储备不足,保证生产需要,加速资金周转,企业必须经常检查材料储备定额的执行情况,分析材料库存情况。

检查材料储备定额的执行情况,是将实际储备材料数量(金额)与储备定额数量(金额)相对比,当实际储备数量超过最高储备定额时,说明材料有超储积压;当实际储备数量低于最低储备定额时,说明企业材料储备不足,需要动用保险储备。

8.5.7　材料消耗量的核算

现场材料使用过程的管理,主要是指按单位工程定额供应和班组耗用材料的限额领料进行管理。

8.5.8　周转材料的核算

由于周转材料可多次反复使用于施工过程,因此其价值的转移方式不同于材料的一次性转移,而是分多次转移的,通常称为推销。周转材料的核算以价值量核算为主要内容,核算周转材料的费用收入与支出的差异和摊销。

第9章 试验员岗位指导

9.1 试验员岗位职责认识

(1)负责原材料取样送检,具体要求为:

①按相关规定对进场原材料、过程产品进行取样送检,并填写《见证取样送检委托书》,及时领取试验报告单,检查报告单是否字迹清楚、无涂改、签章齐全、结论明确和注明试验编号、日期是否符合,并反馈试验检验结果。

②施工现场的取样、制样应符合有关标准规定,并建立试件委托台账。现场试验人员对取样的真实性、代表性负责。

③学习领会相关标准对取样的规定,密切注意相关标准的更新,及时修正取样、制样方法及标准。

(2)负责现场搅拌混凝土、砂浆用骨料含水率测定及混凝土、砂浆和易性的测定。

(3)负责配合比的控制。根据测定的骨料含水率及混凝土、砂浆配合比设计通知单确定混凝土、砂浆施工配合比和每拌原材料用量。混凝土、砂浆配合比及其他有配比要求物资的标牌制作和填写。

(4)负责混凝土、砂浆试块的制作,具体要求为:

①随机抽取施工过程中的混凝土、砂浆拌和物,制作施工强度检验试块。

试块制作时,必须有试块制作记录。

②试块必须按单位工程连续编号。试块应在24 h后用墨笔注明委托单位、制模日期、工程名称及部位、强度等级及试块编号,然后拆模。

③凡需在标准养护室养护的试块,拆模后立即进行标准养护。

同条件养护的试块应放置在靠近相应结构构件或结构部位的适当位置,采取相同的养护方法。

④施工现场抽取或制作的试件应有唯一标识,内容应包括试件编号、材料规格、型号、制作或成型日期等,但不应注明施工单位和工程名称。试件编号应按单位工程分类顺序排号,不得空号和重号。

⑤委托试验结果不合格,应按规定取样进行复试。复试仍不合格,应将试验结论报告项目技术负责人,及时进行处理。

(5)负责混凝土搅拌、混凝土养护、大体积混凝土养护、结构实体检验用同条件养护试件、焊接材料烘焙等测温并记录。

(6)负责现场标准养护室的管理。记录砂浆和混凝土试块养护温、湿度。

(7)建立项目检验和试验台账;填写《试验工作日记》;分类按时间先后汇总试验记录,并定期向项目技术负责人上报汇总试验记录。委托台账必须真实、清晰,不得随意涂改,台账中应体现出试验编号、工程部位、试件类别、制作日期、送样日期、制作人、送样人、检测机构名称、试验内容(参数)、试验日期、试验结果合格与否,是否复试等内容。

9.2 常用规范及一般知识

9.2.1 常用建筑试验员所用的现行规范、规程

(1)《通用硅酸盐水泥》(GB 175—2007)。
(2)《水泥细度检验方法 筛析法》(GB/T 1345—2005)。
(3)《水泥比表面积测定方法 勃氏法》(GB/T 8074—2008)。
(4)《普通混凝土用砂、石质量及检验方法标准》(JGJ 52—2006)。
(5)《蒸压加气混凝土砌块》(GB/T 11968—2006)。
(6)《碳素结构钢》(GB/T 700—2006)。
(7)《钢筋混凝土用钢 第2部分:热轧带肋钢筋》(GB 1499.2—2007)。
(8)《高分子防水材料 第1部分:片材》(GB 18173.1—2006)。
(9)《建筑节能工程施工质量验收规范》(GB 50411—2007)。
(10)《预拌砂浆》(JG/T 230—2007)。
(11)《钢筋焊接及验收规程》(JGJ 18—2012)。
(12)《钢筋机械连接技术规程》(JGJ 107—2010)。
(13)《普通混凝土小型空心砌块》(GB 8239—1997)。
(14)《轻集料混凝土小型空心砌块》(GB/T 15229—2011)。
(15)《烧结普通砖》(GB/T 5101—2003)。
(16)《混凝土多孔砖》(JC 943—2004)。
(17)《烧结空心砖和空心砌块》(GB 13545—2014)。
(18)《蒸压灰砂砖》(GB 11954—1999)。
(19)《建筑砂浆基本性能试验方法标准》(JGJ/T 70—2009)。
(20)《混凝土强度检验评定标准》(GB/T 50107—2010)。
(21)《普通混凝土配合比设计规程》(JGJ 55—2011)。
(22)《大体积混凝土施工规范》(GB 50496—2009)。
(23)《混凝土强度检验评定标准》(GB/T 50107—2010)。
(24)《回弹法检测混凝土抗压强度技术规程》(JGJ/T 23—2011)。
(25)《混凝土质量控制标准》(GB 50164—2011)。
(26)《混凝土结构工程施工质量验收规范》(GB 50204—2015)。
(27)《屋面工程施工质量验收规范》(GB 50207—2012)。
(28)《砌体结构工程施工质量验收规范》(GB 50203—2011)。
(29)《地下防水工程质量验收规范》(GB 50208—2011)。
(30)《建筑地面工程施工质量验收规范》(GB 50209—2010)。

9.2.2 常规试验

常规试验是指施工现场试验人员依据国家、行业、地方或企业有关标准和规范，对建筑工程项目所使用的原材料在施工过程前，施工单位项目技术负责人应组织制订工程检验计划，监理（建设）单位应制订有见证取样和送检计划。

9.2.3 施工现场应建立现场试验站的业务范围

施工现场应建立现场试验站的业务范围包括：

（1）简易土工试验；

（2）混凝土、砂浆试件的制作及养护；

（3）各种原材料和施工过程中要求试验项目的取样及制作；

（4）确定施工过程所需工艺参数的试验，如钢筋班前焊试验等。

9.2.4 仪器设备应进行检定的情况

试验仪器设备应建立使用记录台账。出现下列情况之一时，仪器设备应进行检定：

（1）首次使用前；

（2）可能对测试结果有影响的维修、改造或移动后，停用后再次投入使用前。

9.2.5 常用试验仪器设备和设施

常用试验仪器设备和设施有：

（1）混凝土坍落度试验（需要坍落筒、捣棒、抹子、标尺）；

（2）混凝土强度试验：混凝土试模（力学、抗渗）需要标准养护室温、湿度控制设备或养护筒、振动台；

（3）砂浆拌和物及力学性能试验：需要砂浆试模、油灰刀、捣棒；

（4）砂、石称量：天平（0.5 kg、1 kg）；

（5）土工试验：烘箱、铝盒、天平、环刀、修土刀。

9.2.6 现场试验

现场试验是指依据国家、行业、地方及企业有关标准和规范，对建筑工程项目所使用的原材料和施工过程中的半成品、成品进行试样抽取及性能检测，并作出结论（结果）评价的活动。现场试验是直接检查建筑工程施工用原材料和半成品质量的主要手段，也是反映质量的主要途径。

9.2.7 《建设工程质量管理条例》（国务院发布）对试验的要求

（1）设计单位在设计文件中选用的建筑材料、建筑构配件和设备，应当注明规格、型号、性能等技术指标，其质量要求必须符合国家规定的标准。（第二十二条）

（2）施工单位必须按照工程设计要求、施工技术标准和合同约定，对建筑材料、建筑

构配件、设备和商品混凝土进行检验,检验应当有书面记录和专人签字;未经检验或者检验不合格的,不得使用。(第二十九条)

(3)施工人员对涉及结构安全的试块、试件以及有关材料,应当在建设单位或者工程监理单位监督下现场取样,并送具有相应资质等级的质量检测单位进行检测。(第三十一条)

(4)未经监理工程师签字,建筑材料、建筑构配件和设备不得在工程上使用或者安装,施工单位不得进行下一道工序的施工。未经总监理工程师签字,建设单位不拨付工程款,不进行竣工验收。(第三十七条)

(5)违反本条例规定,施工单位未对建筑材料、建筑构配件、设计和商品混凝土进行检验,或者对涉及结构安全的试块、试件以及有关材料取样检测的,责令改正,处 10 万元以上 20 万元以下的罚款;情节严重的,责令停业整顿,降低资质等级或者吊销资质证书;造成损失的,依法承担赔偿责任。(第六十五条)

9.2.8 现场试验

现场试验可分为原材料试验、施工试验、工程检测、室内环境检测。

9.2.9 原材料试验

原材料试验包括钢筋、水泥、砂、石、砖、外加剂、防水卷材、涂料、建筑胶等。

9.2.10 施工试验

施工试验是指对施工过程中的半成品、分项工程进行检测;包括钢筋连接、混凝土力学性能(抗压、抗折等)、混凝土耐久性能(抗渗、抗冻)、混凝土(砂浆)配合比、土工试验等。

9.2.11 工程检测

工程检测是指对实体进行的破损、非破损检测;包括混凝土回弹、取芯,面砖黏结强度检验,植筋及膨胀螺栓拉拔,钢筋保护层扫描等。

9.2.12 室内环境检测

室内环境检测是指对建筑材料和装饰装修材料造成的室内环境污染进行检测,包括室内空气中的甲醛、氨、苯和总挥发有机化合物含量的检测。

9.2.13 施工现场应建立现场试验站的业务范围

(1)简易土工试验;

(2)混凝土、砂浆试件的制作及养护;

(3)各种原材料和施工过程中要求试验项目的取样及制作;

(4)确定施工过程所需工艺参数的试验,如钢筋班前焊试验等。

9.2.14 现场试验站应配备的仪器设备

所有试验设备应按照计量器具管理办法进行检定或校准，经检定或校准合格后方能使用。现场试验站配置基本仪器设备应根据工程现场试验的需要选择以下配备：

(1)混凝土拌和物及力学性能试验项目：坍落度或坍落扩展度、强度。

①坍落度或坍落扩展度所需相关仪器设备：坍落度筒(带漏斗)、捣棒、标尺。

②强度所需相关仪器设备：混凝土试模(力学)、混凝土试模(抗渗)、抹子、油灰刀、钢丝刷、标准养护室温、湿度控制设备或养护箱、振动台。

(2)砂浆拌和物及力学性能试验项目：稠度、强度。

①稠度所需相关仪器设备：砂浆稠度仪。

②强度所需相关仪器设备：砂浆试模、油灰刀、刮土刀、捣棒。

(3)砂、石试验项目：含水率。

含水率相关仪器设备：天平(1 000 g、500 g)、天平(5 kg)、电炉或电磁炉、毛刷。

(4)土工试验项目：干密度。

干密度相关仪器设备：烘箱、铝盒、天平、环刀、修土刀、钢丝刷锯、凡士林。

(5)钢筋原材和钢筋接头试验项目：强度、伸长率。

强度、伸长率相关仪器设备：卡尺、无齿锯砂轮机。

(6)水泥检测现场主要涉及工具：取样器。

9.2.15 现场标准养护室的技术要求

工程项目施工现场应根据工程规模建立能满足要求的现场标准养护室或标准养护箱，现场标准养护室技术要求为：

(1)房屋要求保温隔热，根据工程规模的大小确定标准养护室的面积。

(2)配置冷暖空调、电热棒等恒温装置，使室内温度控制在(20 ± 2)℃。

(3)有条件的大型工程应配置喷淋装置，使室内湿度大于95%。一般中小型工程可砌水池养护，但须设立体积相仿的另一预养水池(或水桶)作为置换水用。为节约面积，预养水池(或水桶)可设置在养护水池的上方，水温须与室温相同。

(4)标准养护室室内应设立水泥混合砂浆试块立柜，立柜内衬海绵等保温材料，以控制湿度为60% ~80%。

(5)标准养护室中须配置温度计、湿度计，温、湿度由项目试验员每天记录两次(上、下午各一次)。

9.2.16 标准养护室的管理要求

(1)进入标准养护室的试块必须有强度等级、编号、成型时间标识。

(2)混合砂浆试块不得进入。

(3)试块应放在架子上养护，彼此间隔不少于10 ~20 mm。

(4)不同单体的试块宜置于不同的架子上养护，按顺序摆放。

(5)使用喷淋水装置调节湿度时，喷淋水不能直接冲淋试块。

(6)温、湿度应定时进行检查并记录,上、下午各一次。

9.3　检验和试验管理

9.3.1　物资试验计划的内容

工程施工前,项目技术经理组织项目内业技术员和试验员根据物资总需用计划编写物资试验计划,物资试验计划内容包括确定物资检验和试验项目、规定物资质量标准、委托检测机构等。

9.3.2　物资试验计划的分类

物资试验计划包括原材料取样送检计划和砂浆、混凝土取样送检计划两种。

(1)原材料取样送检计划。

由于各方面的工程实际情况导致原材料的进场情况难以控制,因此原材料取样送检计划应分品种、规格统计原材料的用量和最低的取样组数和取样原则。

(2)砂浆、混凝土取样送检计划。

砂浆、混凝土取样送检计划应划分到具体的检验批,从理论上编制试块的最低取样组数和取样原则。

(3)物资试验计划的调整。

物资试验计划应是动态的,它随原材料进场情况和工程实际施工进度而变化,物资试验计划必须随时进行调整。

施工员和材料员必须拥有物资试验计划。当施工进度计划或材料变更等情况发生时,施工员和材料员应及时通知内业技术员和试验员调整试验计划。

9.3.3　施工现场的取样、制样

施工现场的取样、制样应符合有关标准规定,并建立试件委托台账。材料取样送检按《主要物资试验项目与取样规定》、《项目检验和试验管理办法》相关要求进行。送检一般要求如下:

(1)原材料的取样送检。

原材料进场验收合格后,材料员应填写《取样送检通知单》,及时通知项目试验员取样送检。

(2)过程产品的取样送检。

需要取样送检的砂浆、混凝土、钢筋连接件,由项目施工员填写《过程产品取样送检通知单》,及时通知项目试验员取样送检。

(3)取样批次和方法。

项目试验员依据调整后的物资试验计划,取样批次依据项目质量计划,给合实际进场情况进行取样送检。

9.3.4 见证取样

见证取样是指在建设或监理单位人员的见证下，由施工单位的试验人员在现场抽取设计工程结构安全功能的材料或试样，并委托检测机构测试的过程。

9.3.5 物资取样实行见证取样制度

下列物资取样实行见证取样制度：

(1)用于承重结构的混凝土试块；

(2)用于承重墙体的砌筑砂浆试块；

(3)用于承重结构的钢筋及连接接头试件；

(4)用于承重墙的砖和混凝土小型砌块；

(5)用于拌制混凝土和砌筑砂浆的水泥；

(6)用于承重结构的混凝土中使用的掺加剂；

(7)地下、屋面、厕浴间使用的防水材料；

(8)国家规定必须实行见证取样和送检的其他试块、试件和材料。

9.3.6 见证取样的比例

工程所在地当地政府主管部门有规定的执行其规定，当地政府主管部门未作规定的不得低于有关技术标准中规定应取样数量的30%。

9.3.7 见证取样的程序

(1)施工前，应与建设单位(监理)单位共同制订《见证取样送检的计划》。

(2)项目试验员应按施工见证取样送检计划，取样时，通知建设方代表或监理人员参加，对施工现场的取样和送检进行旁站见证。取样人员应在试样或其包装上作出标识、封样标志。标识和封样标志应标明工程名称、取样部位、取样日期、样品名称和样品数量。

(3)取样人和见证人共同将试样送至委托试验室或检测机构，项目试验员按要求填写《见证取样送检委托书》。

(4)《见证取样送检委托书》应有见证人和取样、收样人员签字，并加盖监理单位的公章。

(5)见证取样送检的试验报告应加盖"有见证取样试验专用章"。

9.3.8 见证人资格要求

项目技术负责人与建设(监理)单位共同设定试验取样人和见证人，并向承监工程质量监督机构递交《有见证取样见证人备案书》进行备案，将其中一份交与承担见证试验的检测机构。

9.3.9 项目试验管理应建立的试验记录

项目试验管理应建立以下试验记录：

(1)分单位工程按照物资的不同品种分别建立《项目检验和试验台账》,需要见证取样的物资应在试验台账中标明是否"见证";

(2)现场搅拌混凝土(砂浆)开盘鉴定记录;

(3)试验计量器具、设备台账和检定记录;

(4)现场拌制混凝土(砂浆)骨料含水率测试记录;

(5)混凝土(砂浆)和易性测定记录;

(6)混凝土搅拌测温记录;

(7)混凝土养护测温记录;

(8)大体积混凝土养护测温记录;

(9)结构实体检验用同条件养护试件测温记录;

(10)同条件养护试块试验情况汇总记录;

(11)焊接材料烘焙记录;

(12)月度试验汇总表;

(13)试验日记;

(14)物资试验计划;

(15)见证取样送检计划。

9.3.10 现场试验管理一般工作程序

(1)项目经理部(分公司)试验员在接到材料部门的进场材料通知单(或进场材料联系单)后,应根据《试验方案》和工程情况要求,及时抽取或制备试样。

(2)试验员对试样进行处理、养护、标识、填写试验委托单一试两份,将试验委托单连同试件送公司试验中心进行试验。如属有见证试验,试验员协助见证人根据有关规定进行取样,填写试验委托单一式两份(有见证试验室和项目经理部各一份),见证记录一式三份(见证人、有见证试验室和施工单位各一份)。

(3)试验中心对来样及其委托单、材质证明、标识等进行核对,核对无误后,收样人在委托单上签字(试验中心和项目经理部各一份),及时上机录入委托单内容,取得统一委托编号,打印《来样委托台账》。

(4)试验中心根据试验委托单的要求,按照有关标准、规范进行试验。混凝土和砂浆抗压试件应严格按照要求龄期进行试验,其他项目及时予以安排,以保证满足施工进度的要求。

(5)试验中心应及时发放试验报告,试验报告由试验中心技术负责人批准签发。项目经理部试验员领取试验报告时应在《来样委托台账》上签字。

(6)项目经理部试验员领取试验报告后,应及时将原材料试验结果通知现场材料员,由现场材料员实施材料的检验状态标识;将施工试验结果通知工程技术负责人,将试验报告交技术资料员存档。

(7)经试验检测出现不合格品时,试验中心填写《试验不合格通知单》一式三份,连同试验报告交项目经理部。项目经理部总工程师在《试验不合格通知单》上签署意见,交公司主管部门(属原材料不合格者交公司物资管理部,属施工试验不合格者交公司质量部)

签字备案,项目经理部自存一份,并于7日内返回试验中心一份。

(8)对于不合格原材料,按照公司《物资采购控制程序》处理。

(9)当施工试验出现不合格时,由项目经理部总工程师组织试验员及材料、技术、生产、质量部门进行调查与分析、评审,提出处理或解决方案。

(10)试验记录由项目经理部试验员和公司试验中心填写;试验报告由公司试验中心技术负责人批准签发,试验中心建立《来样登记台账》和《混凝土试验台账》、《钢筋试验台账》、《水泥试验台账》、《混凝土配合比申请台账》、《混凝土配合比通知单台账》、《砂浆配合比通知单台账》。各种试验记录及时收集归档。

(11)试验中心建立试验不合格台账,《试验不合格通知单》由试验中心和项目经理部各保存一份。

(12)试验中心保存各种试验记录、试验报告、来样登记台账、试验台账、不合格台账等试验资料,保存期为5年。试验报告一式四份,试验中心保存一份,项目经理部试验员领取三份,自存一份,交技术资料员两份并分类建立台账。

(13)项目经理部试验员承担的试验项目,其试验记录由试验员保存至竣工,交技术资料员归档。

现场试验管理一般工作流程如图9-1所示。

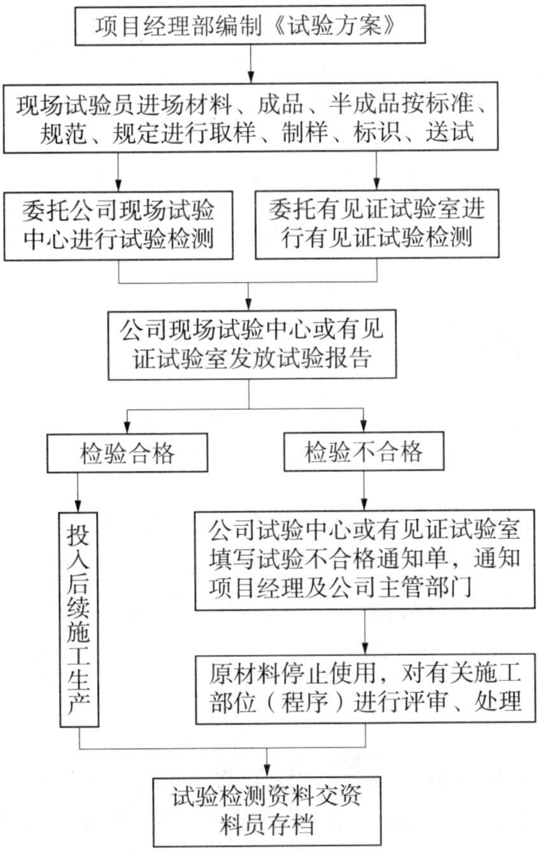

图9-1 现场试验管理一般工作流程

9.3.11 现场试验材料检测一般流程图

现场试验材料检测一般流程图如图 9-2 所示。

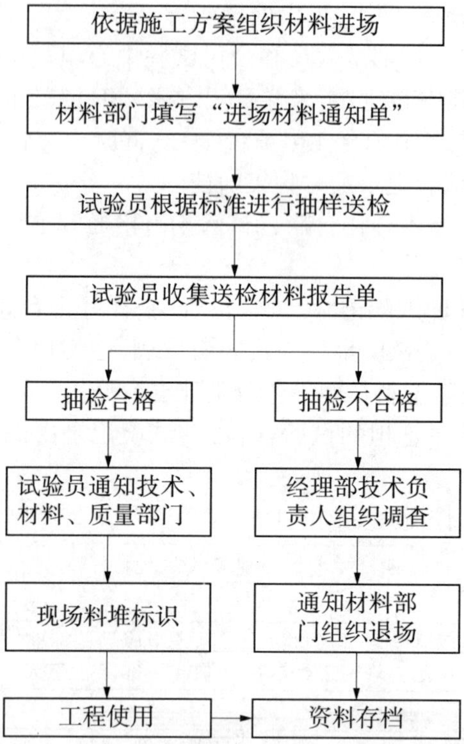

图 9-2 现场试验材料检测一般流程图

9.4 水泥试验

9.4.1 水泥

水泥是一种良好的矿物质水硬性胶凝材料,与石灰、石膏、水玻璃等气硬性胶凝材料不同,不仅能在空气中硬化,且能在水中更好地硬化,并保持和发展其强度。水泥属于水硬性无机胶凝材料。水泥具有很多优点,如不怕水、可塑、来源广、价格低、工艺简单、品种丰富、耐久性好、与钢筋有良好的黏结力等。

9.4.2 水泥的品种

水泥品种很多,依矿物组成,水泥分为硅酸盐水泥、铝酸盐水泥、硫铝酸盐水泥、铁铝酸盐水泥。依用途,水泥可分为通用水泥(硅酸盐水泥、普通硅酸盐水泥、矿渣硅酸盐水泥、火山灰质硅酸盐水泥、粉煤灰硅酸盐水泥、复合硅酸盐水泥)、专用水泥(油井水泥、大坝水泥)、特种水泥(膨胀水泥、快硬水泥)。

9.4.3 通用硅酸盐水泥

以硅酸盐水泥熟料、适量石膏及规定的混合材料制成的水硬性胶凝材料。通用硅酸盐水泥六大品种及代号：

硅酸盐水泥 P·Ⅰ P·Ⅱ

普通硅酸盐水泥 P·O

矿渣硅酸盐水泥 P·S·A P·S·B

火山灰质硅酸盐水泥 P·P

粉煤灰硅酸盐水泥 P·F

复合硅酸盐水泥 P·C

9.4.4 硅酸盐水泥的强度等级

硅酸盐水泥的强度等级为：42.5、42.5R、52.5、52.5R、62.5、62.5R 等六个等级。矿渣硅酸盐水泥、火山灰质硅酸盐水泥、粉煤灰硅酸盐水泥、复合硅酸盐水泥分为：32.5、32.5R、42.5、42.5R、52.5、52.5R 等六个等级。

9.4.5 水泥检验规则、标志、包装要求

(1)出厂检验。出厂检验报告应包括化学指标、凝结时间、安定性、强度等项目。

(2)判定规则。化学指标、凝结时间、安定性、强度均合格的为合格品，有任何一项不合格的为不合格品。

(3)检验报告。检验报告内容应包括出厂检验项目、细度、混合材料品种与掺量、石膏和助磨剂的品种与掺量、属旋窑或立窑生产及合同约定的其他技术要求。

(4)包装：水泥可以散装或袋装，袋装水泥每袋 50 kg，且应不少于标志质量的 99%；其他包装形式由供需双方协商确定。

(5)标志：水泥包装袋上应清楚地表明：执行标准、水泥品种、代号、强度等级、生产者名称、生产许可证标志及编号、出厂编号、包装日期、净含量。包装袋两侧应根据水泥的品种采用不同的颜色印刷水泥名称和强度等级。硅酸盐水泥和普通硅酸盐水泥采用红色，矿渣硅酸盐水泥采用绿色，火山灰质硅酸盐水泥、粉煤灰硅酸盐水泥和复合硅酸盐水泥采用黑色或蓝色。散装发运应提交与袋装标志相同内容的卡片。

9.4.6 必须进行复试，并提供试验报告单的情况

有下列情况之一者，必须进行复试，并提供试验报告单：

(1)用于承重结构的水泥；

(2)用于使用部位有强度等级要求的水泥；

(3)出厂日期超过 3 个月(快硬硅酸盐水泥为 1 个月)的水泥；

(4)进口水泥。

9.4.7 水泥试验取样方法及数量的规定

(1)散装水泥:对同一水泥厂生产的同期出厂的同品种、同强度等级的水泥,以一次进厂(场)的同一出厂编号的水泥为一批。但一批的总量不得超过 500 t。随机地从不少于 3 个车罐中各采取等量水泥,经混拌均匀后,再从中称取不少于 12 kg 水泥作为检验试样。取样采用“槽形管状取样器”,通过转动取样器内管控制开关,在适当位置插入水泥一定深度,关闭后小心抽出。将所取样品放入洁净、干燥、不易受污染的容器中。

(2)袋装水泥:对同一水泥厂生产的同期出厂的同品种、同强度等级的水泥,以一次进厂(场)的同一出厂编号的水泥为一批。但一批的总量不得超过 200 t。随机从不少于 20 个袋中各采取等量水泥,经混拌均匀后,再从中称取不少于 12 kg 水泥作为检验试样。取样采用“取样管”,将“取样管”插入水泥适当深度,小心抽出“取样管”。将所取样品放入洁净、干燥、不易受污染的容器中。

(3)对已进厂(场)的每批水泥,视在厂(场)存放情况,应重新采集试样复验。存放超过 3 个月的水泥必须进行复验,并按复验结果使用。

(4)取样要有代表性,所取试样总数不少于 12 kg,拌和均匀后分成两等份,一份由试验室按标准进行试验,一份密封保存,以备复验用。

(5)建筑施工企业应分别按单位工程取样。

(6)构件厂、搅拌站应在水泥进厂(站)时取样,并根据储存、使用情况定期复验。

(7)样品取得后,应由负责取样人员填写取样单,应至少包括水泥编号、水泥品种、强度等级、取样日期、取样地点及取样人等内容。

9.4.8 水泥检测参数

水泥检测参数包括强度、凝结时间、安定性、细度(选择性指标),技术指标要求如下:

(1)氧化镁≤5%;三氧化硫≤3.5%。

(2)细度 0.08 mm 方孔筛筛余≤10%;比表面积 >300 m^2/kg。

(3)标准稠度用水量:水泥加水调至某一规定稠度净浆时所需拌和水量。试杆距底板(6 ±1)mm 时。

(4)凝结时间。

初凝:从水泥全部加入水中到水泥开始失去可塑性所需时间。

终凝:从水泥全部加入水中到水泥开始全部失去可塑性开始产生强度所需时间。

凝结时间的工程意义:水泥的初凝时间不宜过早,以便在施工时有足够的时间完成混凝土或砂浆的搅拌、运输、浇筑和砌筑等工作;水泥的终凝时间不宜过迟,以免延误施工工期。

(5)体积安定性。体积安定性即水泥硬化后因体积膨胀而产生变形的性能。膨胀源及消除措施为:①游离氧化钙过多,水化生成的氢氧化钙产生膨胀。用沸煮法消除。②游离氧化镁过多,水化生成的氢氧化镁产生膨胀。用压蒸法消除。③三氧化硫超标,水化生成的钙矾石膨胀。用压蒸法消除。

(6)强度等级。水泥强度是表征水泥力学性能的重要指标。影响强度的因素主要有水泥的矿物组成、水泥细度、水灰比、龄期、环境温度等。

9.4.9 水泥强度检验方法

水泥强度采用《水泥胶砂强度检验方法》(GB/T 17671)进行检验。该法将水泥标准砂水(1:3:0.5)制成水泥胶砂,并制成40 mm×40 mm×160 mm的试件,在标准温度(20±1)℃的水中养护一定龄期(3 d、28 d)后测得其强度。

数据处理:

抗折:3个值中有大于或小于平均值10%时,剔除此值,取剩余两个强度平均值。

抗压:6个值中有大于或小于平均值10%时,剔除此值,取剩余5个强度平均值,若剩余5个中仍有超出5个平均值10%的,则废此结果。

9.5 钢材试验

9.5.1 结构钢的分类

结构钢按用途可分为钢筋混凝土结构用钢筋和钢结构用钢材。

9.5.2 钢材管理规定

(1)所用钢材应有出厂质量合格证书;

(2)按有关标准的规定抽取试件做力学性能和工艺性能试验;

(3)有下列情况之一者,还必须做化学成分检验:

①进口钢筋。

②在加工过程中发生脆断、焊接性能不良和力学性能显著不正常的。

(4)需进行技术处理或代用时由技术负责人批准,并说明使用部位。

(5)抄件(复印件)注明原件存放处并加盖原件存放处公章,抄件人签字齐全。

9.5.3 常用的钢筋原材分类

常用的钢筋原材分为:①热轧带肋钢筋;②热轧光圆钢筋;③冷轧带肋钢筋;④冷轧扭钢筋;⑤低碳冷拔丝钢筋。

9.5.4 钢筋的品种、级别和符号标识

钢筋的品种、级别和符号标识如下:

(1)热轧带肋钢筋分为HRB335、HRB400、HRB500三个级别,HRB335用Φ表示,HRB400用Φ表示,HRB500用Φ表示。

(2)热轧光圆钢筋:HPB300,用φ表示。

(3)冷轧带肋钢筋分为CRB550、CRB650两个级别,通常用φR表示。

(4)冷轧扭钢筋有CTB550、CTB650两个级别,通常用φt表示,冷轧扭钢筋CTB550又分三个型号,即Ⅰ、Ⅱ、Ⅲ,通常使用CTB550中的Ⅰ型(5)低碳冷拔丝分为甲级、乙级两

个等级。甲级有 CDW5. 0——600. 650、CDW4. 0——650. 700 两个等级。乙级 3、4、5、6 就 550 一个等级。

9. 5. 5　钢筋检测参数要求

钢筋检测参数要求见表 9-1。

表 9-1　钢筋检测参数

检测业务内容	强制检测参数	
钢筋(含焊接与机械连接)力学性能检验	1. 钢筋原材	(1)屈服强度
		(2)抗拉强度
		(3)延伸率
		(4)冷弯
	2. 焊接与机械连接	(1) 抗拉强度
		(2) 弯曲试验(限于闪光对焊)

9. 5. 6　钢材相关力学性能指标

(1)屈服强度:当金属材料呈现屈服现象时,在试验期间达到塑性变形发生而力不增加的应力点。

(2)抗拉强度:试样拉断前所承受的最大应力除以原始横截面面积得到抗拉强度。

(3)伸长率:试样拉断后标距的伸长与原始标距的百分比。

(4)强屈比:钢筋实测抗拉强度与实测屈服强度之比。

(5)屈标比:钢筋实测屈服强度与标准屈服强度之比。

9. 5. 7　钢筋的力学性能指标要求

钢筋的力学性能指标要求见表 9-2。

表 9-2　钢筋的力学性能指标

钢筋牌号	屈服点(MPa)	抗拉强度(MPa)	伸长率(%)	屈强比	屈标比	弯曲
HRB335	335	455	17	≥1. 25	≤1. 30	3a
HRB400	400	540	16	≥1. 25	≤1. 30	4a
HRB500	500	630	15	≥1. 25	≤1. 30	5a
HPB300	300	420	25	—	—	1a
CRB550	500	550	$A_{11.3}$8. 0	≥1. 03	—	3a
CRB650	580	650	A_{100}4. 0	—	—	反复弯曲 3a
CTB550	—	550	$A_{11.3}$4. 5	—	—	3a

注:a 为钢筋公称直径。

9.5.8 钢材原材料取样频率

(1)《碳素结构钢》(GB/T 700—2006)规定:同一牌号、同一炉罐、同一品种、同一交货状态,每60 t为一验收批,不足60 t也为一批。每验收一组试件,拉伸、弯曲各1个。

(2)《钢筋混凝土用钢 第2部分:热轧带肋钢筋》(GB 1499.2—2007)规定:钢筋应按批进行检查和验收,每批由同一牌号、同一炉罐号、同一规格的钢筋组成,每批重量统称不大于60 t,超60 t部分,每增加40 t(或不足的余数),增加一个拉伸和一个弯曲试验。一般每批由同一牌号、同一炉罐号、同一规格的钢筋组成,每批重量不大于60 t。

9.5.9 钢筋取样方法

(1)热轧带肋钢筋、热轧光圆钢筋(见《钢筋混凝土用钢 第1部分:热轧光圆钢筋》(GB 1499.1—2008))取样方法见表9-3。

表9-3 热轧带肋钢筋、热轧光圆钢筋取样方法

序号	检测项目	取样数量	取样方法
1	拉伸	2	任选2根钢筋切取,长度约450 mm
2	冷弯	2	任选2根钢筋切取,长度约350 mm
3	尺寸偏差	逐支	一般就用力学性能试件做
4	重量偏差	不少于5	从不同根钢筋上截取,长度不小于500 mm

超过60 t、小于100 t时,应增加一根拉伸和一根弯曲试验。

(2)冷轧带肋钢筋(见《冷轧带肋钢筋》(GB 13788—2008)取样方法见表9-4。

表9-4 冷轧带肋钢筋取样方法

序号	检测项目	取样数量	取样方法
1	拉伸	1	在每(任)盘中随机切取,拉伸长约450 mm,弯曲长约350 mm
2	弯曲(反复)	2	

(3)冷轧扭钢筋(见《冷轧扭钢筋》(JG 190—2006))取样方法见表9-5。

表9-5 冷轧扭钢筋取样方法

序号	检测项目	取样数量	取样方法
1	拉伸	2	随机抽取,每根钢筋只能截取1根拉伸,1根弯曲试样。先去掉钢筋端部500 mm后,再截取试样 试样长度:取偶数倍节距,且不应小于4倍节距,同时不小于500 mm
2	冷弯	1	

每批由同一型号、同一强度等级、同一规格尺寸、同一台(套)轧机生产的钢筋组成,且每批不大于20 t。

9.5.10　钢筋必试试验项目

(1)拉伸试验(屈服点或屈服强度、抗拉强度、伸长率);

(2)弯曲(冷弯)试验。

9.5.11　常见钢筋焊接方法

常见钢筋焊接方法有电阻点焊、闪光对焊、电渣压力焊、气压焊、电弧焊(单面搭接焊、双面搭接焊、单面绑条焊、双面绑条焊)。目前,建筑工地上最常使用的钢筋焊接方法有电渣压力焊、闪光对焊和电弧焊。

9.5.12　闪光对焊取样方法

(1)频率:同一台班内由同一焊工完成的 300 个同级别、同直径钢筋焊接接头为一批,当同一台班内焊接的接头数量较少,可在一周内累计计算,如累计仍不足 300 个接头,也应按一批计算。

(2)取样方法:每批随机抽取 3 个长约 450 mm 接头做拉伸,抽取 3 个长约 350 mm 接头做冷弯。

9.5.13　电弧焊、电渣压力焊、气压焊取样方法

(1)频率:

在一般构筑物中,以 300 个同牌钢筋、同型式接头作为一批,在现浇钢筋混凝土结构中,在同一楼层中 300 个同牌号、同型式接头作为一批,不足 300 个接头,按一批计算。

(2)取样方法:

①电弧焊:每批随机抽取 3 个长约 450 mm 的接头做拉伸。

②电渣压力焊:每批随机抽取 3 个长约 450 mm 的接头做拉伸。

焊:在柱、墙竖向钢筋连接及梁、板水平钢筋连接中,随机抽取 3 个接头做拉伸,在梁、板水平钢筋连接中,随机抽取 3 个接头做冷弯。

9.5.14　焊接头拉伸试验结果

钢筋闪光焊接头、电弧焊接头、电渣焊接头拉伸试验结果均应符合下列要求:

(1)3 个热轧钢筋接头试件的抗拉强度均不得小于该牌号钢筋规定的抗拉强度。

(2)至少有 2 个试件断于焊缝之外,并呈延性断裂。

当达到上述两项要求时,应评定该批接头为抗拉强度合格。当试验结果有 2 个试件抗拉强度小于钢筋规定的抗拉强度或 3 个试件均在焊缝或热影响区发生脆性断裂时,则依此判定该批接头为不合格。

当试验结果有 1 个试件的抗拉强度小于规定值或 2 个试件在焊缝或热影响区发生脆性断裂,其抗拉强度均小于钢筋规定抗拉强度的 1.10 倍时,应进行复试。复试时,应再切取 6 个试件,复试结果当仍有 1 个试件抗拉强度小于规定值,或有 3 个试件断于焊缝或热影响区呈脆性断裂,其抗拉强度小于钢筋规定抗拉强度的 1.10 倍时,应判该批钢筋为不

合格品。

(3)闪光焊接头进行弯曲试验时,应将受压面的金属毛刺和镦粗突起部分消除,且应与钢筋的外长平齐。弯曲试验可在万能机、手动式电动液压弯曲试验器上进行。

当试验结果弯至90°有2个或3个试件外侧(含焊缝和热影响区)未发生破裂,应该判该批接头弯曲合格。

当3个试件均发生破裂,则一定判定该批接头为不合格。

当有2个试件发生破裂,应进行复试。复试时,应切取6个试件。复试结果,当有3个试件发生破裂时,应判定该批接头为不合格品。

9.5.15 钢筋机械连接件的种类

钢筋机械连接件的种类有套筒挤压、锥螺纹接头、镦粗直螺纹、滚轧直螺纹、直螺纹接头,现通常只有滚轧直螺纹和直螺纹接头。

9.5.16 机械接头的破坏形态

机械接头的破坏形态有三种:①钢筋拉断;②接头连接件破坏;③钢筋从连接件中拔出。对于Ⅱ级和Ⅲ级接头,无论试件属于哪种破坏形态,只要试件抗拉强度满足《钢筋机械连接通用技术规程》的要求时,则判为合格。

9.5.17 钢筋接头取样规定

9.5.17.1 频率

工艺检验:钢筋连接工程开始前及施工过程中,应对每批进场钢筋进行接头工艺检验。

现场检验:同一施工条件下采用同一批材料的同等级、同型式、同规格接头,以500个为一批。

9.5.17.2 取样方法

工艺检验:每种规格钢筋随机截取3个接头做拉伸和残余变形。

现场检验:在工程结构中,随机截取3个接头做拉伸试件。

9.6 建筑用砂石试验

9.6.1 建筑用砂

建筑用砂是指适用于建筑工程中混凝土及其制品和建筑砂浆用砂,按产源分为天然砂、人工砂、混合砂。天然砂是指由自然条件作用而形成的、公称粒径小于5.00 mm的岩石颗粒,天然砂包括河砂、山砂、海砂;人工砂是指经除土开采、机械破碎、筛分而形成公称粒径小于5.00 mm的岩石颗粒;混合砂是指由天然砂与人工砂按一定比例组合而成的砂。用卵石制成人工砂与天然砂区别不大,特别是其混合砂,用户很难区别,用岩石或尾矿石生产的机制砂从颜色到组成与天然砂区别很大,干法生产的砂石粉较多。

9.6.2 建筑用石

建筑用石为建筑工程中水泥混凝土及其制品用石，由天然岩石或卵石经破碎、筛分而得的，公称粒径大于5.00 mm的岩石颗粒。

9.6.3 建筑用砂石取样要求

（1）频率：按同产地、同规格分批验收，采用大型工具（如火车、货船或汽车）运输的，以400 m^3或600 t为一批，采用小型工具（如拖拉机等）运输的，以200 m^3或300 t为一批，不足上述量者，按一验收批进行验收。当砂石质量比较稳定、进料量较大时，可以1 000 t为一验收批。

（2）取样方法：

①从料堆上取样时，取样部位应均匀分布，取样前应先将取样部位表层铲除，然后由各部分抽取大致相等的砂8份，石子15份，组成各自一组样品。

②从皮带运输机上取样时，应在皮带运输机机尾的出料处用接料器定时抽取砂4份，石子8份，组成各自一组样品。

③从火车、汽车、货船上取样时，应从不同部位和深度抽取大致相等的砂8份、石16份，组成各自一组样品。

④数量：每一试验项目所需砂最少取样质量见表9-6。

表9-6 每一试验项目所需砂最少取样质量

试验项目	最少取样质量(g)
(1)筛分析	4 400
(2)含泥量	4 400
(3)泥块含量	20 000
(4)表观密度	2 600
(5)堆积密度	5 000
(6)吸水率	4 000
(7)含水率	1 000

每一试验项目所需碎石或卵石最少取样质量如表9-7所示。

表9-7 每一试验项目所需碎石或卵石最少取样质量 （单位：kg）

试验项目	最大公称粒径(mm)							
	9.5	16.0	19.0	26.5	31.5	37.5	63.0	75.0
(1)筛分析	9.5	16.0	19.0	25.0	31.5	37.5	63.0	80.0
(2)含泥量	8.0	8.0	24.0	24.0	40.0	40.0	80.0	80.0
(3)泥块含量	8.0	8.0	8.0	24.0	40.0	40.0	80.0	80.0
(4)表观密度	8.0	8.0	8.0	8.0	12.0	16.0	24.0	24.0
(5)堆积密度	40.0	40.0	40.0	40.0	80.0	80.0	120.0	120.0

续表 9-7

试验项目	最大公称粒径(mm)							
	9.5	16.0	19.0	26.5	31.5	37.5	63.0	75.0
(6)针片状	1.2	4.0	8.0	12.0	20.0	40.0	40.0	40.0
(7)压碎值	按试验要求的粒级及数量取样							
(8)含水率	按试验要求的粒级及数量取样							
(9)吸水率	2.0	4.0	8.0	12.0	20.0	40.0	40.0	40.0

每验收批砂石至少应进行颗粒级配、含泥量、泥块含量检验,对于碎石或卵石,还应检验针片状颗粒含量。对于人工砂及混合砂,还应检验石粉含量,对于重要工程或特殊工程,应根据工程要求增加检测项目。

9.7 混凝土试验

9.7.1 混凝土

混凝土是由胶凝材料、水、粗细骨料,按适当比例配合,必要时掺入一定数量的外加剂和矿物掺合料,经均匀搅拌、密实成型和养护硬化而成的人造石材。

混凝土的原材料丰富、成本低,具有适应性强、抗压强度高、耐久性好、施工方便,且能消纳大量的工业废料等优点,是各项建设工程不可缺少的重要的工程材料。

9.7.2 混凝土分类

(1)根据表观密度分类,混凝土可分为重混凝土、普通混凝土和轻混凝土等;根据采用胶凝材料不同,混凝土可分为水泥混凝土、石膏混凝土、沥青混凝土、聚合物水泥混凝土和水玻璃混凝土等。

(2)根据生产工艺和施工方法分类,可分为泵送混凝土、喷射混凝土、压力混凝土、离心混凝土、碾压混凝土等。

(3)根据使用功能分类,混凝土可分为结构混凝土、水工混凝土、道路混凝土和特种混凝土等。

(4)根据拌和方式的不同分类,可分为自拌混凝土和预拌混凝土。自拌混凝土是指将原材料(水泥、砂、石等)运送到施工现场,在施工现场加水后拌和使用的混凝土。由于原材料质量不稳定、施工现场储存环境不良以及混合比例不精确,自拌混凝土质量波动较大,文明施工程度低并容易造成污染环境。

9.7.3 预拌混凝土质量

预拌混凝土质量是指水泥、砂、石、水以及根据需要掺入的外加剂、矿物掺合料等组分按一定比例,在搅拌站经计量、集中拌制后出售的并且采用搅拌运输车,在规定时间内运至使用地点的混凝土拌和物。

9.7.4　混凝土试验取样频率规定

(1)每拌制 100 盘且不超过 100 m^3 的同配合比的混凝土,取样不得少于 1 次;

(2)每工作班拌制的同一配合比的混凝土不足 100 盘时,取样不得少于 1 次;

(3)当一次连续浇筑超过 1 000 m^3 时,同一配合比的混凝土每 200 m^3 取样不得少于 1 次;

(4)每一楼层、同一配合比的混凝土,取样不得少于 1 次;

(5)每次取样应至少留置一组标养试件,同条件养护试件留置组数应根据实际需要确定。

9.7.5　混凝土取样方法

在浇筑地点随机抽取,从同一盘或同一车混凝土中取样,制作 150 mm × 150 mm × 150 mm 试件,每组 3 个。标养试块制作后,应在温度为(20 ± 5)℃的环境下静置 1 ~ 2 昼夜,然后编号、拆模。拆模后,立即进行标准养护(工地无条件的可送至试验室)。同条件养护试块的拆模时间可与实际构件拆模时间相同,拆模后,试块仍需同条件养护。试块完成终凝后,在见证人员见证下及时在试块表面刻制试样制作日期、部位、强度等级。刻制的文字应清晰可见,否则检测单位将不得在出具报告上加盖"有见证检测"章。

9.7.6　预拌混凝土取样规定

预拌(商品)混凝土,除应在预拌混凝土厂内按规定留置试块外,混凝土运到施工现场后,还应根据预拌混凝土规定取样:

(1)用于交货检验的混凝土试样应在交货地点采取每 100 m^3 相同配合比的混凝土取样不少于 1 次;一个工作班拌制的相同配合比的混凝土不足 100 m^3 时,取样也不得少于 1 次;当在一个分项工程中连续供应相同配合比的混凝土量大于 1 000 m^3 时,其交货检验的试样为每 200 m^3 混凝土取样不得少于 1 次。

(2)用于出厂检验的混凝土试样应在搅拌地点采取,按每 100 盘相同配合比的混凝土取样不得少于 1 次;每一工作班组相同配合比的混凝土不足 100 盘时,取样亦不得少于 1 次。

(3)对于预拌混凝土拌和物的质量,每车应目测检查;混凝土坍落度检验的试样,每 100 m^3 相同配合比的混凝土取样检验不得少于 1 次;当一个工作班相同配合比的混凝土不足 100 m^3 时,也不得少于 1 次。

9.7.7　大体积混凝土温控指标

规定大体积混凝土温控指标宜符合下列规定:

(1)混凝土浇筑体在入模温度基础上的温升值不宜大于 50 ℃。

(2)混凝土浇筑体的里表温差(不含混凝土收缩当量温度)不宜大于 25 ℃。

(3)混凝土浇筑体的降温速率不宜大于 2 ℃/d。

(4)混凝土浇筑体表面与大气温差不宜大于 20 ℃。

9.7.8 配置大体积混凝土所用水泥的选择及其质量

配置大体积混凝土所用水泥的选择及其质量应符合下列规定：

(1)所用水泥应符合现行国家标准《通用硅酸盐水泥》的有关规定，当采用其他品种时，其性能指标必须符合国家现行有关标准的规定。

(2)应选用中、低热硅酸盐水泥或低热矿渣硅酸盐水泥。

(3)当混凝土有抗渗指标要求时，所用水泥的铝酸三钙含量不宜大于8%。

(4)所用水泥在搅拌站的入机温度不宜大于60 ℃。

(5)骨料的选择除应符合国家现行标准《普通混凝土用砂、石质量及检验方法标准》的有关规定外，尚应符合下列规定：

①细骨料宜采用中砂，其细度模数宜大于2.3，含泥量不应大于3%；

②粗骨料宜选用粒径5～31.5 mm，并应连续级配，含泥量不应大于1%。

9.7.9 混凝土配合比设计

混凝土配合比设计应符合下列规定：

(1)采用混凝土60 d或90 d强度作指标时，应将其作为混凝土配合比的设计依据。

(2)所配置的混凝土拌和物，到浇筑工作面的坍落度不宜大于160 mm。

(3)拌和水用量不宜大于175 kg/m^3。

(4)粉煤灰掺量不宜超过胶凝材料用量的40%；矿渣粉的掺量不宜超过胶凝材料用量的50%，粉煤灰和矿渣粉掺合料的总量不宜大于混凝土中的胶凝材料用量的50%。

(5)水胶比不宜大于0.50。

(6)砂率宜为35%～42%。

9.7.10 混凝土试件的制作

混凝土试件的制作应符合下列规定：

(1)成型前，应检查试模尺寸并符合GB/T 50081—2002的规定；试模内表面应涂一薄层矿物油或其他不与混凝土发生反应的脱模剂。

(2)在试验室拌制混凝土时，其材料用量应以质量计。称量的精度：水泥掺合料水和外加剂为±0.5%、骨料为±1%。

(3)取样或试验室拌制的混凝土应在拌制后尽可能短的时间内成型，一般不宜超过15 min。

(4)根据混凝土拌和物的稠度确定混凝土成型方法，坍落度不大于70 mm的混凝土宜用振动振实；大于70 mm的宜用捣棒人工捣实；检验现浇混凝土或预制构件的混凝土，试件成型方法宜与实际采用的方法相同。

(5)圆柱体试件的制作按有关规定执行。

9.7.11 混凝土试件制作步骤

混凝土试件制作应按下列步骤进行：

(1)取样或拌制好的混凝土拌和物应至少用铁锹再来回拌和三次。

(2)选择成型方法成型。

(3)用振动台振实制作试件应按下述方法进行:

①将混凝土拌和物一次装入试模,装料时应用抹刀沿各试模壁插捣,并使混凝土拌和物高出试模口;

②试模应附着或固定在符合有关要求的振动台上,振动时试模不得有任何跳动,振动应持续到表面出浆为止,不得过振。

(4)用人工插捣制作试件应按下述方法进行:

①混凝土拌和物应分两层装入模内,每层的装料厚度大致相等。

②插捣应按螺旋方向从边缘向中心均匀进行,在插捣底层混凝土时,捣棒应达到试模底部;插捣上层时,捣棒应贯穿上层后插入下层 20 ~ 30 mm;插捣时,捣棒应保持垂直,不得倾斜,然后应用抹刀沿试模内壁插拔数次。

③每层插捣次数按在 10 000 mm^2 截面面积内不得少于 12 次。

④插捣后,应用橡皮锤轻轻敲击试模四周,直至插捣棒留下的空洞消失为止。

(5)用插入式捣棒振实制作试件应按下述方法进行:

①将混凝土拌和物一次装入试模。装料时,应用抹刀沿各试模壁插捣,并使混凝土拌和物高出试模口。

②宜用直径为 25 mm 的插入式捣棒。插入试模振捣时,捣棒距试模底板为 10 ~ 20 mm 且不得触及试模底板,振动应持续到表面出浆为止,且应避免过振,以防止混凝土离析。一般振捣时间为 20 s。捣棒拔出时要缓慢,拔出后不得留有孔洞。

(6)刮除试模上口多余的混凝土,待混凝土临近初凝时,用抹刀抹平。

9.7.12 试件的养护

(1)试件成型后,应立即用不透水的薄膜覆盖表面。

(2)采用标准养护的试件,应在温度为(20 ± 5)℃的环境中静置 1 ~ 2 昼夜,然后编号、拆模。拆模后,应立即放入温度为(20 ± 2)℃、相对湿度为 95% 以上的标准养护室中养护,或在温度为(20 ± 2)℃的不流动的氢氧化钙饱和溶液中养护。标准养护室内的试件应放在支架上,彼此间隔 10 ~ 20 mm,试件表面应保持潮湿,并不得被水直接冲淋。

(3)同条件养护试件的拆模时间可与实际构件的拆模时间相同。拆模后,试件仍需保持同条件养护。

(4)标准养护龄期为 28 d(从搅拌加水开始计时)。

9.7.13 试验记录

试件制作和养护的试验记录内容应符合规范规定。委托单填写注意事项:工程名称、建设单位、委托单位(施工单位)、工程部位,送样人、见证人、委托人需用正楷字体标注清楚,生产厂家、规格、试验项目必须填写,要留有送样人或委托人联系电话,以备联系。

9.8 建筑砂浆试验

9.8.1 湿拌砂浆

湿拌砂浆是指水泥、细集料、外加剂等根据性能确定的各种组分,按一定比例,在搅拌站经计量、拌制后,采用搅拌运输再运至使用地点,放入专用容器储存并在规定时间内使用完毕的湿拌拌和物。湿拌砌筑砂浆是指用于砌筑的湿拌砂浆。

9.8.2 干混砂浆

干混砂浆是指经干燥筛分处理的集料与水泥以及根据性能确定的各种组分,按一定比例在专业生产厂混合而成。在使用地点,按规定比例加水或配套液体拌和使用的干混拌和物又分为普通干混凝土砂浆、特种干混砂浆。

9.8.3 砂浆检验项目

抗压强度、稠度及分层度,具体见《建筑砂浆基本性能试验方法标准》(JGJ/T 70—2009)。

9.8.4 取样规定

(1)交货检验:湿拌砂浆试样应随机从同一运输车中抽取,砂浆试样应在卸料过程中卸料量的1/4~3/4之间采取。

(2)交货检验湿拌砂浆试件的采取及稠度、保水性试验,应在砂浆运到交货地点时开始算起20 min内完成,试件的制作应30 min内完成。

9.8.5 立方体抗压强度试验试块制作要求

(1)试模:应为70.7 mm× 70.7 mm× 70.7 mm的带底试模。

(2)钢制捣棒:直径为10 mm,长度为350 mm,端部磨固。

(3)振捣台:一次试验应至少能固定3个试模。

9.8.6 立方体抗压强度试件的制作及养护

立方体抗压强度试件的制作及养护应按下列步骤进行:

(1)应采用立方体试件,每组试件应为3个。

(2)应采用黄油等密封材料涂抹试模的外接缝,试模内应涂刷薄层机油或隔离剂。应将拌制好的砂浆一次性装满砂浆试模,成型方法应根据稠度而确定。当稠度大于50 mm时,宜采用人工插捣成型,当稠度不大于50 mm时,宜采用振动台振实成型。

①人工插捣:应采用捣棒均匀地由边缘向中心按螺旋方式插捣25次,插捣过程中当砂浆沉落低于试模口时,应随时添加砂浆,可用油灰刀插捣数次,并用手将试模一边抬高5~10 mm各振动5次,砂浆应高出试模顶面6~8 mm。

②机械振动：将砂浆一次装满试模，放置到振动台上，振动时试模不得跳动，振动 5 ~ 10 s 或持续到表面泛浆为止，不得过振。

③应待表面水分稍干后，再将高出试模部分的砂浆沿试模顶面刮去并抹平。

④试件制作后，应在温度为(20 ± 5)℃的环境下静置(24 ± 2)h，对试件进行编号、拆模。当气温较低时，或者凝结时间大于 24 h 的砂浆，可适当延长时间，但不应超过 2 天。试件拆模后，应立即放入温度为(20 ± 2)℃、相对湿度为 90% 以上的标准养护室中养护。养护期间，试件彼此间隔不得小于 10 mm，混合砂浆、湿拌砂浆试件上面应覆盖，防止有水滴在试件上。

9.9 砌块试验

9.9.1 砌块的分类

常见砌块有普通混凝土小型空心砌块、蒸压加气混凝土砌块、轻集料混凝土小型空心砌块等。

9.9.2 砌块主要检测参数

砌块主要检测参数是抗压强度（蒸压加气混凝土砌块：干体积密度、立方体抗压强度）。

9.9.3 砌块检测频率

普通混凝土小型空心砌块、蒸压加气混凝土砌块、轻集料混凝土小型空心砌块：同一生产厂家、同种材料、同等级和同一生产工艺制成的 1 万块为一批，每批至少抽检一组，用于多层以上建筑基础和底层的砌块抽检数量不应少于 2 组。同品种、同规格、同等级的砌块，不足 1 万块也为一批。

9.9.4 砌块取样方法

从每批产品的堆垛中随机抽取外观质量目检合格的样品，蒸压加气混凝土砌块每批抽取 9 块，其他每批抽取 5 块，产品龄期不应小于 28 天。

9.9.5 砖检测试验相关规定

(1)检测参数：抗压强度（烧结空心砖（砌块）：抗压强度、密度等级）。

(2)频率：以同一生产厂家、同一原材料、同一工艺生产的相同外观质量等级、强度等级砖为一批，烧结（混凝土）普通砖、烧结（混凝土）多孔砖、烧结空心砖（砌块）3.5 万 ~ 15 万块为一批，蒸压灰砂砖及粉煤灰砖 10 万块为一批。

(3)取样方法：从每批产品的堆垛中随机抽取外观质量目检合格的样品，每批抽取 15 块。

9.10 防水材料试验

9.10.1 防水材料相关检测规定

防水材料检测规定见表9-8。

9.10.2 防水密封材料相关检测规定

防水密封材料检测规定见表9-9。

9.11 无损检测

9.11.1 回弹法测混凝土强度

(1)回弹法是以在混凝土结构或构件上测得的回弹值和碳化深度来评定混凝土结构或构件强度的一种方法,它不会对结构或构件的力学性质和承载能力产生不利影响,在工程上已得到广泛应用。

(2)回弹法使用的仪器为回弹仪,它是一种直射锤击式仪器,是用一弹击锤来冲击与混凝土表面接触的弹击杆,然后弹击锤向后弹回,并在回弹仪的刻度标尺上指示出回弹数值。

(3)回弹值的大小取决于与冲击能量有关的回弹能量,而回弹能量则反映了混凝土表层硬度与混凝土抗压强度之间的函数关系,即可以在混凝土的抗压强度与回弹值之间建立起一种函数关系,以回弹值来表示混凝土的抗压强度。

(4)回弹法只能测得混凝土表层的质量状况,内部情况却无法得知,这便限制了回弹法的应用范围,但由于回弹法操作简便,价格低廉,在工程上还是得到了广泛应用。

(5)回弹法的基本原理是利用混凝土强度与表面硬度之间的关系,通过一定动能的钢杆件弹击混凝土表面,并测得杆件回弹的距离(回弹值),利用回弹值与强度之间的相关关系来推定混凝土强度。

9.11.2 超声波法检测混凝土

(1)常用的频率为20~250 kHz,它既可用于检测混凝土强度,也可用于检测混凝土缺陷。

(2)超声波在混凝土中的传播速度与混凝土的弹性性质密切相关,而混凝土的弹性性质又可以反映其强度大小,从而可以在混凝土超声波传播速度与其强度之间建立起一种相关关系,这种关系通常为非线性关系,可用经验公式或专用测强曲线来表示。

(3)超声波法检测混凝土缺陷是根据超声波在混凝土中传播的速度、振幅、相位及主

表 9-8　防水材料检测规定

样品名称	检测参数	取样要求	取样方法	取样数量	备注
聚氨酯防水涂料（GB/T 19250）	外观、拉伸强度、断裂伸长率、低温弯折性、不透水性、固体含量、表干时间、实干时间、潮湿基面黏结强度	同一类型、同一规格 15 t 为一批，不足 15 t 也作为一批	尽量取有生产厂原包装的样品送检，并且标签、印章齐全；自行取样时，应搅拌均匀后，装入不与涂料发生反应的洁净、干燥、密封的容器内	单组分：取 1 桶，或取 3 kg； 双组分：各取 1 桶，或各取 3 kg	①委托时应明确产品类别（Ⅰ类、Ⅱ类）和组分情况（单组分 S，多组分 M），多组分材料应明确各组分比例； ②潮湿基面黏结强度仅仅适用于地下室工程
聚合物乳液建筑防水涂料（JC/T 864）	外观、拉伸强度、断裂伸长率、低温柔性、不透水性、固体含量、干燥时间	同一原料、配方、连续生产的产品，出厂检验以每 5 t 为一批，不足 5 t 亦作为一批	尽量取有生产厂原包装的样品送检，并且标签、印章齐全；自行取样时应搅拌均匀后，装入不与涂料发生反应的洁净、干燥、密封的容器内	2 kg/组	委托时应明确产品类别（Ⅰ类、Ⅱ类）
聚合物水泥防水涂料（GB/T 23445）	外观、固体含量、拉伸强度（无处理）、断裂伸长率（无处理）、黏结强度（无处理）、低温柔性、不透水性（Ⅰ型）、抗渗性（Ⅱ型、Ⅲ型）、自闭性（需要时）	同一类型的 10 t 为一批，不足 10 t 亦作为一批	尽量取有生产厂原包装的样品送检，并且标签、印章齐全；自行取样时，应搅拌均匀后，装入不与涂料发生反应的洁净、干燥、密封的容器内	样品数量：2 kg 涂料；2 kg 相配的水泥或粉料	①委托时应明确产品型号（Ⅰ型、Ⅱ型和Ⅲ型）及与水泥的比例和水泥的品种、牌号等级； ②如用于地下工程，抗渗性必须测试； ③拉伸强度和断裂伸长率常规检验只做无处理情况

续表 9-8

样品名称	检测参数	取样要求	取样方法	取样数量	备注
聚合物水泥防水砂浆（JC/T 984）	外观、凝结时间、抗渗压力（7 d）、黏结强度（7 d）	对同一类别产品，每 50 t 为一批，不足 50 t 也按一批计	尽量取有生产厂原包装的样品送检，并且标签、印章齐全；自行取样时，应搅拌均匀后，装入不与涂料发生反应的洁净、干燥、密封的容器内	样品数量：4 kg 防水剂；另取相配的水泥 4 kg，砂 5 kg	①委托时应明确产品名称、品牌、类别（Ⅰ干粉类、Ⅱ乳液类）、材料比例； ②抗渗压力（7 d）、黏结强度（7 d）为常规检验项目，其他为可选择项目
水泥基渗透结晶型防水材料（GB 18445）	匀质性指标、渗透压力	同一类型、型号的 50 t 为一批量，不足 50 t 的也可按一批量计	在同一批产品中随机抽取	防水涂料取 10 kg；防水剂取不少于 0.2 t 水泥所需的外加剂量	委托时应明确产品名称、品牌、类别（Ⅰ型、Ⅱ型）、材料比例、涂刷量
合成树脂乳液内墙涂料（GB/T 9756） 合成树脂乳液外墙涂料（GB/T 9755）	容器中状态、施工性、干燥时间、涂膜外观、对比率	同厂家、同品牌、同包装、同批号，一次进货为一个验收批	尽量取有生产厂原包装的样品送检，并且标签、印章齐全；自行取样时，应搅拌均匀后，装入不与涂料发生反应的洁净、干燥、密封的容器内	2*L*/组	委托时应明确产品名称、品牌、质量等级（合格品、一等品、优等品）。内墙面漆不做对比率
溶剂型外墙涂料（GB/T 9757）	容器中状态、施工性、干燥时间、涂膜外观、对比率	同厂家、同品牌、同包装、同批号，一次进货为一个验收批	尽量取有生产厂原包装的样品送检，并且标签、印章齐全；自行取样时，应搅拌均匀后，装入不与涂料发生反应的洁净、干燥、密封的容器内	2*L*/组	委托时应明确产品名称、品牌、质量等级（合格品、一等品、优等品）

表 9-9　防水密封材料检测规定

样品名称	检测参数	取样要求	取样方法	取样数量	备注
建筑室内用腻子（JG/T 298）	容器中状态、施工性、干燥时间（表干）、初期干燥抗裂性及柔韧性（每450 t检验1次）	组批以每15 t同类产品为一批，不足15 t亦按一批计	在同一批产品中随机抽取	样品数量:2 kg	委托时应明确： ①产品类别：Y 型为一般型，适用于一般室内装饰工程；R 型为柔韧型，适用于有一定抗裂要求的室内装饰工程；N 型为耐水型，适用于要求耐水、高黏结强度场所的室内装饰工程； ②材料的比例
建筑外墙用腻子（JG/T 157）	容器中状态、施工性、干燥时间、打磨性、初期干燥抗裂性	同厂家、同品牌、同包装、同批号，一次进货为一个验收批	在同一批产品中随机抽取	样品数量:2 kg	委托时应明确： ①产品类别：P 型为普通型，用于普通建筑外墙涂饰；R 型为柔性腻子，用于抗裂要求较高的外墙涂饰； ②材料的比例
弹性体改性沥青防水卷材（SBS）（GB 18242） 塑性体改性沥青防水卷材（APP）（GB 18243）	单位面积质量、面积、厚度、外观、不透水性、耐热性、低温柔性、拉力、延伸率	同一类型、同一规格 10 000 m^2 为一批，不足 10 000 m^2 亦作为一批	从卷重、面积、厚度及外观合格的卷材中随机抽取1卷	切除距外层卷头 2 500 mm 后，沿纵向切取长度为 2 000 mm 的全幅卷材试样一块	①委托时应明确产品型号（Ⅰ型、Ⅱ型）、胎基类别（聚酯胎 PY、玻纤胎 G）、表面隔离材料种类（聚乙烯膜 PE、细砂 S、矿物粒料 M）和厚度； ②送检的卷材应外观平整，不得有接头、孔洞、裂纹

续表 9-9

样品名称	检测参数	取样要求	取样方法	取样数量	备注
聚氯乙烯防水卷材（GB 12952） 氯化聚氯乙烯防水卷材（GB 12953）	拉伸强度（拉力）、断裂伸长率、低温弯折性	以同类型的卷材 10 000 m^2 为一批，不足 10 000 m^2 也可作为一批	从尺寸偏差和外观检查合格的卷材中随机抽取1卷	切除距外层端部 500 mm 后，顺纵向切取长度为 2 000 mm（常规检验项目）或长度为 3 000 mm（全部检验项目）的全幅卷材试样一块。“剪切状态下的黏合性”试样：按规定要求黏结或焊接 300 mm×300 mm 卷材 1 块	①委托时应明确产品型号（Ⅰ型、Ⅱ型）、复合层情况（无复合层N、纤维单面复合L、织物内增强W）和厚度； ②送检的卷材应外观平整，不得有接头、孔洞、裂纹
高分子防水片材（GB 18173.1）	规格尺寸、外观质量、常温拉伸强度、常温扯断伸长率、撕裂强度、低温弯折、不透水性能、复合强度（FS2）	以同品种、同规格的 5 000 m^2（如日生产超过 8 000 m^2，则以 8 000 m^2）片材为一批	从规格尺寸和外观检查合格的片材中随机抽取1卷，切除距外层端部 500 mm 后，顺纵向切取样品	试样长度 2 m	①委托时应明确产品分类、代号、规格和主要材料； ②送检的样品应外观平整，不得有接头、孔洞、裂纹
自粘聚合物改性沥青防水卷材（GB 23441）	单位面积质量、厚度、面积、外观、拉力、最大拉力时延伸率、沥青断裂延伸率（N类）、低温柔性、耐热性	以同类型、同规格的 5 000 m^2 为一批，不足 5 000 m^2 也可作为一批	从卷重、面积、厚度及外观合格的卷材中随机抽取1卷，切除距外层端部 500 mm 后，顺纵向切取样品	试样长度 2 m	①委托时应明确产品厚度、表面材料分类代号（PE 聚烯膜、Al 铝箔、N 无膜）和使用功能分类（O 外露工程、Ⅰ非外露工程）； ②送检的卷材应外观平整，不得有接头、孔洞、裂纹

续表 9-9

样品名称	检测参数	取样要求	取样方法	取样数量	备注
止水带(GB 18173.2)	尺寸公差、外观质量、拉伸强度、扯断伸长率、撕裂强度	同品种、同型号、同类型为一批	在外观合格的样品中去掉端部 10 cm 任取一段	试样长度 1 m	委托时应明确产品分类代号(B 变形缝用、S 施工缝用、J 特殊要求用)
遇水膨胀橡胶(GB/T 18173.3)	尺寸公差、外观质量、拉伸强度、扯断伸长率、体积膨胀率	同品种、同型号、同类型为一批	在外观合格的样品中去掉端部 10 cm 任取一段	试样长度 1 m	委托时应明确产品型号代号(PZ 制品型、PN 腻子型)及膨胀倍率

频的变化来判断混凝土内部的缺陷情况。混凝土内部常见的缺陷有:蜂窝状或松散状的不密实区、空洞、杂物或受意外损伤而形成的酥松区等。当超声波遇到以上缺陷时,其速度、振幅等常会发生一定程度的异常变化,分析这种异常变化可推知混凝土内部的缺陷状况。

(4)超声波法检测混凝土内部缺陷时,常需要进行一定的数据处理及统计计算,且需要测试人员具有一定的检测经验。

9.11.3　雷达法检测混凝土

(1)钢筋混凝土雷达多采用1 GHz及以上的电磁波,可探测结构及构件混凝土中钢筋的位置、保护层的厚度以及孔洞、酥松层、裂缝等缺陷。它首先向混凝土发射电磁波,当遇到电磁性质不同的缺陷或钢筋时,将产生反射电磁波,接收此反射电磁波可得到一波形图,据此波形图可得知混凝土内部缺陷的状况及钢筋的位置等。

(2)雷达法主要是根据混凝土内部介质之间电磁性质的差异来工作的,差异越大,反射波信号越强。雷达法检测混凝土的探测深度较浅,一般为20 cm以内,探地雷达使用较低频率电磁波,探测深度可稍大些。此外,该法受钢筋低阻屏蔽作用影响较大,且仪器本身价格昂贵,故实际工程上应用得并不多。

9.11.4　拔出法检测混凝土强度

拔出法用于检测混凝土的强度,它是将安装在混凝土体内的锚固件拔出,测定其极限抗拔力,然后根据预先建立的混凝土极限拔出力与其抗压强度之间的相关关系来测定混凝土强度的一种半破损(局部破损)检测方法。大量实验表明:极限拔出力与混凝土抗压强度之间确实存在着某种近似线性的对应关系,这就为该方法的应用提供了坚实的基础。拔出法可分为预埋拔出法及后装拔出法两种,预埋拔出法是指预先将锚固件埋入混凝土内的拔出法;后装拔出法是指在已硬化的混凝土上钻孔,然后在其上安装锚固件的拔出法。前者主要适用于成批、连续生产的混凝土结构。

9.11.5　钻芯法检测混凝土强度

(1)钻芯法是利用专用钻机和人造金刚石空心薄壁钻头,在结构混凝土上钻取芯样,以检测混凝土强度和缺陷的一种检测方法。

(2)钻芯法可用于检测混凝土的强度,结构混凝土受冻、火灾损伤的深度,混凝土接缝及分层处的质量状况,混凝土裂缝的深度、离析、孔洞等缺陷。该方法直观、准确、可靠,是其他无损检测方法不可取代的一种有效方法。

(3)钻芯法检测混凝土费用较高,费时较长,且对混凝土造成局部损伤,因而大量的钻芯取样往往受到限制,可利用其他无损检测方法如超声法与钻芯法结合使用,以减少钻芯数量。另外,钻芯法的检测结果又可验证其他无损检测方法如超声法的检测结果,以提高其检测的可靠性。

(4)钻芯法是用金刚石空心薄壁钻头，利用取芯机直接在结构混凝土上取出芯样，然后作抗压试验，以芯样强度来评定结构混凝土强度。由于芯样是直接从构件上或结构上钻取，因此最直接地反映了混凝土的真实情况，但会对混凝土结构造成一定的损害，且费用较高。

(5)钻芯法检测混凝土强度主要用于下列情况：对试块抗压强度的测试结果有怀疑时；因材料、施工或养护不良而发生混凝土质量问题时；混凝土遭受冻害、火灾、化学侵蚀或其他损害时；需检测经多年使用的建筑结构或构筑物中混凝土强度时。对混凝土强度等级低于 C10 的结构，不宜采用钻芯法检测。

第10章 监理员岗位指导

10.1 监理员岗位职责认识

10.1.1 监理员岗位职责

(1)在专业监理工程师的指导下开展现场监理工作;

(2)检查承包单位投入工程项目的人力、材料、主要设备及其使用、运行状况,并做好检查记录;

(3)担任工程重要部位的关键工序、特殊工序的旁站监理工作,并做好旁站监理记录,发现问题及时指出并向专业监理工程师报告;

(4)参加对现场材料、构配件设备的检验并做好记录;

(5)复核或从施工现场直接获取工程计量的有关数据并签署原始凭证;

(6)熟悉监理关于建筑工程质量控制的依据,熟悉施工图纸、工程施工验收规范,按设计图及有关标准,对承包单位的工艺过程或施工工序进行检查和记录,对加工制作及工序施工质量检查结果进行记录;

(7)督促承包单位报送监理报表,并检验其真实性、准确性、完整性;

(8)参加总监理工程师组织的定期或不定期对承包单位的安全、消防、环境、文明施工检查工作,并做好记录;

(9)参加设计交底、施工图会审、监理工作会议和专题会议,积极发现问题并反映情况;

(10)做好监理日记和有关的监理记录。

10.1.2 监理人员职业道德准则

(1)维护国家的荣誉和利益,按照“守法、诚信、公正、科学”的准则执业;

(2)执行有关工程建设的法律、法规、标准、规范、规程和制度,履行建设工程委托监理合同规定的义务和职责;

(3)努力学习专业技术和建设工程监理理论和方法,不断提高业务能力和监理水平;

(4)不以个人名义承揽监理业务;

(5)不同时在两个或两个以上工程监理企业注册或从事监理活动,不在政府部门和施工、材料、设备的生产供应等单位兼职;

(6)不为所监理工程指定承包商、建筑构配件、设备、材料生产厂家和施工方法;

(7)不收受被监理单位的任何礼金;

(8)不泄露所监理工程参建各方认为需要保密的事项;

(9)坚持公正、独立、自主地开展监理工作。

10.1.3 监理人员职业道德行为规范

(1)遵纪守法,自觉履行职业道德准则,行为规范,尽职尽责,坚持工作的服务性、科学性,维护国家和行业的荣誉与利益,爱岗敬业,忠于职守,严格按监理合同约定提供工程监理服务。不损害其他工程监理企业和监理人员的声誉。

(2)在规定的职业范围和聘用单位业务范围内从事执业活动。

(3)坚持公正的立场,合理处理有关各方的争议,独立自主地开展工作。

(4)保证执业活动成果的质量,并承担相应的责任。

(5)严格履行岗位职责。不得与委托方和承包单位、设备材料供应单位串通,弄虚作假,降低工程质量;不得将不合格的建设工程、建筑材料、建筑构配件和设备按照合格签字。

(6)坚持廉洁执业,自觉抵制腐败行为,不利用职务之便谋求私利,不收受被监理单位的任何礼金,不占用被监理单位的通信、交通工具,不在被监理单位报销个人费用。

(7)不以个人名义承揽监理业务,不为所监理工程指定承包单位、分包单位以及建筑材料、构配件和设备供应商。

(8)在申请监理工程师注册时,按规定提供真实的相关材料,不隐瞒有关情况或提供虚假材料申请注册。

(9)不出卖、出租、转让、涂改、倒卖或者以其他形式非法转让注册证书或者执业印章。

(10)不同时在两个或两个以上单位受聘、注册或者执业。

(11)保守在执业中知悉的国家秘密和他人的商业、技术秘密。

(12)接受继续教育和职业道德教育,不断更新专业技术和工程监理知识,努力提高业务能力和监理工作水平。

10.2 基本知识

10.2.1 监理工作依据

(1)与建设工程有关的法律法规、标准、规范。

①《建筑工程施工质量验收统一标准》(GB 50300—2013)。

②《建筑地基基础工程施工质量验收规范》(GB 50202—2013)。

③《砌体结构工程施工质量验收规范》(GB 50203—2011)。

④《混凝土结构工程施工质量验收规范》(GB 50204—2005)。

⑤《钢结构工程施工质量验收规范》(GB 50205—2012)。

⑥《木结构工程施工质量验收规范》(GB 50206—2012)。

⑦《屋面工程施工质量验收规范》(GB 50207—2012)。

⑧《地下防水工程质量验收规范》(GB 50208—2011)。

⑨《建筑地面工程施工质量验收规范》(GB 50209—2010)。

⑩《建筑装饰装修工程质量验收规范》(GB 50210—2011)。

⑪《建筑给水排水及采暖工程施工质量验收规范》(GB 50242—2013)。

⑫《建筑电气工程施工质量验收规范》(GB 50303—2012)。

⑬《建设工程监理规范》(GB 50319—2013)。

(2)政府批准的建设工程文件。

(3)设计文件。

(4)建设工程监理合同。

(5)其他建设工程合同。

10.2.2 基本术语

(1)项目监理机构:工程监理单位派驻工程项目负责履行建设工程监理合同的组织机构。

(2)总监理工程师:由工程监理单位法定代表人书面任命,负责履行建设工程监理合同、主持项目监理机构工作的注册监理工程师。

(3)总监理工程师代表:经工程监理单位法定代表人同意,由总监理工程师书面授权,代表总监理工程师行使其部分职责和权利,具有工程类注册执业资格或具有中级及以上专业技术职称、3 年及以上工程实践经验并经监理业务培训的人员。

(4)专业监理工程师:由总监理工程师授权,负责实施某一专业或某一岗位的监理工作,有相应监理文件签发权,具有工程类注册执业资格或具有中级及以上专业技术职称、2 年及以上工程实践经验并经监理业务培训的人员。

(5)监理员:从事具体监理工作,具有中专及以上学历并经过监理业务培训的人员。

(6)工程计量:根据工程设计文件及施工合同约定,项目监理机构对施工单位申报的合格工程的工程量进行的核验。

(7)旁站:项目监理机构对工程的关键部位或关键工序的施工质量进行的监督活动。

(8)巡视:项目监理机构对施工现场进行的定期或不定期的检查活动。

(9)平行检验:项目监理机构在施工单位自检的同时,按有关规定、建设工程监理合同约定对同一检验项目进行的检测试验活动。

(10)见证取样:项目监理机构对施工单位进行的涉及结构安全的试块、试件及工程材料现场取样、封样、送检工作的监督活动。

(11)监理日志:项目监理机构每日对建设工程监理工作及施工进展情况所做的记录。

(12)建筑工程质量:反映建筑工程满足相关标准或合同约定的要求,包括其在安全、使用功能及其在耐久性能、环境保护等方面所有明显和隐含能力的特性总和。

(13)验收:建筑工程在施工单位自行质量检查评定的基础上,参与建设活动的有关单位对检验批、分项、分部、单位工程的质量进行抽样复验,根据相关标准以书面形式对工程质量达到合格与否做出确认。

(14)进场验收:对进入施工现场的材料、构配件、设备等按相关标准规定要求进行检验,对产品合格与否做出确认。

(15)检验批:按同一的生产条件或按规定的方式汇总起来供检验用的,由一定数量样本组成的检验体。

(16)检验:对检验项目中的性能进行量测、检查、试验等,并将结果与标准规定要求进行比较,以确定每项性能是否合格所进行的活动。

(17)主控项目:建筑工程中的对安全、卫生、环境保护和公众利益起决定性作用的检验项目。

(18)一般项目:除主控项目外的检验项目。

(19)返修:对工程不符合标准规定的部位采取修整等措施。

(20)返工:对不合格的工程部位采取重新制作、重新施工等措施。

10.3 监理工作基本程序

10.3.1 工程款支付监理工作程序

工程款支付监理工作程序如图 10-1 所示。

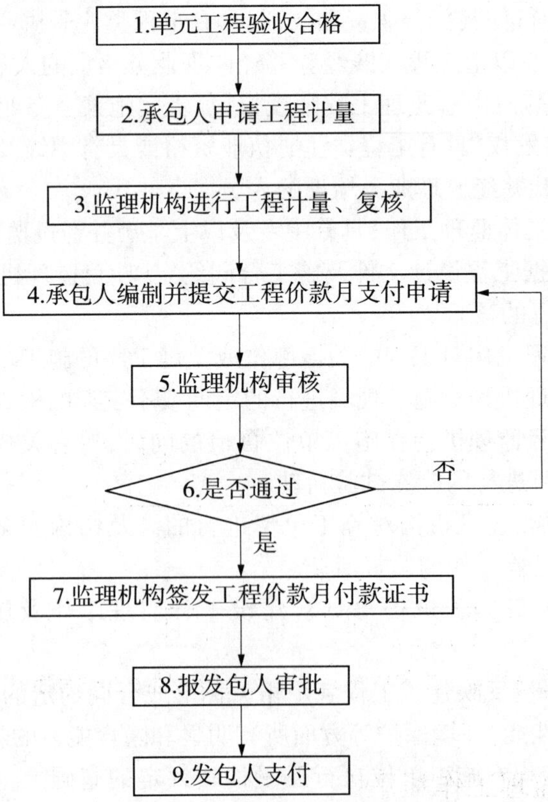

图 10-1 工程款支付监理工作程序

10. 3. 2　工序或单元工程质量控制监理工作程序

工序或单元工程质量控制监理工作程序如图 10-2 所示。

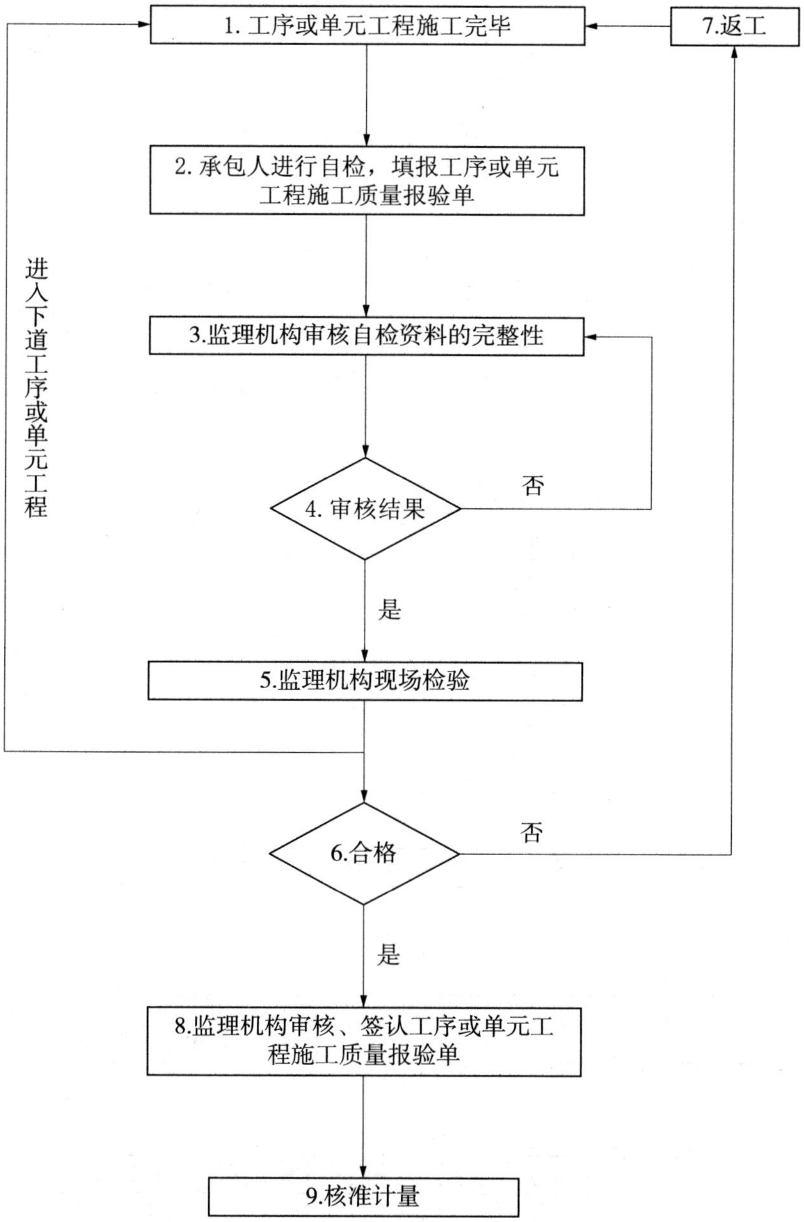

图 10-2　工序或单元工程质量控制监理工作程序

10. 3. 3　质量评定监理工作程序

质量评定监理工作程序如图 10-3 所示。

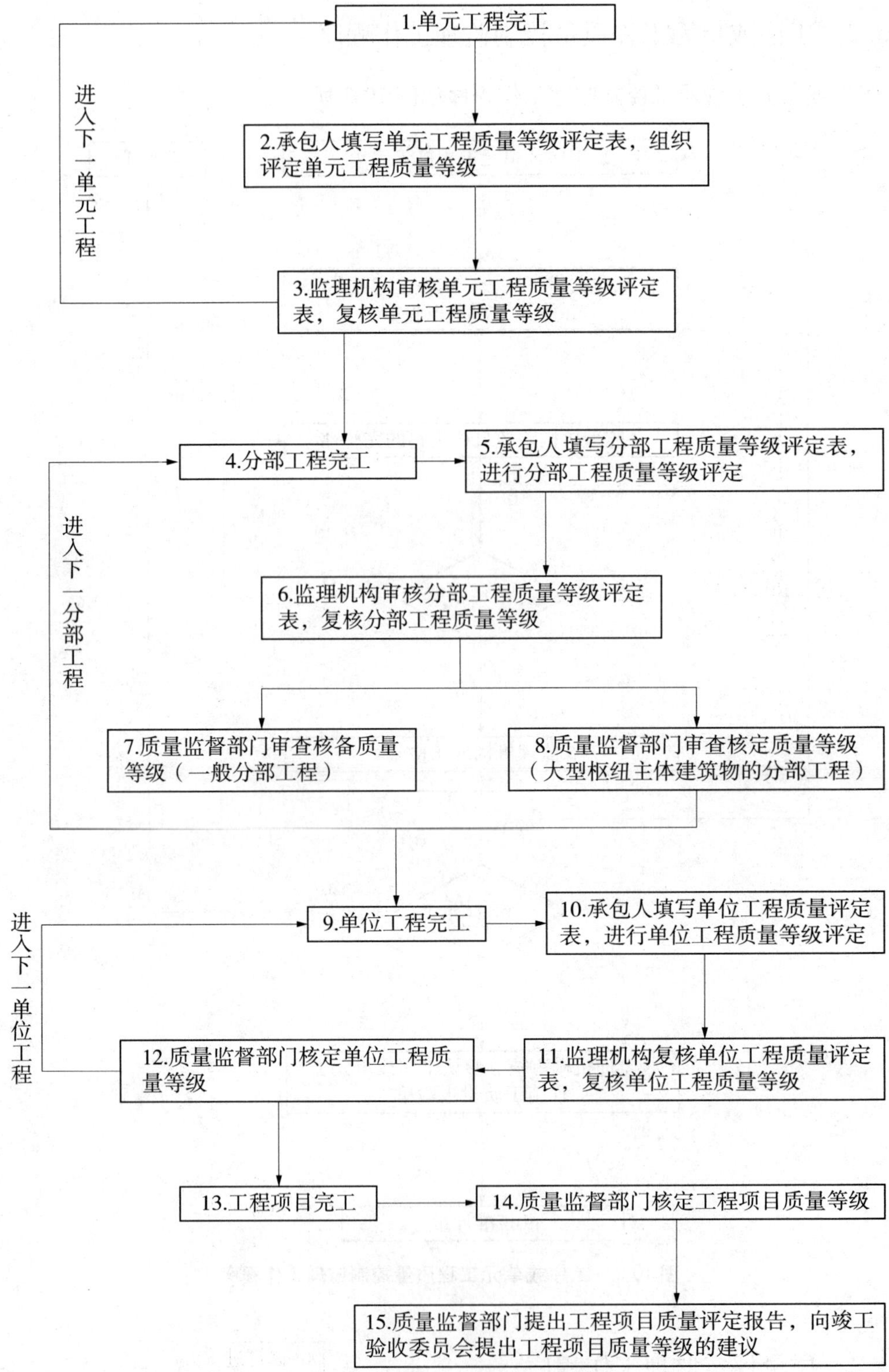

图 10-3　质量评定监理工作程序图

10.3.4　工程进度控制程序

工程进度控制程序如图 10-4 所示。

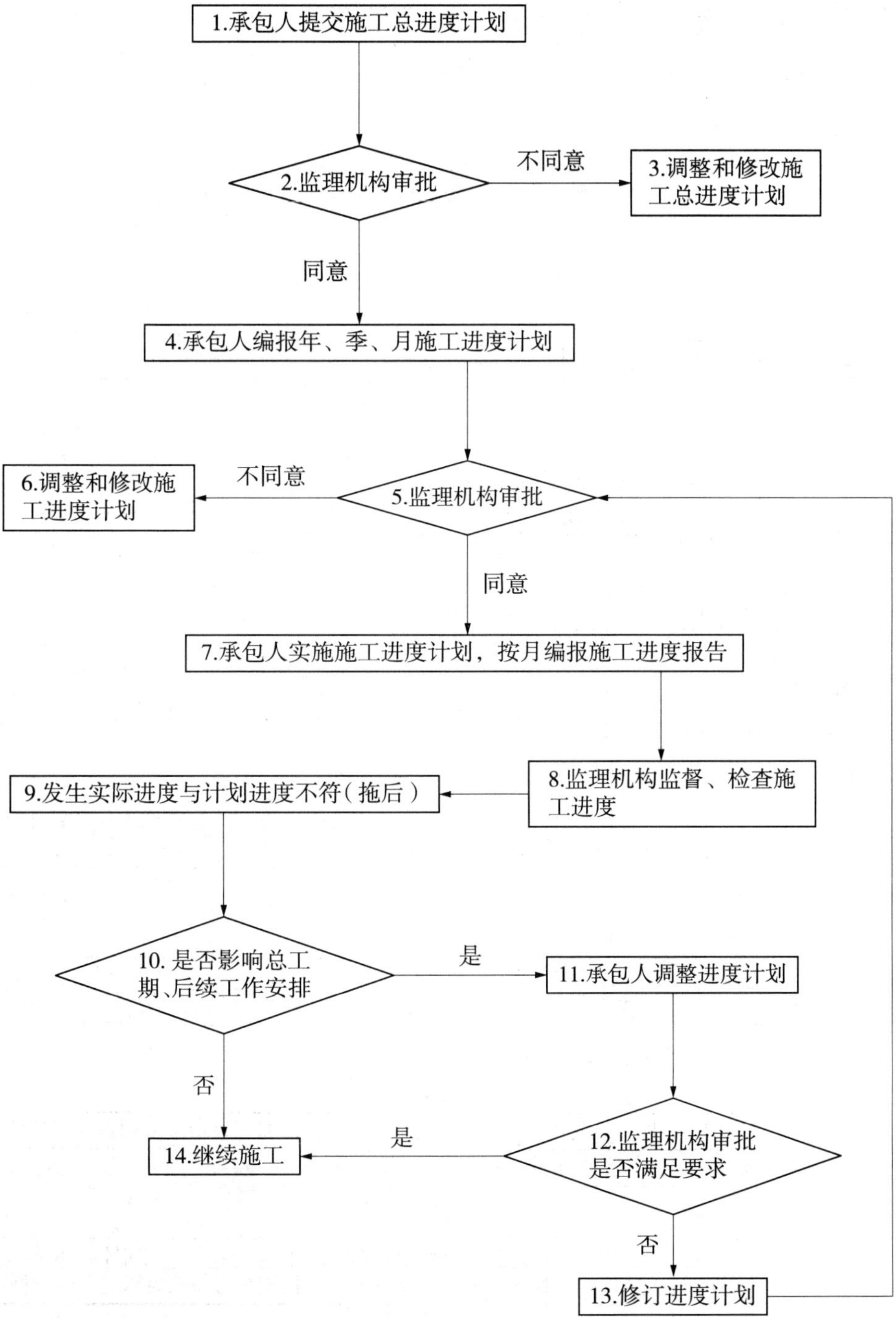

图 10-4　工程进度控制程序

10. 3. 5　工程变更监理工作程序

工程变更监理工作程序如图 10-5 所示。

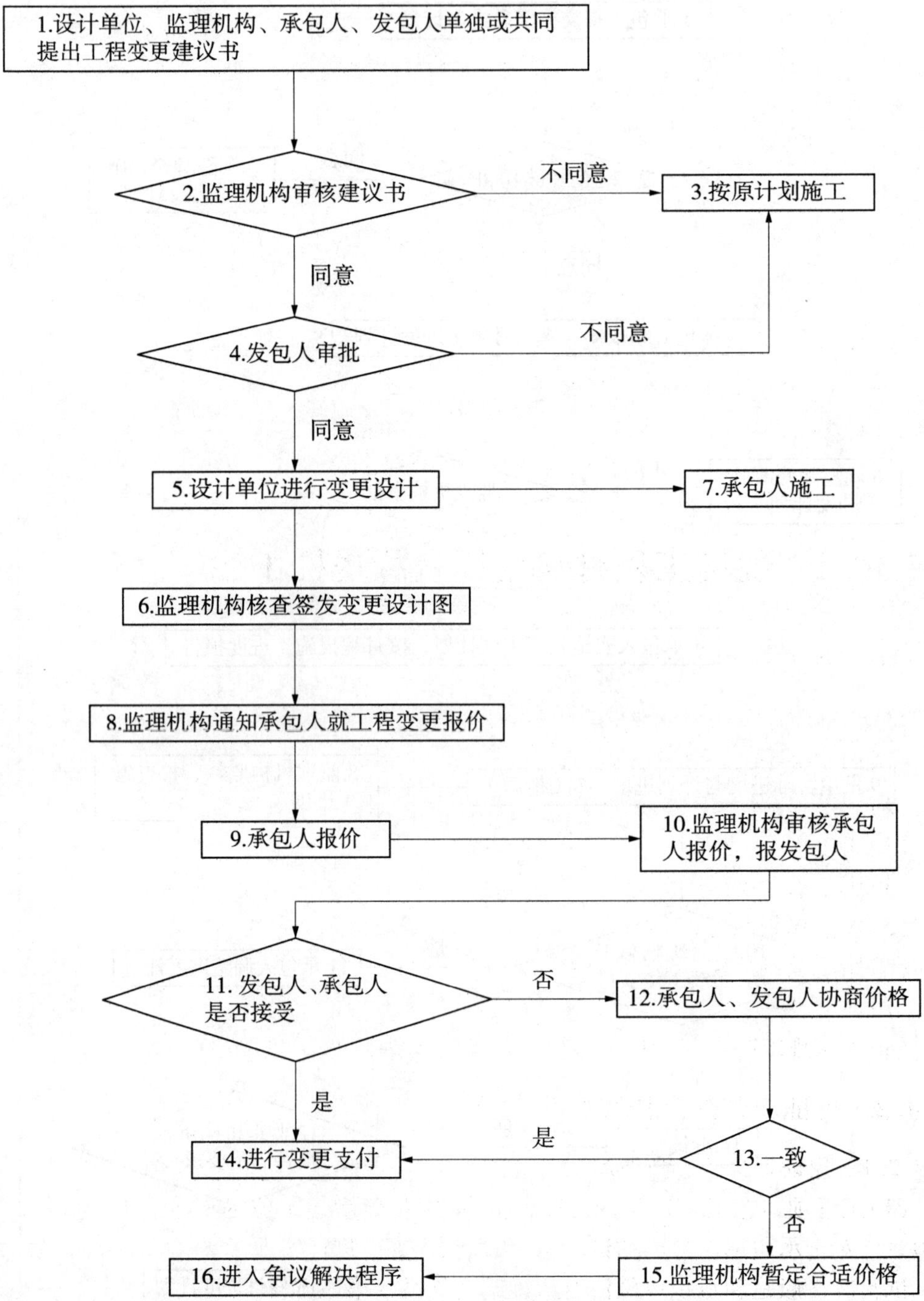

图 10-5　工程变更监理工作程序

10.3.6 分部工程验收程序

分部工程验收程序如图10-6所示。

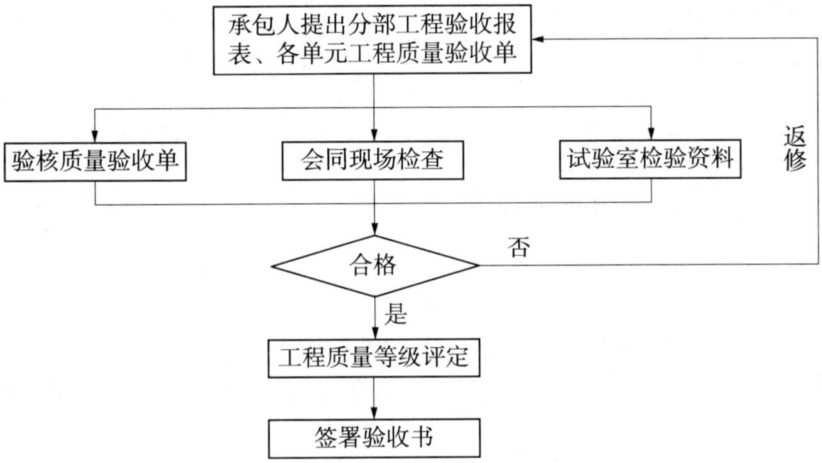

图10-6 分部工程验收程序

10.4 现场工程材料见证取样送检工作

10.4.1 见证取样的范围

按规定下列试块、试件和材料必须实施见证取样和送检：

(1)用于承重结构的混凝土试块；

(2)用于承重墙体的砌筑砂浆试块；

(3)用于承重结构的钢筋及连接接头试件；

(4)用于承重墙的砖和混凝土小型砌块；

(5)用于拌制混凝土和砌筑砂浆的水泥；

(6)用于承重结构的混凝土中使用的掺加剂；

(7)地下、屋面、厕浴间使用的防水材料；

(8)国家规定必须实行见证取样和送检的其他试块、试件和材料。

10.4.2 见证取样的工作程序与要求

10.4.2.1 见证取样的工作程序

(1)工程项目施工开始前，项目监理机构要督促承包单位尽快落实见证取样的送检试验室。对于承包单位提出的试验室，监理工程师要进行实地考察。

试验室一般是和承包单位没有行政隶属关系的第三方。

试验室要具有相应的资质，经国家或地方计量、试验主管部门认证。

试验项目满足工程需要，试验室出具的报告对外具有法定效果。

(2)项目监理机构要将选定的试验室到负责本项目的质量监督机构备案并得到认可,同时要将项目监理机构中负责见证取样的监理工程师在该质量监督机构备案。

(3)承包单位在对进场材料、试块、试件、钢筋接头等实施见证取样前要通知负责见证取样的监理工程师,在该监理工程师现场监督下,承包单位按相关规范的要求,完成材料、试块、试件等的取样过程。

(4)完成取样后,承包单位将送检样品装入木箱,由监理工程师加封,不能装入箱中的试件,如钢筋样品、钢筋接头,则贴上专用加封标志,然后送往试验室。

10.4.2.2 **见证取样的要求**

(1)试验室要具有相应资质并进行备案认可;

(2)负责见证取样的监理工程师要具有材料、试验等方面的专业知识,且取得监理工作上岗资格(一般由专业监理师负责从事此工作);

(3)承包单位从事取样人员一般应由试验室人员或专职质检人员担任;

(4)送往试验室的样品要填写“送检单”并盖有“见证取样”专用章和见证取样监理工程师的签字;

(5)试验室出具报告一式两份,分别由承包单位和监理机构保存归档材料,是工序产品质量评定的重要依据;

(6)见证取样的频率执行相关规定,一般所占比率为30%;

(7)见证取样的试验费用由承包单位支付;

(8)实行见证取样绝不能代替承包单位对材料、构配件必须进行的自检。自检频率和数量要按相关规定执行。

10.4.3 见证取样的数量、方法

10.4.3.1 **水泥**

(1)以同一品种、同一标号、同一出厂批号为一个验收批,每批总质量不大于200 t复检一次。

(2)随机从不少于20袋装中抽取等量水泥,经拌和均匀后,再从中称取不少于12 kg水泥,用留样筒包装送检。

(3)水泥复检项目:抗压强度、抗折强度、凝结时间及安定性。

(4)水泥的各项复检项目均应符合规范及设计要求。

10.4.3.2 **砂、石**

(1)以同一产地、同一规格、同一进场时间,每批不大于400 m^3 或600 t为一验收批。

(2)在料堆上取样时,取样时先将取样部位表层铲除,然后由料堆的顶部、中部、底部抽取大致相等的试件8份(石子为15份)组成一组试样。

(3)见证取样数量:砂30 kg、石子80 kg。

(4)见证砂必须试验项目:筛分析、含泥量、泥块含量。

(5)见证石必须试验项目:筛分析、含泥量、泥块含量,针状和片状颗粒的总含量、压碎指标值。

(6)砂、石试验复检数值必须符合规范及设计要求。

10.4.3.3 **钢筋**

1. 见证取样数量

每批应由同厂别、同炉号、同一级别、同一规格为一个取样单位，每批质量不大于60 t复检一次，冷拉钢筋以同一级别、同直径为一批，每批质量不大于20 t复检一次。

(1)见证取样方法：每一验收批从两根钢筋中截取各两根为一组（两根拉力，两根冷弯试件），低碳热轧盘条取拉力一根，冷弯两根，截取试样时在距钢筋端头不小于50 cm处截取。

(2)见证取样长度：直径大于20 mm的钢筋取得45 cm两根、30 cm两根，直径16 mm、18 mm和20 mm的钢筋取得40 cm两根、25 cm两根，直径小于16 mm的钢筋取35 cm两根、20 cm两根。

2. 钢筋焊接（包括双面、单面搭接焊、电渣压力焊和闪光对焊）

试件应从成品中切取。

(1)见证取样数量：同一钢筋级别规格，同一焊接参数，每200个接头为一验收批，不足200个接头时，按一验收批。

(2)见证取样方法：每一验收批取样一组（3根）进行拉伸试验，其中闪光对焊要再取一组；(3根)进行弯曲试验。

(3)焊缝长度必须符合规范要求。

(4)见证取样长度：试件取样长度按钢材复检取样。

10.4.3.4 **路基填料**

(1)见证取样方法：基床表层颗粒级配和大于5 mm颗粒的单位体积重按每2 000 m^3取一组填料复查，基床底层和基床以下部分细粒土及粉黏土的液塑限和击实试验项目按每5 000 m^3取一组填料复查（土性明显变化时要及时取样复查，粗粒土（粉砂、黏砂除外）的颗粒级配和大于5 mm颗粒的单位体积重按1 000 m^3取一组填料复查。

(2)见证取样数量：土工击实试验取样数量40 kg。

(3)见证填料必试项目：筛分量、含泥量、液塑限、击实。

10.4.3.5 **现场搅拌混凝土抗压强度试件**

(1)每拌制100盘但不超过100 m^3的同配合比的混凝土，取样次数不得少于1次。

(2)每工作班拌制的同一配合比的混凝土不足100盘时，其取样次数不得少于1次。

(3)当一次连续浇筑超过1 000 m^3时，同一配合比的混凝土每200 m^3取样不得少于1次。

(4)同一楼层、同一配合比的混凝土，取样不得少于1次。

(5)建筑地面混凝土试块的组数，按每一层（或检验批）建筑地面工程不少于1组。当每一层（或检验批）建筑地面工程面积大于1 000 m^2时，每增加1 000 m^2应增做1组试块；小于1 000 m^2时按1 000 m^2计算。当改变配合比时，亦应相应地制作试块组数。

(6)每次取样应至少留置一组标准养护试件，同条件养护试件的留置组数应根据实际需要确定。

(7)混凝土拌和物坍落度检验试样的取样频率应与混凝土强度检验的取样频率一致。

10.4.3.6　预拌(商品)混凝土抗压强度试件

(1)用于交货检验的混凝土试样应在交货地点采取。每 100 m^3 相同配合比的混凝土取样不少于 1 次;一个工作班拌制的相同配合比的混凝土不足 100 m^3 时,取样也不得少于 1 次;当在一个分项工程中连续供应相同配合比的混凝土量大于 1 000 m^3 时,其交货检验的试样为每 200 m^3 混凝土取样不得少于 1 次。

(2)用于出厂检验的混凝土试样应在搅拌地点采取,按每 100 盘相同配合比的混凝土取样不得少于 1 次;每一工作班组相同的配合比的混凝土不足 100 盘时,取样亦不得少于 1 次。

(3)对于预拌混凝土拌和物的质量,每车应目测检查;混凝土坍落度检验的试样,每 100 m^3 相同配合比的混凝土取样检验不得少于 1 次;当一个工作班相同配合比的混凝土不足 100 m^3 时,也不得少于 1 次。

(4)混凝土拌和物坍落度检验试样的取样频率应与混凝土强度检验的取样频率一致。

10.4.3.7　砂浆试块

(1)每一楼层或 250 m^3 砌体中的各种强度等级的砂浆,每台搅拌机应至少检查 1 次,每次至少应制作一组试块。如果砂浆强度等级或配合比变更时,还应制作试块。基础砌体可按一个楼层计。砂浆立方体抗压试件每组 3 块。其尺寸为 70.7 mm × 70.7 mm × 70.7 mm。

(2)用于楼地面的砂浆,每一层建筑楼地面工程不应少于一组;当每层建筑地面工程面积超过 1 000 m^2 时,每增加 1 000 m^2 增做一组试件,不足 1 000 m^2 按 1 000 m^2 计算。当改变配合比时,亦作相应的制作试件组数。

10.4.3.8　墙体材料的取样要求

1. *烧结普通砖*

检验批按 3.5 万 ~ 15 万块为一批,但不得超过生产线的日产量,不足 3.5 万块也作为一批。现场抽检按 15 万块为一批,用随机取样法从外观质量和尺寸偏差检验合格的样品中抽取 15 块,其中 10 块进行抗压强度检验,5 块备用。

2. *蒸压灰砂砖*

检验批按 10 万块为一批,不足 10 万块也作为一批,但不得少于 2 万块。强度检验的样品,用随机取样法从外观质量和尺寸偏差检验合格的样品中抽取 3 组共 15 块,其中 2 组进行抗压强度和抗折强度检验,1 组备用。

3. *烧结多孔砖*

检验批按 3.5 万 ~ 15 万块为一批,不足 3.5 万块也作为一批。现场抽检按 15 万块为一批,用随机取样法从外观质量和尺寸偏差检验合格的样品中抽取 15 块,其中 10 块进行抗压强度检验,5 块备用。

4. *烧结空心砖和空心砌块*

检验批按 5 万块为一批,不足 3 万块也作为一批。用随机取样法从外观质量和尺寸偏差检验合格的样品中抽取 15 块,其中大面抗压、条面抗压各 5 块,5 块备用。

5. 普通混凝土小型空心砌块

以用同一种原材料配成同强度等级的混凝土,用同一种工艺制成的同等级的 1 万块为一批,不足 1 万块也作为一批。用随机取样法从外观质量检验合格的样品中抽取 5 块进行抗压强度检验。

6. 粉煤灰砖

检验批按 10 万块为一批,不足 10 万块也作为一批。用随机取样法从外观质量和尺寸偏差检验合格的样品中抽取 2 组共 20 块,其中 10 块进行抗压强度检验,10 块备用。

7. 蒸压加气混凝土砌块

检验批按同品种、同规格、同等级的 1 万块为一批,不足 1 万块也作为一批。用随机取样法从外观质量和尺寸偏差检验合格的样品中抽取 3 组共 9 块进行抗压强度试验。

10.4.3.9　防水材料的取样要求

1. 防水卷材

(1)凡进入施工现场的防水卷材(合成高分子防水卷材、高聚物改性沥青防水卷材)应附有出厂检验报告单及出厂合格证,并注明生产日期、批号、规格、名称。

(2)同一品种、牌号、规格的卷材(合成高分子防水卷材、高聚物改性沥青防水卷材),抽样数量为大于 1 000 卷抽取 5 卷;500 ~ 1 000 卷抽取 4 卷;100 ~ 499 卷抽取 3 卷;小于 100 卷抽取 2 卷,进行规格和外观质量检验。高聚物改性沥青防水卷材复试内容:拉力、最大拉力时延伸率、低温、柔度、不透水性;合成高分子防水卷材复试内容:断裂拉伸强度、扯断伸长率、低温弯折、不透水性及撕裂强度。

(3)对于弹性体改性沥青防水卷材和塑性体改性沥青防水卷材,在外观质量达到合格的卷材中,将取样卷材切除距外层卷头 2 500 mm 后,顺纵向切取长度为 800 mm 的全幅卷材试样 2 块进行封扎,送检进行物理性能测定;对于氯化聚乙烯防水卷材和聚氯乙烯防水卷材,在外观质量达到合格的卷材中,在距端部 300 mm 处裁取约 3 m 长的卷材进行封扎,送检进行物理性能测定。

(4)胶结材料是防水卷材中不可缺少的配套材料,因此必须和卷材一并抽检。抽样方法按卷材配比取样。同一批出厂、同一规格标号的沥青以 20 t 为一个取样单位,不足 20 t 按一个取样单位。从每个取样单位的不同部位取 5 处洁净试样,每处所取数量大致相等,共 1 kg 左右,作为平均试样。

2. 防水涂料

(1)同一规格、品种、牌号的无机防水涂料,每 10 t 为一批,不足 10 t 者按一批进行抽检。取 2 kg 样品,密封编号后送检。复试内容:抗折强度、黏结强度及抗渗性。

(2)同一规格、品种、牌号的有机防水涂料,每 5 t 为一批,不足 5 t 也按一批计;取 2 kg 样品,封样编号后送检。复试内容:固体含量、拉伸强度、断裂延伸率、柔性及不透水性。

3. 建筑密封材料

(1)改性石油沥青密封材料以同一品种、同一类型的每 2 t 为一批,不足 2 t 按一批计;复试内容:低温柔性、拉伸黏结性及施工度。

(2)合成高分子密封材料以同一等级、同一类型的 1 t 为一批,不足 1 t 按一批进行检验。复试内容:拉伸黏结性、柔性。

(3)胎体增强材料,每 3 000 m^2 为一批,不足 3 000 m^2 按一批抽样;复试内容:拉力、延伸率。

(4)高分子防水材料止水带每月同标记的止水带产量为一批抽样;复试内容:拉伸强度、扯断伸长率及撕裂强度。

(5)高分子防水材料遇水膨胀橡胶每月同标记的膨胀橡胶产量为一批抽样。复试内容:拉伸强度、扯断伸长率及体积膨胀倍率。

10.5 监理员施工现场质量监督检查

10.5.1 现场质量检查的方法

现场质量检查的主要方法如下。

10.5.1.1 目测法

目测法的手段可归纳为看、摸、敲、照四个字。

(1)看,就是根据质量标准进行外观目测,如墙面粉刷质量应是:表面无压痕、空鼓,大面及口角平直,地面平整,施工顺序合理,工人操作正确等,均通过目测评价。

(2)摸,就是手感检查,主要用于装饰工程的某些检查项目,如水刷石、干黏石黏结牢固程度,地面有无起砂等,均通过摸加以鉴别。

(3)敲,是应用工具进行音感检查,通过声音的虚实确定有无空鼓,根据声音的清脆和沉闷,判断属于面层空鼓或底层空鼓。此外,用手敲如发出颤动声响,一般是底灰不满。

(4)照,对于难以看到或光线较暗的部位,则可采用镜子反射或灯光照射的方法进行检查。如门框顶和底面的油漆质量等,均可用照来评估。

10.5.1.2 实测法

实测法就是通过实测数据与施工规范及质量标准所规定的允许偏差对照,来判断质量是否合格。实测法的检查手段可归纳为靠、吊、量、套四个字。

(1)靠,是用直尺、塞尺检查墙面、地面、屋面的平整度。

(2)吊,是用托线板以线锤吊线检查垂直度。

(3)量,是用测量工具和计量仪表等检查断面尺寸、轴线、标高、湿度、温度等的偏差。

(4)套,是用方尺套方,辅以塞尺检查。如对阴阳角的方正、踢角线的垂直度、预制构件的方正等项目的检查,对门窗口及构配件的对角线(窜角)的检查,也是套方的特殊手段。

10.5.1.3 检查

检查是指必须通过试验手段,才能对质量进行判断的检查方法。如对水泥的试验,确定安定性和质量是否符合标准。对钢筋接头进行拉力试验,检查焊接的质量等。

10.5.2 开工前的检查工作内容

开工前的检查工作主要有以下内容:

(1)掌握和熟悉质量控制的技术依据。

①在设计交底之前,由项目总监理工程师组织各专业监理工程师熟悉施工图纸,了解工程特点、难点,明确质量评定标准及施工验收规范,将施工图纸中的问题由专业监理工程师进行整理、汇总后,在设计交底会上提出,由设计单位答复,形成会议纪要。

②明确现行建筑安装工程质量评定标准及施工验收规范。

③明确工程中有特殊要求时执行的质量指标和验收标准。

④组织设计交底及图纸会审,了解设计意图,明确关键部位,以及新产品、新工艺、新材料的要求,提出图纸中的技术难点。

(2)对施工场地的控制。

①对现场障碍物,包括地下、架空管线设施的拆迁、清障进行验收。

②对原始基准点、基准线、标高等测量控制点进行复测,并要求施工单位进行保护。

(3)检查总包单位的机构设置、人员配备、职责与分工的落实情况,对分包单位的资质进行审查。

(4)对工程所需原材料及构配件、半成品的质量控制。

①对施工中将要采用的新技术、新材料、新工艺进行审核,检查鉴定书和试验报告。

②对工程结构用钢筋及焊接试件、防水材料、水泥和现场制作的混凝土、砂浆试块均实行见证取送样制度。其他建筑材料与建设单位、施工单位共同商定送检内容。

③对原材料、半成品、设备的采购进行检查,查其是否符合合同规定。对到场的材料、半成品、设备要及时检验,必要时配合建设单位到生产厂家实地考察,以确定订货厂家。

④对装饰材料、制品(如五金制品、卫生洁具)、部分设备(如电梯),应协同建设单位审查样品后,再同意进货。

⑤对需要进口的材料,应会同国家商检部门进行验收,如发现质量问题或其他不符合建设单位要求时,应配合建设单位取得证据,在规定时间内进行索赔。

⑥对进场的给排水、采暖、电气设备在安装前要按相应的技术说明书、设备标准要求进行质量验收。

⑦对材料、半成品、设备器材等,应根据其特点、特性以及在温度、湿度、防潮、防晒等方面的不同要求进行存放。监理工程师应对其存放条件、保管进行检查,保证其质量。

(5)对施工机械的质量控制。

①审查施工单位进场的主要机械设备的规格、型号及性能是否符合施工需要。

②施工中使用的水准仪、经纬仪、衡器、计量装置、量具等需要定期检定的设备是否有计量部门出具的检定证明。

③对直接危及工程质量、人员安全的施工机械,如塔吊、施工电梯、混凝土搅拌机等,应按技术说明书、安装标准进行验收和安全检查。

10.5.3　隐蔽工程的验收

10.5.3.1　隐蔽工程验收程序

(1)隐蔽工程施工完毕,承包单位按有关技术规程、规范、施工图纸先进行自检,自检合格后,填写《报验申请表》,附上相应的工程检查证(或隐蔽工程检查记录)及有关材料证明、试验报告、复试报告等，报送项目监理机构。

（2）监理工程师收到报验申请后，首先对质量证明资料进行审查，并在合同规定的时间内到现场检查（检测或核查），承包单位的专职质检员及相关施工人员应随同一起到现场。

（3）经现场检查，如符合质量要求，监理工程师在《报验申请表》及工程检查证（或隐蔽工程检查记录）上签字确认，准予承包单位隐蔽、覆盖，进入下一道工序施工。

如经现场检查发现不合格，监理工程师签发"不合格项目通知单"，指令承包单位整改，整改后自检合格再报监理工程师复查。

10.5.3.2　混凝土工程的钢筋隐蔽验收

（1）对钢筋原材料进场前要进行检查，查其是否有合格证，即合格证要注明钢材规格、型号、炉号、批号、数量及出厂日期、生产厂家。同时，要取样进行物理性能和化学成分检验，合格方可批量进场。

（2）检查验收钢筋绑扎规格、数量、间距是否符合设计图纸的要求，同一截面接头数量及搭接长度必须符合规范的要求。对焊接头的钢筋，先试验焊工焊接质量，然后按规范的要求抽取样品进行焊接试件检验，对不合格焊接试件要按要求加倍取样检验，确保焊接接头质量达标。

（3）对钢筋保护层按设计要求验收。

（4）对验收中存在不合要求的要发送监理整改通知单，直至完全合格后方可在《隐蔽验收记录表》上签字同意进行混凝土浇筑。

10.5.3.3　混凝土结构上预埋管、预埋铁件及水电管线的隐蔽验收

混凝土结构上通常有防水套管、预埋铁件、电气管线、给排水管线需隐蔽，在混凝土浇筑封模板前要对其进行隐蔽验收，首先验收其原材料是否有合格证，是否有见证送检，只有合格材料才允许使用；其次要检查套管，铁件要检查所用材料规格及加工是否符合设计要求；再次要核对其放置的标高、轴线等具体位置是否准确无误，并检查其固定方法是否可靠，能否确保混凝土浇筑过程中不变形、不移位。水电管线埋设位置要根据使用特点检查其是否合理，能否满足要求。验收合格后，方可在《隐蔽验收记录表》上签字同意隐蔽。

10.5.3.4　混凝土结构及砌体工程装饰前的隐蔽验收

混凝土结构及砌体在装饰抹灰前均要进行隐蔽中间验收，混凝土结构需要查验所有材料合格证及混凝土试压报告，要进行现场强度回弹或钻孔取样试压，要检验混凝土表面密实度及结构几何尺寸是否符合设计要求。砌体要查验原材料合格证、砂浆配合比、砂浆试压报告等有关材料是否齐全，现场查验抗震构造拉结钢筋设置是否恰当，砌体砌筑方法及灰缝是否满足设计要求，砌体轴线、位置、厚度等是否符合图纸规定。

10.5.4　土方开挖监理巡视与检查

土方开挖监理巡视与检查应从以下方面进行：

（1）检查基底的土质情况，特别是土质与承载力是否与设计相符。

（2）通过施工变形监测，检查基地围护结构是否基本稳定。

（3）当基底为软黏土或砂时，应督促施工单位按设计要求，及时铺碎石、卵石，其厚度不小于20 cm。

(4)如遇有局部超挖时,不允许施工单位用素土回填,一般应用封底的混凝土加厚填平。

(5)如发现基底土体仍有松土或有水井、古河、古湖、橡皮土或局部硬土(硬物)等,应与施工单位、设计单位共同协商,根据具体情况,采用相应的处理措施。

10.5.5 土方回填监理巡视与检查

土方回填监理巡视与检查应从以下方面进行。

10.5.5.1 填方边坡

(1)填方边坡坡度应根据填方高度、土的种类和其重要性在设计中加以规定,当设计无规定时,可按相关规定选用。

(2)对使用时间较长的临时性填方边坡坡度,当填方高度小于10 m时,可采用1:1.5,超过10 m,可做成折线形,上部采用1:1.5,下部采用1:1.75。

10.5.5.2 密实度要求

填方的密实度要求和质量指标通常以压实系数λ_c表示。密实度要求一般由设计根据工程结构性质、使用要求以及土的性质确定。

10.5.5.3 压实排水要求

(1)填土层如有地下水或滞水时,应在四周设置排水沟和集水井,将水位降低。

(2)已填好的土如遭水浸,应把稀泥铲除后,方能进行下一道工序。

(3)填土区应保持一定横坡,或中间稍高两边稍低,以利排水。当天填土,应在当天压实。

10.5.6 灰土地基监理巡视与检查

灰土地基监理巡视与检查应从以下方面进行:

(1)施工前应检查原材料,如灰土的土料、石灰以及配合比、灰土拌和均匀程度。

(2)施工过程中应检查分层铺设厚度,分段施工时上下两层的搭接长度,夯实时加水量、夯压遍数等。

(3)每层施工结束后检查灰土地基的施压系数。灰土应逐层用贯入仪检验,已达到控制(设计要求)压实系数所对应的贯入度为合格,或用环刀取样检测灰土的干密度,除以试验的最大干密度求得。施工结束后,应检验灰土地基的承载力。

10.5.7 砂和砂石地基监理巡视与检查

砂和砂石地基监理巡视与检查应从以下方面进行:

(1)施工前应检查砂、石等原材料质量及砂、石拌和均匀程度。

(2)分段施工时,接头处应做成斜坡,每层错开0.5~1 m,并应充分捣实。在铺砂及砂石时,如地基地面深度不同,应预先挖成阶段形式或斜坡形式,以先深后浅的顺序进行施工。

(3)砂石地基应分层铺垫、分层夯实。每铺好一层垫层,经干密度检验合格后,方可进行上一层施工。

(4)施工过程中必须检查分层厚度、分段施工时搭接部分的压实情况、加水量、压实遍数、压实系数。

(5)施工结束后,应检验砂石地基的承载力。

10.5.8　混凝土灌注桩监理巡视与检查

混凝土灌注桩监理巡视与检查主要从以下方面进行:

(1)施工前应对水泥、砂、石子(如现场搅拌)、钢材等原材料进行检查,对施工组织设计中制定的施工顺序、检测手段(包括仪器、方法)也应检查。

(2)施工中应对成孔、清渣、放置钢筋笼、灌注混凝土等进行全过程检查、人工挖孔桩尚应复验孔底持力层土(岩)性。嵌岩桩必须有桩端持力层的岩性报告。

(3)施工结束后,应检查混凝土强度,并应做桩体质量及承载力的检验。

10.5.9　静力压桩监理巡视与检查

静力压桩监理巡视与检查的主要内容如下。

10.5.9.1　质量预控

施工前,应对成品桩做外观及强度检验,接桩用焊条或半硫黄胶泥应有产品合格证,或送有关部门检验,压桩用压力表检验、瞄杆规格及质量也进行检查。

10.5.9.2　施工监理要点

(1)桩定位控制。压桩前,对已放线定位的桩位按施工图进行系统的轴线复核,并检查定位桩一旦受外力影响时,第二套控制桩是否安全可靠,并可立即投入使用。桩位的放样群桩控制在 20 mm 偏差之内。

(2)桩位过程检验。当桩顶设计标高低于施工场地标高,送桩后无法对桩位进行检查时,对压入桩可在每根桩桩顶沉至场地标高时,在送桩前对每根桩桩顶的轴线位置进行中间验收,符合允许偏差范围,方可送桩到位。待全部桩压入后,承台或底板开挖至设计标高后,再做桩的轴线位置最终验收。

(3)接桩的节点要求。焊接接桩时,钢材宜用低碳钢。接桩处如有间隙应用铁片填实焊牢,并注意焊接变形。焊接冷却 >1 min 后方可施压。

(4)压桩过程中应检查压力、桩垂直度、接桩间歇时间、桩的连接质量及压入深度。重要工程应对电焊接桩的接头做 10% 的探伤检查。对承受反力的结构应加强观测。施工结束后,应做桩的承载力及柱体质量检验。

10.5.10　模板安装监理巡视与检查

模板安装监理巡视与检查主要内容应包括:

(1)安装现浇结构的上层模板及其支架时,下层模板应具有承受上层荷载的承载能力,或架设支架;上下层支架的立柱应对准,并铺设垫板。

(2)在涂刷模板隔离剂时,不得玷污钢筋和混凝土接搓处。

(3)模板安装应满足下列要求:

①模板的接缝不应漏浆,在浇筑混凝土前,模板先浇水湿润,但模板内不应有水。

②模板与混凝土的接触面应处理干净并涂隔离剂,但不得采用影响结构性能或妨碍装饰工程施工的隔离剂。

③浇筑混凝土前,模板内的杂物应处理干净。

(4)对清水混凝土工程及装饰混凝土工程,应使用达到设计效果的模板。

(5)对跨度不小于4 m的现浇混凝土梁、板,其模板应按设计要求起拱,当设计无具体要求时,起拱高度宜为跨度的1/1 000~3/1 000。

(6)固定在模板上的预埋件、预留孔和预留洞均不得遗漏,且应安装牢固。

10.5.11 混凝土施工监理巡视与检查

混凝土施工监理巡视与检查主要内容如下:

(1)结构混凝土的强度等级必须符合设计要求。用于检验结构构件混凝土强度的试件,应在混凝土的浇筑地点随机抽取。

(2)对有抗渗要求的混凝土结构,其混凝土试件应在浇筑地点随机抽样。同一工程、同一配合比的混凝土,取样不应少于1次,留置组数可根据实际需要确定。

(3)混凝土运输、浇筑及间歇的全部时间不应超过混凝土的初凝时间。同一施工段的混凝土应连续浇筑,并应在底层混凝土初凝之前将上一层混凝土浇筑完毕。

当底层混凝土初凝后浇筑上一层混凝土时,应按施工技术方案中对施工缝的要求进行处理。

(4)施工缝的位置应在混凝土浇筑前按设计要求和施工技术方案确定。施工缝的处理应按施工技术方案执行。

(5)后浇带的留置位置应在混凝土浇筑前按设计要求和施工技术方案确定。后浇带混凝土应按施工技术方案进行。

(6)混凝土浇筑完毕后,应按施工技术方案及时采取有效的保护措施,并应符合下列规定:

①应在混凝土浇筑完毕后12 h以内对混凝土加以覆盖并保湿养护。

②混凝土浇水养护的时间:对采用硅酸盐水泥、普通硅酸盐水泥或矿渣硅酸盐水泥拌制的混凝土,不得少于7 d;对掺用缓凝型外加剂或有抗渗要求的混凝土,不得少于14 d。

③浇水次数应能保持混凝土处于湿润状态,混凝土养护用水应与拌制水相同。

④采用塑料布覆盖养护的混凝土,其敞露的全部表面应覆盖严密,并应保持塑料布内有凝结水。

⑤混凝土强度达到1.2 N/mm^2前,不得在其上踩踏或安装模板及支架。

注:①当日平均气温低于5 ℃时,不得浇水。

②当采用其他品种水泥时,混凝土的养护时间应根据所采用水泥的技术性能确定。

③混凝土表面不便浇水或使用塑料胶布时,宜涂刷养护剂。

④对大面积的养护,应根据气候条件按施工技术方案采取控温措施。

10. 5. 12　钢筋连接与安装监理巡视与检查

钢筋连接与安装监理巡视与检查的主要内容如下：

(1)纵向受力钢筋的连接方式应符合设计要求。

(2)在施工现场，应按国家现行标准《钢筋机械连接通用技术规程》(JGJ 107)，《钢筋焊接及验收规程》(JGJ 18)的规定抽取钢筋机械连接接头，焊接接头试件作力学性能检验，其质量应符合有关规程的规定。

(3)钢筋的接头宜设置在受力较小处。同一纵向受力钢筋不宜设置两个或两个以上接头。接头末端至钢筋弯起点的距离不应小于钢筋直径的 10 倍。

(4)在施工现场，应按国家现行标准《钢筋机械连接通用技术规程》(JGJ 107)，《钢筋焊接及验收规程》(JGJ 18)的规定对钢筋机械连接接头、焊接接头的外观进行检查，其质量应符合有关规程的规定。

(5)当受力钢筋采用机械连接接头或焊接接头时，设置在同一构件内的接头宜相互错开。

(6)同一构件中相邻纵向受力钢筋的绑扎搭接接头宜相互错开。绑扎搭接接头中钢筋的横向净距离不应小于钢筋直径，且不应小于 25 mm。

(7)在梁、柱类构件的纵向受力钢筋搭接长度范围内，应按设计要求配置箍筋。当设计无具体要求时，应符合下列规定：

①箍筋直径不应小于搭接钢筋较大直径的 0. 25 倍。

②受拉搭接区段的箍筋间距不应大于搭接钢筋较小直径的 5 倍，且不应大于 100 mm。

③受压搭接区段的箍筋间距不应大于搭接钢筋较小直径的 10 倍，且不应大于 200 mm。

④当柱中纵向受力钢筋直径大于 25 mm 时，应在搭接接头两个端面外 100 mm 范围内各设置两个箍筋，其距离宜为 50 mm。

10. 5. 13　砌体工程监理巡视与检查

砌体工程监理巡视与检查主要内容如下。

10. 5. 13. 1　**留槎、拉结筋**

(1)砖砌体的转角处和交接处应同时砌筑，严禁无可靠措施的内外墙分砌施工，对不能同时砌筑而又必须留置的临时间断处应砌成斜槎，斜槎水平投影长度不应小于高度的 2/3。

接槎时，必须将接槎处的表面清理干净，浇水湿润，填实砂浆并保持灰缝平直。

(2)非抗震设防及抗震设防烈度为 6 度、7 度地区的临时间断处，当不能留斜槎时，除转角处外，可留直槎，但直槎必须做成凸槎。留直槎处应加设拉结钢筋，拉结钢筋的数量为每 120 mm；墙厚放置 1φ6 拉结钢筋(120 mm 厚墙放置 2φ6 拉结钢筋)。间距沿墙高不超过 500 mm；埋入长度从留槎处算起每边均不应小于 500 mm，对抗震设防烈度 6 度、7 度的地区，不应小于 1 000 mm；末端应有 90°弯钩。

(3)多层砌体结构中，后砌体的非承重砌隔墙，应沿墙高每隔 500 mm 配置。2φ6 的钢筋与承重墙或柱拉结,每边伸入墙内不应小于500 mm。抗震设防烈度为8度和9度区,长度大于5 m的后砌墙的墙顶应与楼板或梁拉结。隔墙砌至梁板底时,应保留一定空隙,间隔一周后再补砌挤紧。

10.5.13.2 灰缝

(1)砖砌体的灰缝应横平竖直,厚薄均匀。水平灰缝厚度和竖向灰缝宽度宜为10 mm,但不应小于8 mm,也不应大于12 mm,砌筑方法宜采用“三一”砌砖法。即“一铲灰、一块砖、一揉挤”的操作方法。竖向灰缝宜采用挤浆法和加浆法,使其砂浆饱满。严禁用水冲洗浆灌缝。如采用铺浆法砌筑,铺浆长度不应超过750 mm。施工期间气温超过30 ℃时,铺浆长度不超过500 mm。

水平灰缝的砂浆饱满度不得低于80%;竖向灰缝不得出现透明缝、瞎缝合及假缝。

(2)清水墙面不应有上下两皮砖搭接长度小于25 mm的通缝,不得有三分头砖,不得在上部随意变活或乱缝。

(3)空斗墙的水平灰缝厚度和竖向灰缝宽度一般为10 mm,但不应小于7 mm,也不应大于13 mm。

(4)筒拱拱体灰缝应全部用砂浆填满,拱底灰缝宽度宜为5~8 mm,筒拱的纵向缝应与拱的横断面垂直,筒拱的纵向两端不宜砌入墙内。

(5)为保持清水墙面立缝垂直一致,当砌至一步架子高时,水平间距每隔2 m,在丁砖竖缝位置弹两道垂直立线,控制游丁走缝。

(6)清水墙勾缝应采用加浆勾缝,勾缝砂浆应采用细石拌制的1∶1.5水泥砂浆。勾凹缝时深度为4~5 mm,多雨地区或多孔砖可采用稍浅的凹缝或平缝。

(7)砖砌平拱过梁的灰缝应砌成楔形缝。灰缝宽度,在过梁底面不应小于5 mm;在过梁顶面不应大于15 mm;拱脚下面应伸入墙内不小于20 mm,拱底应有1%起拱。

(8)砌体的伸缩缝、沉降缝、防震缝中,不得夹有砂浆、碎石和杂物等。

10.5.14 填充墙砌体工程监理巡视与检查

填充墙砌体工程监理巡视与检查的主要内容如下。

10.5.14.1 组砌与灰缝

(1)砌块、空心砖应提前2 d浇水湿润;加气砌块砌筑时,应向砌筑面适量洒水;当采用黏结剂砌筑时,不得浇水湿润。用砂浆砌筑时的含水率:轻骨料小砌块宜为5%~8%,空心砖宜为10%~15%,加气砌块宜不小于15%,对于粉煤灰加气混凝土制品宜小于20%。

(2)轻骨料小砌块、加气砌块砌筑时应按砌块列图进行。

(3)小砌块、空心砖砌体的水平。竖向灰缝厚度应为8~12 mm;加气砌块的水平灰缝厚度宜为15 mm,竖向灰缝宽度为20 mm。

(4)轻骨料小砌块和加气砌块砌体,由于干缩值大(是烧结黏土砖的数倍),不应与其他块材混砌。但对于因构造需要的墙底部、顶部、门窗固定部位等,可局部适量镶嵌其他块材,不同砌体交接处可采用构造柱连接。

(5)填充墙的水平灰缝砂浆饱满度均应不小于80%;小砌块、加气砌块的竖向灰缝应不小于 80%，其他砖砌体的竖向灰缝应填满砂浆，并不得有透明缝、瞎缝及假缝。

(6)填充墙砌至梁、板底部时，应留一定空隙，至少间隔 7 d 后再砌筑、挤紧；或用坍落度较小的混凝土或水泥砂浆填嵌密实。在封砌施工洞口及外墙井架洞口时，尤其应严格控制，千万不能一次到顶。

(7)小砌块、加气砌块砌筑时应防止雨淋。

10.5.14.2 拉结筋、抗震扣结措施

抗震设防地区还应采取如下抗震拉结措施：

(1)墙长大于 5 m 时，墙顶与梁宜有拉结；

(2)墙长超过层高 2 倍时，宜设置钢筋混凝土构造柱；

(3)墙高超过 4 m 时，墙体半高处宜设置与柱连接且沿墙全场贯通的钢筋混凝土水平系梁。

单层钢筋混凝土柱厂房等其他砌体围护墙应按设计要求。

10.5.15 屋面找平层监理巡视与检查

屋面找平层监理巡视与检查的主要内容如下。

(1)找平层的基层采用装配式钢筋混凝土板时，应符合下列规定：

①板端，侧缝应用细石混凝土灌注，其强度等级不低于 C20。

②板缝宽度大于 40 mm 或上窄下宽时，内部应设置构造钢筋。

③板端缝进行密封处理。

(2)找平层的排水坡度要符合设计要求。平屋面采用结构找坡不小于 3%，采用材料找坡宜为 2%，天沟、檐沟纵向找坡不小于 1%，沟底水落差不超过 200 mm。

(3)基层与突出屋面结构(女儿墙、山墙、天窗壁、变形缝及烟囱等)的交接处和基层的转角处，找平层均作为圆弧形。

(4)找坡层设分隔缝，并填密封材料。分隔缝应设在板端处。其纵横缝的最大间距：水泥砂浆或细石混凝土找平层不大于 6 m，沥青砂浆找平层不大于 4 m。

10.5.16 屋面保温层监理巡视与检查

屋面保温层监理巡视与检查从下列方面进行：

(1)保温层应干燥，封闭式保温层的含水率应相当于该材料在当地自然风干状态下的平衡含水率。当采用有机胶结材料时，保温层的含水率不得超过 5%；当采用无机胶结材料时，含水率不得超过 20%。

(2)屋面保温层干燥有困难时，采用排气措施。

(3)倒置式屋面采用吸水率小、长期浸水不腐烂的保温材料。保温层上用混凝土等块材，水泥砂浆或卵石、卵石层和保温层之间，干铺一层无纺聚酯纤维布做隔离层。

(4)松散材料保温层施工的基层应平整、干燥和干净。

①铺设材料保温层的基层应平整、干燥和干净。

②保温层含水率要符合设计要求。

③松散保温层材料分层铺设压实，压实程度与厚度经试验确定。

(5)板状材料保温层施工应符合下列规定:

①板状材料保温层的基层应平整、干燥和干净。

②板状保温材料紧靠在需要保温的上面,铺平垫稳。

③分层铺设的板块上下层接缝要错开,板间缝隙用相同材料填充密实。

④粘贴的板状保温材料要粘贴牢固。

(6)整体现浇(喷)保温层施工要符合以下规定:

①沥青膨胀蛭石、珍珠岩用机械搅拌,色泽一致,无沥青团,压实程度与厚度经试验确定,厚度符合设计要求,表面平整。

②硬质聚氨酯泡沫塑料按配比准确计量,厚度一致。

10.5.17 卷材防水层监理巡视与检查

卷材防水层监理巡视与检查应从以下方面进行:

(1)卷材防水层采用高聚改性沥青防水卷材、合成高分子防水卷材或沥青防水卷材。其基层处理剂、接缝胶粘剂,与铺设的卷材材质相容。

(2)在坡度大于25%的防水层采用卷材防水时,采取固定措施,固定点要密封。

(3)铺设屋面隔气层和防水层前,基层要干净、干燥。

(4)卷材铺设方向符合以下规定:

①坡度小于3%时,卷材平行。

②坡度在3% ~15%时,卷材平行或垂直屋脊。

③坡度大于15%时,沥青防水卷材要垂直屋脊铺设,高聚改性沥青防水卷材和合成高分子防水卷材要平行或垂直屋脊铺设。

④上下层卷材不得垂直铺设。

(5)沥青玛瑞脂的配置和使用符合以下规定:

①热沥青玛瑞脂的加热温度不高于240 ℃,使用温度不低于190 ℃。

②冷沥青玛瑞脂使用时要搅拌均匀。

③沥青玛瑞脂涂刮均匀,不得过厚或堆积。

(6)天沟、檐沟、檐口,泛水和立面卷材收头的端部裁齐,塞入凹槽用金属条固定,最大钉距不大于900 mm,并用密封材料嵌填严密。

(7)卷材防水层完工验收合格后,做好保护层,其施工符合以下规定:

①绿豆砂要清洁,预热,铺设均匀,与其沥青玛瑞脂黏结牢固。

②云母保护层不得有粉料,撒铺均匀,不得露底,多余的要清理掉。

③水泥砂浆保护层的表面抹平压光,设计分格缝,面积为1 m^2。

④块体材料保护层留设分格缝,面积不大于100 m^2,宽度不小于20 m^2。

⑤细石混凝土保护层,混凝土要密实,表面抹平压光,设分格缝,面积不大于36 m^2。

⑥浅色涂料保护层应与卷材粘牢,厚薄均匀,不得漏涂。

⑦水泥砂浆、块材或细石混凝土保护层与防水层之间应设置隔离层。

⑧刚性保护层和女儿墙、山墙之间应预留宽度为30 mm的缝隙,并用密封材料嵌填严密。

10.6　关键部位及重要工序的旁站

10.6.1　旁站监理的范围

旁站监理的范围应依据相关法规和合同约定来确定，根据工程实际，其范围至少包括：

(1)基础工程的桩基工程，承载力检测和基础土方回填(包括土石硝回填)。

(2)基础主体结构工程的混凝土浇筑过程、施工缝和后浇带处理与施工、墙砌体的摞底阶段、钢结构工程的重要部位焊接和机械连接安装。

(3)关键和重要隐蔽工程的隐蔽过程(包括屋面细部构造、防水层、有防水要求地面的防水隔离层等)。

(4)进场物资的见证取样和送样。

(5)新技术、新工艺、新材料、新设备试验过程。

10.6.2　旁站监理的主要工作内容

(1)对于进行旁站监理的工序或检验批，监理人员应进行事前检查，施工单位应有被审批的施工方案并核查有针对性的技术交底，审查材质必须合格，施工单位有关现场管理人员、质检员必须在岗。

(2)对于商品混凝土，应审查供货单位资质和材质检验结果等。

(3)对现场搅拌混凝土的计量配合比进行审定，符合要求后方可施工。

(4)施工过程中全过程监控必须按照技术标准、规范、规程、设计文件、施工方案进行施工，监控施工操作人员的技术水平，操作条件必须满足施工工艺要求，对于特种操作人员必须保证持证上岗，监控施工环境不得对工程质量产生不利影响，检查有无存在质量和安全隐患等。

(5)监理旁站过程中，如混凝土浇筑必须对混凝土的配比搅拌进行抽查，商品混凝土应到厂家抽查，对混凝土的坍落度进行抽查，审查和核准混凝土的初、终凝结时间，对于在施工过程中出现的施工技术偏差、质量检查偏差、质量缺陷或管理失控及安全隐患等，应及时进行口头指令，监控改正和整改，并及时向专业监理或总监报告，由专业监理下达整改通知单，对于拒不按监理指令整改继续扩大事态的，项目总监可签署暂停施工指令，停工整顿整改后，可复工，对于制止无效的，向监督站报告。

(6)旁站监理人员应在专业监理工程师的指导下开展现场监理工作，发现问题除现场制止和纠正外，还应向专业监理工程师报告。旁站监理人员主要是专业监理安排、专业监理工程师是旁站监理员的责任主体，应根据工作需要，对旁站工作统一安排；而监理员是旁站监理的直接责任主体，对旁站监理的工作质量承担直接责任，为此监理员应经过培训并且具备相应资质。

(7)旁站监理人员在旁站工作中要注意以下问题：

①在旁站监理前要预先熟悉图纸，审查施工方案是否可行，施工单位是否进行技术交

底，做到心中有数。同时，明确施工单位现场就位及管理人员。

②旁站监理不能疏于形式，要抓重点及主控项目的控制，不能“眉毛胡子一把抓”或过于吹毛求疵，要适时纠正工作面的偏差，有偏即纠。

③纠正偏差时要注意工作方法，不要与具体操作人员发生直接冲突，找负责现场施工的技术负责人提出意见或下达指令，应尽量讲明道理，让施工方自己认识到整改的必要，愿意整改为佳。

④质量员必须在施工现场，会同质量员一起旁站，因为双方需要在旁站记录上签字，特别是发现问题时一定要先询问现场质检员，如果他承认存在问题并能及时纠正，没有产生不良后果，应继续施工。如果对方无正当理由拒不整改，旁站监理人员应及时向专业监理或总监报告，应由项目总监下达暂停施工指令。

⑤按规定的形式填写好旁站监理日记，记录要翔实，以数据说话，特别要注意保存好原始数据和书面资料，对施工过程中出现的较大质量问题和质量隐患，旁站监理人员应采取照相或摄像手段予以记录。

10.7 建设工程质量验收

10.7.1 建筑工程施工质量验收批次

建筑工程施工质量验收批次应划分为单位工程、分部工程、分项工程和检验批。

10.7.2 验收的程序

(1)验收的顺序：首先验收检验批或者分项工程质量，其次验收分部(子分部)工程质量，最后验收单位(子单位)工程质量。

(2)对于检验批、分项工程、分部(子分部)工程、单位(子单位)工程的质量验收，承包单位应首先自行检查验收，确认符合设计文件、相关验收规范的规定。

(3)然后向监理工程师提交申请，由监理工程师予以检查、确认。

(4)如确认其质量符合要求，则予以确认验收。如有质量问题，则指令承包单位进行处理，待质量合乎要求后再予以检查验收。

10.7.3 建筑工程施工质量验收规定

(1)建筑工程施工质量应符合《建筑工程施工质量验收统一标准》(GB 50300—2013)和各专业验收规范的规定。

(2)建筑工程施工应符合工程勘察、设计文件的要求。

(3)参加工程施工质量验收的各方人员应具备规定的资格。

(4)工程质量的验收应在施工单位自行检查评定的基础上进行。

(5)隐蔽工程在隐蔽前应由施工单位通知有关方进行验收，并应形成验收文件。

(6)涉及结构安全的试块、试件以及有关资料，应按规定进行见证取样检测。

(7)检验批的质量应按主控项目和一般项目验收。

(8)对涉及结构安全、节能、环境保护和主要使用功能的分部工程,应进行抽样检测。

(9)承担见证取样检测及有关结构安全检测的单位应具有相应资质。

(10)工程的观感质量应由验收人员通过现场检查共同确认。

10.7.4 检验批质量验收合格应符合的规定

(1)主控项目的质量经抽样检验均应合格。

(2)一般项目的质量经抽样检验合格。当采用计数抽样时,合格点率应符合有关专业验收规范的规定,且不得存在严重缺陷。

对于计数抽样的一般项目,正常检验一次、二次抽样可按表10-1、表10-2判定。

表10-1 一般项目正常检验一次抽样判定

样本容量	合格判定数	不合格判定数
5	1	2
8	2	3
13	3	4
20	5	6
32	7	8
50	10	11
80	14	15
125	21	22

表10-2 一般项目正常检验二次抽样判定

抽样次数	样本容量	合格判定数	不合格判定数
(1)	3	0	2
(2)	6	1	2
(1)	5	0	3
(2)	10	3	4
(1)	8	1	3
(2)	16	4	5
(1)	13	2	5
(2)	26	6	7
(1)	20	3	6
(2)	40	9	10
(1)	32	5	9
(2)	64	12	13
(1)	50	7	11
(2)	100	18	19
(1)	80	11	16
(2)	160	26	27

表10-1、表10-2的使用方法如下：

对于一般项目正常检验一次抽样，假设样本容量为20，在20个试样中被判为不合格的试样数≤5时，该检验批可判为合格；当20个试样中被判为不合格的试样数≥6时，则该检验批可判为不合格。

对于一般项目正常检验二次抽样，假设样本容量为20，当20个试样中又被判为不合格的试样数≤3时，该检验批可判为合格；被判为不合格的试样数≥6时，该检验批可判为不合格；当被判为不合格的试样数为4或5个时，应进行第二次抽样，样本容量也为20个，两次抽样样本容量为40，当两次不合格的试样数之和≤9时，该检验批可判定为合格，当两次不合格的试样数之和≥10时，该检验批可判为不合格。

(3)具有完整的施工操作依据、质量验收记录。

10.7.5 分项工程质量验收合格的标准

(1)分项工程所含检验批的质量均应验收合格；

(2)所含检验批的质量验收记录应完整。

10.7.6 分部工程质量验收合格的标准

(1)所含分项工程的质量均应验收合格。

(2)质量控制资料应完整。

(3)有关安全、节能、环境保护和主要使用功能的抽样检验结果应符合相应规定。

(4)观感质量应符合要求。以观察、触摸或简单量测的方式进行观感质量验收，并由验收人员根据经验判断，给出质量评价。但并不给出“合格”或“不合格”的结论，而是综合给出“好”、“一般”、“差”的质量评价结果。对于“差”的检查点应进行返修处理。

10.7.7 单位工程质量验收合格应符合的标准

(1)所含分部工程的质量均应验收合格；

(2)质量控制资料应完整；

(3)所含分部工程中有关安全、节能、环境保护和主要使用功能的检验资料应完整；

(4)主要使用功能的抽查结果应符合相关专业验收规范的规定；

(5)观感质量应符合要求。

10.7.8 建筑工程质量验收的程序和组织

(1)检验批应由专业监理工程师组织施工单位项目专项质量检查员、专业工长等进行验收。

(2)分项工程应有专业监理工程师组织施工单位项目专业技术负责人等进行验收。

(3)分部工程应由总监理工程师组织施工单位项目负责人和项目技术、质量负责人等进行验收。勘察、设计单位项目负责人和施工单位技术、质量部门负责人应参加地基与基础分部工程的验收；设计单位项目负责人和施工单位技术、质量部门负责人应参加主体结构、节能分部工程的验收。

(4)单位工程完工后,施工单位组织有关人员进行自检。总监理工程师应组织各专业监理工程师对工程质量进行竣工预验收。存在施工质量问题时,应由施工单位及时整改。整改完毕后,由施工单位向建设单位提交工程竣工报告,申请工程竣工验收。

建设单位收到工程竣工报告后,应由建设单位项目负责人组织监理、施工、设计、勘察等单位项目负责人进行单位工程验收。

10.8　不合格的处理

10.8.1　不合格的处理

(1)上道工序不合格,不准进入下道工序施工;

(2)不合格的材料、构配件、半成品不准进入施工现场且不允许使用,已经进场的不合格品应及时作出标识、记录,指定专人看管,避免用错,并限期清除出现场;

(3)不合格的工序和工程产品,不予验收与计价,直到整改后,重新验收合格。

10.8.2　工程施工质量不符合要求时的处理

一般情况,不合格现象在检验批的验收时就应发现并及时处理,所有隐患必须尽快消灭在萌芽状态,否则会影响后续检验批和相关的分项工程、分部工程的验收。但非正常情况可按下述规定进行处理:

(1)经返工重做或更换器具、设备检验批,应重新进行验收。

主控项目不能满足验收规范规定或一般项目超过偏差限制的子项不符合检验规定的要求时,应及时进行处理的检验批。严重的缺陷应推倒重来;一般的缺陷通过返修或更换器具、设备予以解决,应允许施工单位在采取相应的措施后重新验收。如能够符合相应的专业工程质量验收规范,则应认为该检验批合格。

(2)经有资质的检测单位鉴定达到设计要求的检验批,应予以验收。

个别检验批发现试块强度等不满足要求,难以确定是否验收时,应请具有资质的法定检测单位检测,当鉴定结果能够达到设计要求时,该检验批应允许通过验收。

(3)经有资质的检测单位鉴定达不到设计要求但经原设计单位核算认可能满足结构安全和使用功能的检验批,可予以验收。

一般情况下,规范标准给出了满足安全和功能的最低限度要求,而设计往往在此基础上留有一些余量。不满足设计要求和符合相应规范标准的要求,两者并不矛盾。

(4)经返修或加固的分项分部工程,虽然改变外形尺寸但仍能满足安全使用要求,可按技术处理方案和协商文件进行验收。

更为严重的缺陷或范围超过检验批的更大范围内的缺陷可能影响结构的安全性和使用功能。如经法定检测单位检测鉴定以后认为达不到规范标准的相应要求,即不能满足最低限度的安全储备和使用功能,则必须按一定的技术方案进行加固处理,使之能保证其满足安全使用的基本要求。

在不影响安全和主要使用功能条件下可按处理技术方案和协商文件进行验收,但不能作为轻视质量而回避责任的一种出路。

(5)通过返修或加固仍不能满足安全使用要求的分部工程、单位(子单位)工程,严禁验收。

10.9 质量问题与质量事故的处理

10.9.1 质量问题的处理

10.9.1.1 质量问题的处理方式

(1)当因施工引起的质量问题在萌芽状态时,应及时制止,并要求施工单位立即更换不合格材料设备或不称职人员,或要求施工单位立即改变不正确的施工方法和操作工艺。

(2)当因施工引起的质量问题已出现时,应立即向施工单位发出《监理通知》;要求其对质量问题进行补救处理,并采取足以保证施工质量的有效措施后,填报《监理通知回复单》报监理单位。

(3)当某道工序或分项工程完工以后,出现不合格项,监理工程师应填写《不合格项处置记录》,要求施工单位及时采取措施予以整改。监理工程师应对其补救方案进行确认,跟踪处理过程,对处理结果进行验收,否则不允许进行下道工序或分项的施工。

(4)在交工使用后的保修期内发现的施工质量问题,监理工程师应及时签发《监理通知》,指令施工单位进行修补、加固或返工处理。

10.9.1.2 处理程序

(1)当发生工程质量问题时,监理工程师首先应判断其严重程度。对可以通过返修或返工弥补的质量问题可签发《监理通知》,责成施工单位写出质量问题调查报告,提出处理方案,填写《监理通知回复单》报监理工程师审核后,批复承包单位处理,必要时应经建设单位和设计单位认可,处理结果应重新进行验收。

(2)对需要加固补强的质量问题,或质量问题的存在影响下道工序和分项工程的质量时,应签发《工程暂停令》,指令施工单位停止有质量问题部位和与其有关联部位及下道工序的施工。必要时,应要求施工单位采取防护措施,责成施工单位写出质量问题调查报告,由设计单位提出处理方案,并征得建设单位同意,批复承包单位处理。处理结果应重新进行验收。

(3)施工单位接到《监理通知》后,在监理工程师的组织参与下,尽快进行质量问题调查并完成报告编写。

(4)监理工程师审核、分析质量问题调查报告,判断和确认质量问题产生原因。

必要时,监理工程师应组织设计、施工、供货和建设单位各方共同参加分析。

(5)在原因分析的基础上,认真审核签认质量问题处理方案。

监理人员审核确认处理方案应牢记按安全可靠,不留隐患,满足建筑物的功能和使用要求,技术可行,经济合理的原则。针对确认不需专门处理的质量问题,应能保证它不构成对工程安全的危害,且满足安全和使用要求,并必须征得设计和建设单位的同意。

(6)指令施工单位按既定的处理方案实施处理并进行跟踪检查。发生的质量问题不论是否由于施工单位原因造成,通常都是先由施工单位负责实施处理。对因设计单位原因等非施工单位责任引起的质量问题,应通过建设单位要求设计单位或责任单位提出处理方案,处理质量问题所需的费用或延误的工期,由责任单位承担,若质量问题属施工单位责任,施工单位应承担各项费用损失和合同约定的处罚,工期不予顺延。

(7)质量问题处理完毕,监理工程师应组织有关人员对处理的结果进行严格的检查、鉴定和验收,写出质量问题处理报告,报建设单位和监理单位存档。

10.9.2 质量事故的处理程序

(1)工程质量事故发生后,总监理工程师应签发《工程暂停令》,并要求停止进行质量缺陷部位和与其有关联部位及下道工序施工,应要求施工单位采取必要的措施,防止事故扩大并保护好现场。同时,要求质量事故发生单位迅速按类别和等级向相应的主管部门上报,并于 24 h 内写出书面报告。

(2)监理工程师在事故调查组展开工作后,应积极协助,客观地提供相应证据,若监理方无责任,监理工程师可应邀参加调查组,参与事故调查;若监理方有责任,则应予以回避,但应配合调查组工作。

(3)当监理工程师接到质量事故调查组提出的技术处理意见后,可组织相关单位研究,并责成相关单位完成技术处理方案,并予以审核签认。质量事故技术处理方案,一般应委托原设计单位提出,由其他单位提供的技术处理方案,应经原设计单位同意签认。技术处理方案的制订,应征求建设单位的意见。

(4)技术处理方案核签后,监理工程师应要求施工单位制订详细的施工方案设计,必要时应编制监理实施细则,对工程质量事故技术处理施工质量进行监理,技术处理过程中的关键部位和关键工序应进行旁站监理,并会同设计、建设等有关单位共同检查认可。

(5)对施工单位完工自检后报验结果,组织有关各方进行检查验收,必要时应进行处理结果鉴定。要求事故单位整理编写质量事故处理报告,并审核签认,组织将有关技术资料归档。

(6)签发《工程复工令》,恢复正常施工。

10.9.3 工程质量事故处理方案类型

10.9.3.1 修补处理

修补处理是最常用的一类处理方案。通常当工程的某个检验批、分项或分部的质量虽未达到规定的规范、标准或设计要求,存在一定缺陷,但通过修补或更换器具、设备后还可达到要求的标准,又不影响使用功能和外观要求,在此情况下,可以进行修补处理。

10.9.3.2 返工处理

当工程质量未达到规定的标准和要求,存在着严重质量问题,对结构的使用和安全构成重大影响,且又无法通过修补处理时,可对检验批、分项、分部甚至整个工程返工处理。

10.9.3.3 不做处理

某些工程质量问题虽然不符合规定的要求和标准构成质量事故,但视其严重情况,经过分析、论证、法定检测单位鉴定和设计等有关单位认可,对工程或结构使用及安全影响

不大,也可不做专门处理。通常不做专门处理的情况有以下几种:

(1)不影响结构安全和正常使用。

(2)有些质量问题经过后续工序可以弥补。

(3)经法定检测单位鉴定合格。

(4)出现的质量问题,经检测鉴定达不到设计要求,但经原设计单位核算,仍能满足结构安全和使用功能。

监理人员应牢记,不论哪种情况,特别是不做处理的质量问题,均要备好必要的书面文件,对技术处理方案、不做处理结论和各方协商文件等有关档案资料认真组织签认。对责任方应承担的经济责任和合同中约定的罚则应正确判定。

10.10 记录监理日志

10.10.1 监理日志的主要内容

(1)日期、气象(天气、风力、温度、雨量等)。

(2)施工情况概述。

工程进度、施工人员分布、操作部位、形象进度情况、合理化建议等情况均应作记录。

(3)隐蔽工程施工、检验情况。

(4)工程质量情况。

施工质量存在的问题及如何解决、整改(处理各类事故人员名单)。对监理日志记录的质量问题,要记录整改情况、整改验收是否符合要求、参加验收的人员情况,前因后果都要记录清楚 ,以便追溯。

(5)各种标准、平行检验、抽检试验情况。

(6)砂浆、混凝土试块的制作、测试情况。

(7)当天协调的问题是否有结果。

(8)工地材料、设备进场及检验情况(对不符合要求的要明确记录,以引起注意)。

(9)工地例会记录(简况)。

(10)工地一般情况的简单记录。

(11)审阅记录。

10.10.2 填写监理日志时应注意的事项

(1)准确记录时间、气象。

监理人员在书写监理日记时往往只重视时间记录,而忽视了气象记录,其实气象记录的准确性和工程质量有直接的关系。

①混凝土强度、砂浆强度在不同气温条件下的变化值有着明显的区别,监理人员可以根据混凝土浇捣时的温度及今后几天的气温变化,准确计算出强度的理论计算值,从而判断是否具备拆模条件,是否具备承载能力,承载能力有多少。

②在地基与基础工程、主体工程、装饰工程、屋面工程等分部工程施工过程中,气象的

变化直接影响工程的施工质量。有些工程在单位工程结束后出现的一系列的质量问题，调查人员即可根据问题部位的监理日记作出分析，有的质量问题可能就与气象有直接的关系。比如雨季施工时，基槽遭雨水浸泡，引起土壤变化进而影响基础工程的质量。

(2)做好现场巡查，真实、准确、全面地记录工程相关问题。

①监理人员在书写监理日记之前，必须做好现场巡查，增加巡查次数，提高巡查质量，巡查结束后按不同专业、不同施工部位进行分类整理，最后工整地书写监理日记，并签名。

②监理人员在做监理日记记录时，往往只记录工程进度，而对施工中存在的问题没有做好记录，或者认为问题较小，没有必要写在日记当中，或者认为问题已经解决，没有必要再找麻烦。其实这就忽视了自身价值的体现。现在许多业主方不理解监理工作在工程项目中的作用，如果我们在日常资料中没有记录监理发现的问题，没有记录监理监督工作，怎么能让业主方更多地了解监理工作内容和服务宗旨。所以，在记录监理日记时，要真实、准确、全面地反映工程相关的一切问题(包括三控制、二管理、一协调)。

③监理人员在做监理日记记录时，往往只记录工程进度、存在问题。没有记录问题是怎样解决的。应该说，发现问题是监理人员经验和观察力的表现，解决问题是监理人员能力和水平的体现。在监理工作中，并不是发现问题，更重要的是怎样科学、合理地解决问题。所以，监理日记要记录好发现的问题、解决的方法以及整改的过程和程度。

(3)关心安全文明施工管理，做好安全检查记录。一般的监理合同中，大多不包括安全内容。虽然安全检查属于合同外的服务，但直接影响操作工人的情绪，进而影响工程质量。所以，监理人员也要多关心、多提醒，做好检查记录，从而保证监理工作的正常开展。

(4)书写工整，用语规范，内容严谨。工程监理日记充分展现了记录人对各项活动、问题及其相关影响的表达。文字如处理不当，比如错别字多，涂改明显，语句不通，不符逻辑，或用词不当、用语不规范、采用日常俗语等会产生不良后果。语言表达能力不足的监理人员在日常工作中要多熟悉图纸、规范，提高技术素质，积累经验，掌握写作要领，严肃认真地记录好监理日记。

(5)书写监理日记后，要及时交总监审查，以便及时沟通和了解，从而促进监理工作正常有序地开展。

综上所述，监理日记的记录是监理的重要基础工作，应该得到每个监理人员的重视。每个监理人员都有责任做好监理日记，为工程项目提供有价值的证据，为自己和公司树立良好的形象，以便让更多的人了解监理，提高监理活动的社会信誉。

附 表

附表1 学生顶岗实习申请表

所属分院：

<table>
<tr><td colspan="2">姓名</td><td></td><td>性别</td><td></td><td>专业班级</td><td></td><td>学号</td><td></td></tr>
<tr><td colspan="2">寝室号</td><td></td><td colspan="2">个人电话</td><td colspan="2"></td><td>家庭电话</td><td></td></tr>
<tr><td colspan="2">家庭住址</td><td colspan="5"></td><td>家长姓名</td><td></td></tr>
<tr><td rowspan="4">实习单位信息</td><td>单位名称</td><td colspan="5"></td><td>法人代表</td><td></td></tr>
<tr><td>单位地址</td><td colspan="5"></td><td>邮编</td><td></td></tr>
<tr><td>联系人</td><td></td><td colspan="2">固定电话</td><td colspan="2"></td><td>移动电话</td><td></td></tr>
<tr><td colspan="2">顶岗实习岗位</td><td colspan="6"></td></tr>
<tr><td colspan="2">申请理由</td><td colspan="7">学生签名：
年 月 日</td></tr>
<tr><td colspan="2">实习单位意见</td><td colspan="3">（可附单位证明）
负责人签字：
年 月 日（盖章）</td><td>家长意见</td><td colspan="3">（可附家长证明）
家长签字：
年 月 日</td></tr>
<tr><td colspan="2">指导教师意见</td><td colspan="3">指导教师签字：
年 月 日</td><td>系部意见</td><td colspan="3">负责人签字：
年 月 日（盖章）</td></tr>
</table>

备注：1. 此表由联系顶岗实习单位的学生如实填写；2. 学生联系方式有更改时，应及时与指导教师取得联系；3. 必须按学院要求按时参加相关考试，毕业信息采集等，否则不能正常毕业。

附表 2　学生顶岗实习登记表

院系：　　　　　　　　　　　　　　　　　　　　　　　　　　年　　月　　日

姓名	班级专业	顶岗实习单位	学生联系方式	家庭联系电话	指导教师	备注

附表3　学生顶岗实习保证书

一、我自愿于　　年　月　日到　　　　　单位进行顶岗(就业)实习。在这期间,完成有关学业(考试、设计、答辩等)。

二、本人保证自觉遵守用人单位各项规章制度,强化安全意识,规范操作程序,遵纪守法,严格要求自己,否则发生意外伤害自己负责。

三、主动与企业签订顶岗(就业)期间的劳动合同。

四、临近毕业前,主动争取企业及早与本人签订就业协议书,并按时交到学生工作办公室。

五、因个人原因中途离开用人单位实习或用人单位拟录用(录用后的待遇实习前本人已知)而本人不愿在该单位就业,自愿赔偿用人单位培训期间的一切费用,并继续落实新的就业岗位,签订就业协议书,否则接受学校的相关处理。

六、本人按学校要求及时上杨凌职业技术学院就业管理系统注册,并做好相关网上手续维护。

院(系):
专业:
保证人:
年　　月　　日

附表4 学生顶岗实习管理协议

甲方：________________________

乙方：________________________（用人单位）

为明确就业学生与就业用人单位的责任与义务，根据国家有关法律、法规的规定，本着平等自愿的原则，经甲乙双方协商一致，签订本协议。

一、顶岗（就业）实习期限及工作时间

学生到甲方顶岗就业，试用期自________年____月____日起，试用期为__个月。乙方安排专门的管理人员对顶岗就业学生进行业务培训、技术指导和日常管理，顶岗就业学生应自觉遵守劳动纪律，认真实习。试用期后，若顶岗就业学生胜任乙方安排的工作岗位，乙方应正式招收录用，并于________年____月____日前与学生签订就业协议，协助办理有关就业手续。

二、顶岗（就业）工资福利待遇

依照按劳取酬的原则，按乙方现行制度确定顶岗就业学生工资待遇，日工资人民币__________元或月工资__________元，加班费另计。乙方为顶岗（就业）学生提供食宿方便。

三、顶岗就业期间应遵守的规定

1. 学生入乙方顶岗就业前，由甲方负责进行思想动员和安全守纪教育，使学生明确顶岗就业的目的、意义，提升境界，安全守纪。

2. 顶岗就业学生应遵守国家的法律法规，遵守乙方的实习规章及其他各项规章制度。如违反国家法规和企业的规章制度，乙方可以根据情节轻重给予必要的处分或终止实习。

3. 顶岗就业学生需要返校参加有关考试、毕业典礼等，乙方应尽量配合。

四、劳动保护

1. 乙方需为顶岗就业学生提供符合国家规定的安全卫生的工作环境，遵守劳动法规定的劳动时间，保证其在人身安全不受危害的环境条件下工作。若乙方安全措施不利，而造成学生人身伤害，责任由乙方负责。

2. 乙方根据实习学生岗位实际情况，按国家规定向其提供必需的劳动防护用品。

五、协议解除

顶岗就业学生在本协议履行期间不得无故离岗，在说明原因并报请学校同意的情况下，方可向乙方提出终止实习合同，但必须提前7天通知乙方，并做好工作交接，否则应承担相关责任。顶岗就业期间，乙方如发现顶岗就业学生不符合实习要求或不适宜甲方安排工作等情况的，可以向顶岗就业学生提出终止实习，解除本协议。

未尽事宜由双方及时协商解决。

六、法律效力

本协议正本一式两份,双方各执一份,经甲乙双方签字后生效。

签约双方已明确上述条款并接受其约定,现自愿签字确认:

甲方(盖章):	乙方(盖章):
联系电话:	联系电话:
年　月　日	年　月　日

附表 5　顶岗实习学生评价表(实习单位)

岗位评价		岗位 1 评价分	岗位 2 评价分	岗位 3 评价分
企业兼职指导教师				
劳动纪律(15 分)	严格遵守实习单位的各项规章制度,无迟到、早退、旷工现象,病事假很少。全勤得满分 15 分,迟到、早退 1 次扣 2 分,旷工 1 次扣 5 分,直至该项分数扣完为止			
实习态度(15 分)	服从领导与指挥,能吃苦耐劳,对工作安排没有抱怨(5 分)			
	实习过程中积极主动、认真负责(5 分)			
	积极参加实习单位的业务培训,成绩优秀(5 分)			
工作能力(30 分)	仪容仪表得体大方,服务礼仪规范(10 分)			
	对所在岗位知识技能接受较快(3 分)			
	勤学好问,向有经验的员工学习(2 分)			
	能很好地将所学知识、技能应用在岗位上(5 分)			
	在实习指导教师的允许下能够独立完成任务,有主见或创新精神(5 分)			
	与同学、同事关系相处融洽(5 分)			
工作绩效(40 分)	能够按时、优质、高效地完成所分配的工作(20 分)			
	服务主动、热情、耐心、周到,无顾客投诉(10 分)			
	临时性的工作能够有条不紊地完成(5 分)			
	在力所能及的情况下主动承担额外的工作(5 分)			
合计				
总计				
实习单位总体评语:				

注:岗位评价总计 100 分,总计为多岗位合计分的平均值。

实习单位:　　　　　　　　(盖章)

年　　月　　日

附表 6 顶岗实习学生评价表(校内指导教师)

学生实习表现		设定分值(分)	实习评价分值(分)
实习过程(20 分)	服从实习安排	5	
	遵守实习纪律	5	
	按实习计划和实习任务书的要求完成实习任务	5	
	与辅导员或实习指导教师经常进行主动联系和沟通	5	
实习态度(20 分)	实习日志认真、质量高;收获、心得体会具体、翔实;能运用所学理论对某些问题加以深入分析或对某些问题有独到见解或提出合理化建议。 每天要认真填写实习日记,每缺 1 次扣 1 分,直至此项分数扣完为止;填写日记过于简单,不完全符合填写要求的,酌情扣 1 ~ 10 分	20	
实习总结(40 分)	实习总结能认真归纳实习单位的经营与管理情况;能对实习内容进行完整、系统地总结;能综合运用所学知识与理论对实习中发现的问题加以总结、分析;能认真总结在实习中的收获;能提出一些合理性的意见和建议	40	
获奖及职业资格考证(20 分)	实习期间受到实习单位奖励,或通过顶岗实习,提升专业技能,获得与专业相关的劳动和社会保障部门认可的职业资格证书	20	
总计		100	

校内指导教师评语:

校内指导教师(签名): 年 月 日

附表7　顶岗实习学生考核表(实习答辩)

<table>
<tr><td rowspan="2">答辩题目及内容</td><td colspan="5">对学生回答问题的评语</td></tr>
<tr><td>正确</td><td>基本正确</td><td>经提示回答</td><td>不正确</td><td>未回答</td></tr>
<tr><td></td><td></td><td></td><td></td><td></td><td></td></tr>
<tr><td colspan="6">答辩委员会(或小组)评语:

答辩负责人:
年　月　日</td></tr>
<tr><td>实习答辩成绩(满分100分)</td><td colspan="5"></td></tr>
</table>

注:按五个等级评定:优(90~100分)、良(80~89分)、中(70~79分)、及格(60~69分)、不及格(0~59分)。

附表8 学生顶岗实习成绩汇总表

院系(盖章): 专业、班级: 负责人签字: 年 月 日

姓名	学号	实习性质	实习单位	实习成绩	答辩成绩	备注

填表说明:1. 本表以班级为单位填写;2. 一式两份,院系自存一份,报教务处一份;3. 实习性质填写“集中实习”或“分散实习”。

参考文献

[1]中华人民共和国住房和城乡建设部. JGJ/T 250—2011 建筑与市政工程施工现场专业人员职业标准[S]. 北京:中国建筑工业出版社,2011.
[2]中华人民共和国住房和城乡建设部,中华人民共和国国家质量监督检验检疫总局. GB 50300—2013 建筑工程施工质量验收统一标准[S]. 北京:中国建筑工业出版社,2013.
[3]中华人民共和国住房和城乡建设部. JGJ/T 27—2014 钢筋焊接接头试验方法标准[S]. 北京:中国建筑工业出版社,2014.
[4]中华人民共和国国家质量监督检验检疫总局,中国国家标准化管理委员会. GB 50243—2002 建筑给排水及采暖工程质量验收规范[S]. 北京:中国建筑工业出版社,2002.
[5]中华人民共和国住房和城乡建设部,中华人民共和国国家质量监督检验检疫总局. GB 50656—2011 建筑施工企业安全生产管理规范[S]. 北京:中国计划出版社,2011.
[6]中华人民共和国住房和城乡建设部. JGJ 59—2011 建筑施工安全检查标准[S]. 北京:中国建筑工业出版社,2011.
[7]危道军. 施工员岗位知识与专业技能[M]. 北京:中国建筑工业出版社,2013.
[8]张悠荣. 质量员岗位知识与专业技能[M]. 北京:中国建筑工业出版社,2013.
[9]钟汉华. 建筑工程施工技术[M]. 北京:北京大学出版社,2013.
[10]李峰. 建筑工程质量控制[M]. 北京:中国建筑工业出版社,2013.
[11]蔡中辉. 工程建设项目监理实物手册[M]. 北京:中国电力出版社,2006.
[12]本书编委会. 建筑工程施工监理便携手册[M]. 北京:中国建材工业出版社,2014.
[13]《建筑施工手册》(第四版)编写组. 建筑施工手册[M]. 4 版. 北京:中国建筑工业出版社,2003.
[14]本书编委会. 安全员一本通[M]. 北京:中国建材工业出版社,2013.
[15]本书编委会. 资料员一本通[M]. 北京:中国建材工业出版社,2013.
[16]沈兰康. 建筑工程施工材料管理指南[M]. 郑州:黄河水利出版社,2015.
[17]黄剑敌. 暖、卫、通风空调施工工艺标准手册[M]. 北京:中国建筑工业出版社,2003.